AF642243

Datenbasierte zuverlässigkeitsorientierte Instandhaltung von Produktionsanlagen

Data-Based Reliability Centered Maintenance of Production Equipment

Von der Fakultät für Maschinenwesen
der Rheinisch-Westfälischen Technischen Hochschule Aachen
zur Erlangung des akademischen Grades eines
Doktors der Ingenieurwissenschaften
genehmigte Dissertation

vorgelegt von

Florian Defèr

Berichter/in:

Univ.-Prof. Dr.-Ing. Dipl.-Wirt. Ing. Günther Schuh
apl. Prof. Dr.-Ing. Volker Stich

Tag der mündlichen Prüfung: 07. Dezember 2022

Diese Dissertation ist auf den Internetseiten der Universitätsbibliothek online verfügbar.

SCHRIFTENREIHE RATIONALISIERUNG

Florian Defèr

Datenbasierte zuverlässigkeitsorientierte Instandhaltung von Produktionsanlagen

Herausgeber:
Prof. Dr.-Ing. Dipl.-Wirt. Ing. G. Schuh

Band 187

fir an der RWTH Aachen

Bibliografische Information der Deutschen Nationalbibliothek
Die Deutsche Nationalbibliothek verzeichnet diese Publikation in der Deutschen Nationalbibliografie; detaillierte bibliografische Daten sind im Internet über https://portal.dnb.de abrufbar.

Florian Defèr:

Datenbasierte zuverlässigkeitsorientierte Instandhaltung von Produktionsanlagen

1. Auflage, 2022

Gedruckt auf holz- und säurefreiem Papier, 100% chlorfrei gebleicht.

Apprimus Verlag, Aachen, 2022
Wissenschaftsverlag des Instituts für Industriekommunikation und Fachmedien an der RWTH Aachen
Steinbachstr. 25, 52074 Aachen
Internet: www.apprimus-verlag.de, E-Mail: info@apprimus-verlag.de

Druck: CPI Druckdienstleistungen GmbH, Ferdinand-Jühlke-Straße 7 I 99095 Erfurt

ISBN 978-3-98555-137-8

D 82 (Diss. RWTH Aachen University, 2022)

“We must all either wear out or rust out, every one of us.

My choice is to wear out.”

Theodore Roosevelt

**1858 †1919*

Zusammenfassung

Um den wachsenden Anforderungen an die globalen Wertschöpfungsnetzwerke in Bezug auf Effizienz und Zuverlässigkeit gerecht zu werden, sehen sich produzierende Unternehmen damit konfrontiert, mit minimalem Ressourceneinsatz höchsten Ansprüchen an Qualität und Versorgungssicherheit gerecht werden zu müssen. Dies rückt die zuverlässigkeitsorientierte Instandhaltung als Mittel für den effizienten Ressourceneinsatz bei gleichzeitiger Minimierung von Risiken für die Verfügbarkeit, die Produktivität und die Qualität der Anlagen in den Mittelpunkt einer auf die Zukunft ausgerichteten Instandhaltungsgestaltung. Eine Möglichkeit, die Aufwände und die Erfolgswahrscheinlichkeit für die Einführung und den Betrieb der zuverlässigkeitsorientierte Instandhaltung zu steigern, bietet sich durch die zunehmende, kostengünstige Verfügbarkeit und Auswertbarkeit von Daten. Dadurch wird ein Beitrag für die nachhaltige Steigerung des Wertbeitrags der Instandhaltung für das gesamte Wertschöpfungsnetzwerk geleistet.

Die vorliegende Arbeit dient dem Ziel, praktikable Modelle für eine datenbasierte zuverlässigkeitsorientierte Instandhaltung zu schaffen. Dafür werden die Elemente der zuverlässigkeitsorientierten Instandhaltung beschrieben und ihre Zusammenhänge erklärt. Die Beschreibungs- und Erklärungsmodelle werden durch ein Vorgehensmodell ergänzt, welches die praktische Implementierung der datenbasierten zuverlässigkeitsorientierten Instandhaltung in der produzierenden Industrie ermöglicht. Für die Entwicklung und Validierung der Modelle wurde ein intensiver Austausch mit der Praxis über Experteninterviews, Workshops und Projekten gewährleistet. Die entwickelten praxisnahen Modelle leisten damit einen Beitrag für die Verbesserung und Gestaltung von Instandhaltungsprozessen und -organisationen. Darüber hinaus können die Modelle der Gestaltung von Anwendungssystemen für die Entscheidungsunterstützung in der Instandhaltung dienen.

Summary

In order to meet the growing demands on global value networks in terms of efficiency and reliability, manufacturing companies are confronted with the need to meet the highest standards of quality and security of supply with minimum resource input. This puts reliability centered maintenance at the center of future-oriented maintenance design as a means of using resources efficiently while minimizing risks to plant availability, productivity and quality. The increasing cost-effective availability and analyzability of data due to digitalization represents an opportunity to increase the effort and the probability of success for the introduction and operation of reliability centered maintenance. This contributes to a sustainable increase in the value contribution of maintenance for the entire value network.

This work aims at creating practicable models for a data-based reliability centered maintenance. For this purpose, the elements of reliability centered maintenance are described and their interrelationships are explained. The description and explanation models are complemented by a procedure model, which enables the practical implementation of data-based reliability centered maintenance in the manufacturing industry. For the development and validation of the models, an extensive industry exchange was ensured via expert interviews, workshops and projects. The developed practical models thus contribute to the improvement and design of maintenance processes and organizations. Furthermore, the models can be used for the design of application systems for decision support in maintenance.

Inhaltsverzeichnis

Abbildungsverzeichnis

Tabellenverzeichnis

Formelverzeichnis

Abkürzungsverzeichnis

4. OPMC	4.OPMC e. V.- Open Production & Maintenance Community
APMS	Asset-Performance-Management-Software
BDE	Betriebsdatenerfassung
BWL	Betriebswirtschaftslehre
CAD	Computer-aided Design
CAQ	Computer-aided Quality
CE	Conformité Européenne
CMMS	Computerized Maintenance Management System
CRM	Customer Relationship Management
DGUV	Deutsche Gesetzliche Unfallversicherung e. V.
DIN	Deutsches Institut für Normung e. V.
DMAIC	Define, Measure, Analyse, Improve, Control
DSS	Decision-Support-Systeme
EAM	Enterprise Asset Management Systeme
ERP	Enterprise Resource Planning
FEM	Finite Elemente Methode
FFA	Functional-Failure-Analysis
FMEA	Failure-Mode- and Effect-Analysis
FMECA	Failure-Mode- and Effect-Criticality-Analysis
HSE	Health, Safety and Environment
IHK	Industrie- und Handelskammer
IKT	Informations- und Kommunikationstechnik
IL	Informationslogistik
IM	Informationsmanagement
IoP	Internet of Production
IPS	Instandhaltungsplanung- und -steuerung
ISO	International Organization for Standardization
IT	Informationstechnik
KVP	Kontinuierlicher Verbesserungsprozess

LTA	Logic-Tree-Analysis
MES	Manufacturing-Execution-System
MGTM	Management
NLP	Natural-Language-Processing
O&M	Observations and Measurements
OEE	Overall Equipment Effectiveness
OEM	Original-Equipment-Manufacturer
OREDA	Offshore- & Onshore-Reliability-Data
OT	Operational Technology
PdM	Predictive Maintenance
PLM	Product Lifecycle Management
PM	Preventive Maintenance
PWR	Power
RBM	Risk-based Maintenance
RCA	Root-Cause-Analysis
RCM	Reliability-centered Maintenance
SCM	Supply Chain Management
SE	Systems-Engineering
SPARTA	System-Performance-, Availability- and Reliability-Trend-Analysis
TOPSIS	Technique-for-Order-Preference-by-Similarity-to-an-Ideal-Solution
TÜV	Technischer Überwachungsverein
US	United States
VCI	Verband der Chemischen Industrie e. V.
VDI	Verein Deutscher Ingenieure e. V.
WBW	Wiederbeschaffungswert

1 Einleitung und Zielstellung

2,798 Billionen Euro betrug der Wert der Anlagen, Maschinen und Geräte am Ende des Jahres 2020 in Deutschland (s. STATISTISCHES BUNDESAMT 2021, S. 185). Die Instandhaltung dieser Objekte stellt, unter dem Eindruck einer steigenden Anlagenkomplexität und -vernetzung, verbunden mit hohen Ausfall- und Ausfallfolgekosten nach Anlagenstillständen, steigende Anforderungen an die Instandhaltung (s. LORENZ 2011, S. 1; LEIDINGER 2017, S. 4; KLÖBER-KOCH ET AL. 2018, S. 688; KESSLER ET AL. 2022, S. 34). Zudem werden durch den vorherrschenden Fachkräftemangel Unternehmen zunehmend in ihrer Geschäftsfähigkeit behindert (s. MÜLLER 2021, S. 2). Durch den sich verschärfenden globalen Wettbewerb, bei steigenden Energie-, Rohstoff- und Lohnkosten (s. PWC 2021), sowie reduzierte Budgets in der Instandhaltung durch die Covid-Pandemie (s. UPKEEP TECHNOLOGIES INC. 2021, S. 16) ergibt sich zudem ein immenser Kostendruck. Daher muss die Instandhaltung effizienter mit ihren Ressourcen umgehen und effektivere Maßnahmen durchführen, um den größtmöglichen Wertbeitrag für das Unternehmen zu leisten.

Dies kann geschehen in dem die **Effizienz** der Instandhaltung gesteigert wird. Die wertschöpfende Zeit in der Instandhaltung wird nach WIREMAN mit 25 bis 35 Prozent angegeben, durch organisatorische und technische Maßnahmen lässt sich diese Zeit auf bis zu 60 Prozent erhöhen (s. WIREMAN 2015, S. 308). Eine Verdopplung der Produktivität der Instandhaltungsmitarbeiter ergibt bei einem angenommenen Personalkostenanteil von etwa 40 Prozent ein Einsparpotenzial von bis zu 20 Prozent, bezogen auf die gesamten Instandhaltungskosten.

Einen größeren Hebel stellt jedoch die Steigerung der **Effektivität** in der Instandhaltung dar. Eine bedarfsgerechte Instandhaltungsstrategie für jedes Objekt kann die vorbeugende Instandhaltung um bis zu 63 Prozent und gleichzeitig die reaktiven Instandhaltung um bis zu 55 Prozent reduzieren (s. SIFONTE U. REYES-PICKNELL 2017, S. 273). So können Instandhaltungsressourcen gezielter eingesetzt und der Wertbeitrag der Instandhaltung für das Unternehmen maximiert werden.

Für die Auswahl und Implementierung der richtigen Instandhaltungsstrategie müssen die relevanten Fehlermöglichkeiten und -auswirkungen erfasst und mit Gegenmaßnahmen abgewogen werden (s. DIN ISO 55000, S. 11). Bezogen auf die Instandhaltung, findet dafür das Konzept der **zuverlässigkeitsorientierten**

Instandhaltung (engl. *Reliability Centered Maintenance*, kurz **RCM**) seit den 1960er Jahren Verwendung (s. NOWLAN U. HEAP 1978). Das Konzept stellt das Vorgehen und die methodischen Werkzeuge für die bedarfsgerechte Kombination von verschiedenen Instandhaltungsstrategien und -intensitäten bereit (s. KUMAR ET AL. 2022, S. 214–215). Etwa 40 Prozent der Einführungen von RCM sind erfolgreich, von denen ein hoher Prozentsatz jedoch nur einige Elemente des RCM implementiert und somit nicht das Potenzial des vollen Konzepts nutzen kann, wodurch die wirkliche Erfolgsquote in der Praxis deutlich geringer ausfällt (s. BLOOM 2005, S. 15; HIPKIN U. DE COCK 2000, S. 288). Der Hauptgrund dafür liegt in der langwierigen und komplexen Einführung von RCM (GUPTA U. MISHRA 2016, S. 141), welche in Kapitel 1.1 näher erläutert wird, und bei der für jedes Objekt eine individuelle Entscheidung getroffen werden muss. Abbildung 1-1 verdeutlicht den Prozess, welcher für eine Entscheidungsfindung und Handlungsableitung notwendig ist.

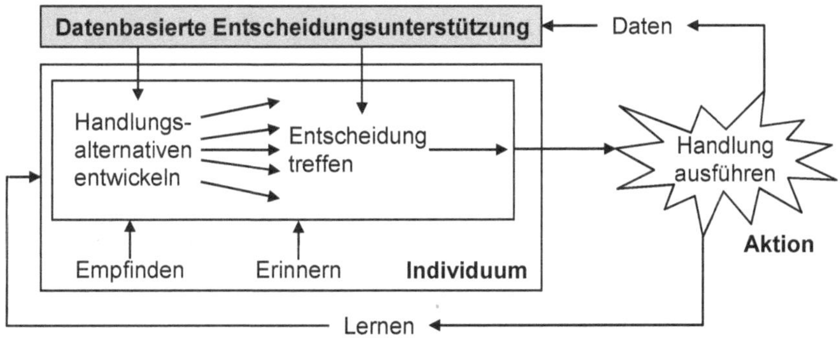

Abbildung 1-1: Informationsverarbeitung des Menschen zur Entscheidungsfindung (eigene Darstellung, i. A. a. MALONE 2018, S. 82)

Im Mittelpunkt der Entscheidung steht das Individuum, welches aus seinen Erinnerungen und Empfindungen Handlungsalternativen bildet und eine Entscheidung trifft, welche zu einer Handlung führt, aus der ein Erfahrungs- und Datengewinn resultiert. Durch die Verwendung einer datenbasierten Entscheidungsunterstützung können schnellere und bessere Entscheidungen getroffen werden (s. SCHUH ET AL. 2020a, S. 13). Erfahrungen können durch Daten kollektiv geteilt werden und die Erstellung von Entscheidungsvorlagen oder Entscheidungen ganz automatisiert werden (s. grau hinterlegt). Menschliche Entscheidungen sind oftmals dadurch geprägt, dass Faktoren über- oder unterschätzt werden, insbesondere, wenn diese bereits aufgetreten sind oder besonders große Auswirkungen hatten (s. KAHNEMAN U. TVERSKY 1979, S. 268-267). Algorithmen objektivieren, je nach Datenbasis und Algorithmus, Entscheidungen und helfen, diese somit rationaler, reproduzierbarer und nachvollziehbarer zu machen (s. MILLER 2018). Algorithmen bieten zudem die Möglichkeit, eine wesentlich größere Datenbasis für das Treffen von besseren Entscheidungen zu berücksichtigen, die für Menschen nicht beherrschbar wäre (s. EPPLER U. MENGIS 2004, S. 326). Im Hinblick auf die steigende Komplexität und die zunehmende Verfügbarkeit von Daten gewinnt die Notwendigkeit von Entscheidungsunterstützungssystemen für die Industrie an Bedeutung (s. ROY ET AL. 2016, S. 673; PASSATH U. MERTENS 2019, S. 368). Jedoch sind konkrete datenbasierte Entscheidungsunterstützungssysteme noch ein wenig beachtetes Forschungsthema (s. BOUSDEKIS ET AL. 2019, S. 609; GOPALAKRISHNAN ET AL. 2019, S. 873). Zu begründen ist dies damit, dass diese in der Forschung und der Industrie an der Komplexität und der qualitativ minderwertigen Datengrundlage scheitern. Für die erfolgreiche Implementierung von Entscheidungsunterstützungssystemen ist es notwendig, dass sich auch die Organisation und Kultur des Unternehmens wandelt (s. DUAN ET AL. 2019, S. 70), da Menschen aktuell für das Treffen einer Entscheidung benötigt werden, wenn unterbewusste oder immaterielle Entscheidungsheuristiken notwendig sind (s. JARRAHI 2018, S. 585).

Ziel der vorliegenden Arbeit ist es, eine **datenbasierte Grundlage** für eine **Entscheidungsunterstützung** für die **zuverlässigkeitsorientierte Instandhaltung** zu gestalten. In **Kapitel 1.1** werden die wesentlichen Hürden für die Implementierung von RCM vorgestellt. **Kapitel 1.2** dient der weiteren Präzisierung der Zielstellung. In **Kapitel 1.3** wird der wissenschaftliche Bezugsrahmen der Arbeit aufgespannt, während **Kapitel 1.4** die Herleitung der Forschungskonzeption beeinhaltet und den Aufbau der Arbeit zeigt.

1.1 Problemstellung

Die zuverlässigkeitsorientierte Instandhaltung wird aktuell in Unternehmen über sporadische, zeitaufwendige und subjektive Expertenworkshops und -interviews eingeführt. Dies führt durch die folgenden fünf Gründe zu mangelhaften Entscheidungen, was überdies einen erheblichen Personal- und Zeitaufwand mit sich bringt:

Das von PORTER 1985 definierte Konzept der Wertschöpfungskette (s. PORTER 1998, S. 36) bildet nicht mehr die Unternehmen von heute vollständig ab, die immer stärker komplexen Wertschöpfungsnetzwerken entsprechen (s. ALLEE 2000, S. 36). Das bedeutet, dass Unternehmen viele verschiedene Wertschöpfungsketten innerhalb ein und derselben Produktionsstätte haben können. Dies führt neben der Generierung unterschiedlicher Potenziale auch zu unterschiedlichen, miteinander verbundenen und komplexeren Risiken für die Zuverlässigkeit der Anlagen und damit der gesamten Wertschöpfungsnetzwerke. Daraus entstehen erhöhte Anforderungen an die Instandhaltung, um die Resilienz der Netzwerke zu erhalten bzw. zu erhöhen.

RCM befasst sich mit den individuellen Fehlerursachen jeder Komponente und kann daher die individuell ideale Maßnahme für jedes Objekt definieren (s. NOWLAN U. HEAP 1978, S. 16). Durch die immer engere Vernetzung und Interaktion der verschiedenen Systeme und Produktionsbereiche, die sich aus der Industrie 4.0 ergeben, entstehen auch neue und komplexe Anlagenstörungen (s. TUPA ET AL. 2017, S. 1229). Darüber hinaus zeigte unter anderen BIEDERMANN, dass nur 16 Prozent aller Maschinenausfälle durch alters- oder betriebsbedingten Verschleiß vorhersehbar sind. 84 Prozent sind auf zufällige oder statistische Ausfallmuster zurückzuführen. (s. BIEDERMANN 2017, S. 81) Diese Muster lassen sich nicht aus den indiziellen Erfahrungen mit einer einzelnen Anlage vorhersagen, sondern nur anhand von vergleichbaren Referenzanlagen (s. GELDERMANN ET AL. 2008, S. 89). Jedoch werden oftmals gleichartige Objekte in unterschiedlichen Betriebsumgebungen eingesetzt, was die Übertragbarkeit von Informationen selbst für identische Standardsysteme schwer macht (s. ERUGUZ ET AL. 2017, S. 192).

Wie kritisch eine Anlage für die Produktion ist, wird beispielsweise davon beeinflusst, wie groß die aktuelle Kundennachfrage nach dem auf ihr gefertigten Produkt ist oder wie hoch der Lagerbestand des Produktes ist. Daher ist die Kritikalität der Anlage nicht statisch, sondern muss an die sich laufend ändernden Anforderungen angepasst werden (s. MOORE 2004, S. 62; MOORE U. STARR 2006, S. 605). Zudem spielt die Funktion des jeweiligen Betrachters eine große Rolle bei der Einschätzung, ob eine Störung vorliegt. So sieht eine Arbeitssicherheitsfachkraft in einer leicht leckenden Schmierölleitung bereits ein Sicherheitsrisiko, wohingegen die Produktion erst im kompletten Ausfall der nachgelagerten Anlage ein Problem sieht (s. MOUBRAY 1997, S. 51). Zusätzlich hat das Objektalter einen enormen Einfluss darauf, wie zuverlässig eine Anlage läuft (s. GELDERMANN ET AL. 2008, S. 76). So nimmt die Ausfallwahrscheinlichkeit von Anlagen innerhalb des Lebenszyklus zu (s. KURZ 2018, S. 178).

Die Kopplung von möglichen Ereignissen stellt eine zusätzliche Hürde für eine objektive Entscheidungsfindung dar. Ereignisse für sich können ein akzeptables Risiko darstellen, durch einen Kopplungseffekt können diese extrem verstärkt werden (s. KNIGHT 1921, S. 126–127). Es ist aufgrund ihrer komplexen Abhängigkeiten nicht möglich, Gesamtrisiken abzuschätzen, daher sind oftmals aufwendige Verfahren der Risikoaggregation erforderlich (s. GLEIẞNER 2014, S. 10).

Daten zur Zuverlässigkeit von Anlagen werden nur selten in Instandhaltungsplanungs- und -steuerungssystemen (IPS-Systemen) in ausreichender Qualität und Quantität gespeichert (s. SMITH U. MOBLEY 2008, S. 255–256). Dies hängt damit zusammen, dass diese Daten oftmals über Stör- oder Auftragsrückmeldungen manuell eingegeben werden müssten, was mit einem erheblichen Zeitaufwand und Überzeugungsarbeit gegenüber den Technikern verbunden wäre (s. PARIDA U. STENSTRÖM 2021, S. 413). Für die Auswertung der Daten kommt erschwerend hinzu, dass diese normalerweise in Freitexten ausgedrückt werden, was die Analyse erheblich erschwert (s. MURÈ U. DEMICHELA 2009, S. 594).

Gegenwärtig wird die **zuverlässigkeitsorientierte Instandhaltung** durch einen **aufwendigen und ungenauen Prozess** in Unternehmen umgesetzt. Die für die notwendigen Entscheidungen genutzten Informationen werden in zeitaufwendigen Workshops gesammelt, sind subjektiv, über Expertensilos verstreut und schwer vergleichbar. Die Möglichkeit, Daten für Entscheidungen zu nutzen, stellt ein großes Potenzial nicht nur innerhalb der eigenen Organisation, sondern auch darüber hinaus dar (s. SCHUH ET AL. 2020a, S. 11). Dieses Potenzial wird in den heutigen Organisationen und Informationssystemen nicht ausreichend genutzt. Die verschiedenen internen und externen Datensilos müssen über den gesamten Lebenszyklus der Anlagen miteinander verknüpft werden, um eine automatisierte, datenbasierte Entscheidungsunterstützung für die zuverlässigkeitsorientierte Instandhaltung zu ermöglichen.

1.2 Zielsetzung und Forschungsfrage

Ziel der vorliegenden Arbeit ist es, eine **datenbasierte Grundlage** für eine **Entscheidungsunterstützung** für die **zuverlässigkeitsorientierte Instandhaltung** zu gestalten. Um die Frage zu beantworten, wie dieses Modell gestaltet werden kann, müssen vier Unterforschungsfragen beantwortet werden, welche im Folgenden näher erläutert werden (s. Abbildung 1-2).

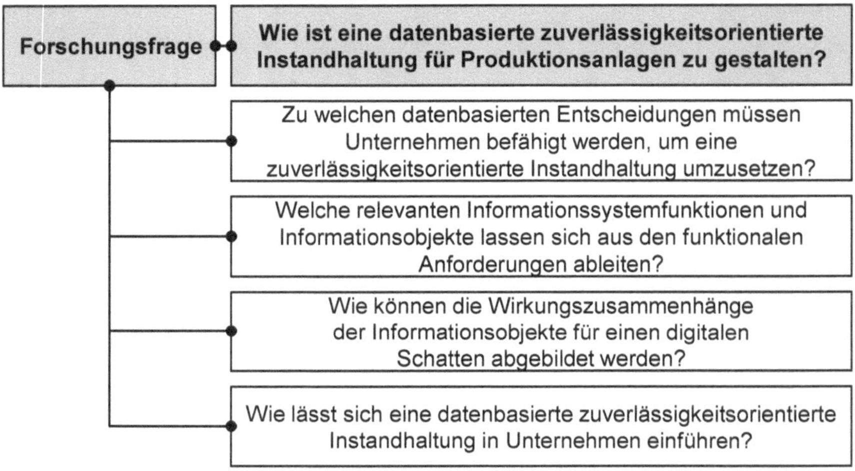

Abbildung 1-2: Forschungsfragen der Arbeit (eigene Darstellung)

Um eine bedarfsgerechte Datengrundlage zu schaffen und somit eine kosteneffiziente Erhebung von Daten zu ermöglichen, muss beschrieben werden, welche Anspruchsgruppen und Entscheidungen für die zuverlässigkeitsorientierte Instandhaltung notwendig sind. Daraus ergibt sich die **erste Unterforschungsfrage**: *Zu welchen datenbasierten Entscheidungen müssen Unternehmen befähigt werden, um eine zuverlässigkeitsorientierte Instandhaltung umzusetzen?* Durch die Beantwortung der Frage wird der **Informationsbedarf** als Anforderungen an das Entscheidungsunterstützungsmodell erhoben.

Die **zweite Unterforschungsfrage** soll die notwendigen Informationen für die Entscheidungsgrundlage identifizieren: *Welche relevanten Informationssystemfunktionen und Informationsobjekte lassen sich aus den funktionalen Anforderungen ableiten?* Dabei sollen die Informationsbedarfe unter der Bezugnahme auf die aktuelle und zukünftig notwendige Daten- und Informationsgrundlage analysiert werden. Aus der Analyse ergibt sich das Informationsangebot, welches für die Analysen verwendet werden kann.

Um das Ziel einer datenbasierten zuverlässigkeitsorientierten Instandhaltung zu erreichen, muss die Informationsnachfrage mit dem Informationsangebot verknüpft werden. Dafür müssen verschiedene Informationssysteme verbunden und Daten aggregiert werden. Aus Notwendigkeit einer Verknüpfung ergibt sich die **dritte Unterforschungsfrage**: *Wie können die Wirkungszusammenhänge der Informationsobjekte für einen digitalen Schatten abgebildet werden?*

Um die erarbeiteten Modelle für Unternehmen praktisch nutzbar zu machen, ist darüber hinaus ein Vorgehensmodell notwendig. Dieses soll die individuelle Ausgangssituation der Unternehmen berücksichtigen, um so die Hürde für eine Einführung zu reduzieren. Daher ergibt sich die **vierte Unterforschungsfrage**: *Wie lässt sich eine datenbasierte zuverlässigkeitsorientierte Instandhaltung in Unternehmen einführen?*

Im folgenden Kapitel wird der wissenschaftliche Bezugsrahmen für die Beantwortung der Forschungsfragen gegeben.

1.3 Wissenschaftlicher Bezugsrahmen

Ein wissenschaftlicher Bezugsrahmen ist für die Konzeptionierung einer wissenschaftlichen Forschungsarbeit zwingend notwendig (s. LEHNER ET AL. 2008, S. 22–23). Eine Untergliederung der Wissenschaft findet dabei nach ULRICH U. HILL in die Formal- und Realwissenschaften statt (s. Abbildung 1-3).

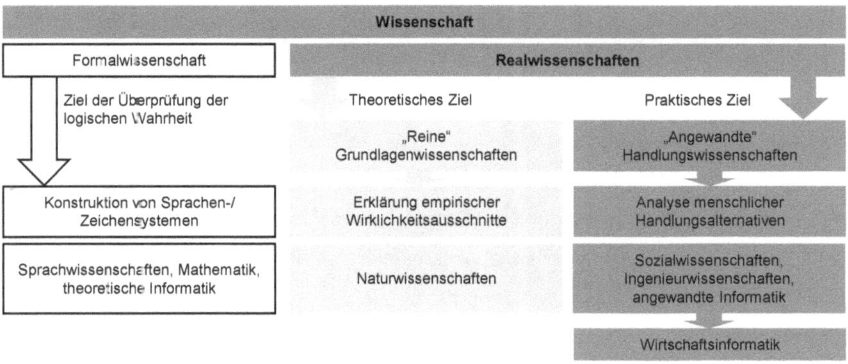

Abbildung 1-3: Wissenschaftlicher Bezugsrahmen (eigene Darstellung, i. A. a. ULRICH U. HILL 1976a, S. 305–306)

Der Zweck der **Formalwissenschaften** besteht darin, dass für Sprachen und Zeichensysteme Verwendungsregeln definiert werden. Daher werden in diese Kategorie beispielsweise die Sprachwissenschaften und Mathematik eingegliedert. Eine

Überprüfung findet dabei durch die Logik statt, da keine Experimente an realen Objekten durchgeführt werden können (s. ULRICH U. HILL 1976a, S. 305–306). **Realwissenschaften** beschäftigen sich mit der Hilfe von Beschreibungs-, Erklärungs- und Gestaltungsmodellen mit real existierenden Objekten (s. Abbildung 1-4), welche mithilfe von Experimenten oder Erfahrung in der Realität validiert werden (s. WERNERS 2006, S. 4; LEHNER ET AL. 2008, S. 18). Eine weitere Unterteilung der Realwissenschaften findet in zwei Gruppen statt. **„Reine" Grundlagenwissenschaften** haben zum Ziel, empirische Wirklichkeitsausschnitte zu beschreiben und letztendlich zu erklären. Zu dieser Gruppe zählen die Physik, Biologie und andere Naturwissenschaften. **„Angewandte" Handlungswissenschaften** haben zum Ziel, praktische Handlungsalternativen aufzuzeigen und fundierte Entscheidungen abzuleiten. Um dazu befähigt zu sein, steht die Realwissenschaft in starker Abhängigkeit zu den Formalwissenschaften, da sie auf deren Beschreibungs- und Erklärungsmodellen aufbaut (s. ULRICH U. HILL 1976a, S. 305–306; ULRICH 1981, S. 7–10; SCHÜTTE 1998, S. 10; WERNERS 2006, S. 4; MÜLLER 2013, S. 15). Realwissenschaften stellen demnach formalisierte Denkformen dar (s. ULRICH U. HILL 1976a, S. 306; ZELEWSKI 2008, S. 5). Neben den **Sozialwissenschaften** gehören die Betriebswirtschaftslehre, die **angewandte Informatik** und die **Ingenieurwissenschaften** zu den Handlungswissenschaften (s. ULRICH U. HILL 1976a, S. 305; ULRICH 1981, S. 7; BALZERT ET AL. 2008, S. 46). Jedoch beinhalten viele Wissenschaftsdisziplinen verschiedene Aspekte, sowohl von den Formalwissenschaften als auch von den Realwissenschaften. Beispielsweise entstand noch vor den ersten praktikablen Rechenmaschinen eine theoretische Informatik, welche zu den Formalwissenschaften gezählt werden kann. Jedoch ist die **angewandte Informatik** als Unterdisziplin der Ingenieurwissenschaften bei den Handlungswissenschaften zu sehen (s. ERNST ET AL. 2016, S. 2). Folglich ist ebenfalls die Wirtschaftsinformatik den angewandten Wissenschaften zuzuordnen. Dies bestätigt nicht nur das praktisch orientierte Ziel der Wissenschaft, sondern auch die Einordnung der übergeordneten Disziplinen der Betriebswirtschaftslehre sowie der angewandten Informatik (s. WILDE U. HESS 2007, S. 280; LEHNER ET AL. 2008, S. 21; ABTS U. MÜLDER 2017, S. 4–5).

Der Anspruch der vorliegenden Arbeit ist es, ein real existierendes Problem (s. Kapitel 1.1 und 1.2) zu lösen. Der angestrebte Lösungsansatz kombiniert dabei die Disziplinen der Wirtschaftsinformatik und der Ingenieurwissenschaften; somit lässt sich die vorliegende Arbeit in die angewandten Handlungswissenschaften einordnen.

1.4 Forschungskonzeption und Aufbau der Arbeit

Der Aufbau der vorliegenden Arbeit orientiert sich an dem Forschungskonzept von ULRICH und LEHNER ET AL. für die angewandten Handlungswissenschaften (s. ULRICH 1981, S. 20; LEHNER ET AL. 2008, S. 23). Um die Problemstellung (s. Kapitel 1.1) strukturiert und wissenschaftlich fundiert zu lösen, werden im Folgenden die benutzte **Forschungssystematik** und der **Forschungsprozess** erläutert und mit den 8 Kapiteln der Arbeit verknüpft.

Bei der Erstellung der vorliegenden Arbeit entsteht ein iterativer Prozess des Erkenntnisgewinns; das praxisbezogene Forschungsziel bleibt dabei bestehen (s. DÖRING U. BORTZ 2016, S. 171–173). Durch die gewonnenen Erkenntnisse sollen Unternehmen in die Lage versetzt werden, die zuverlässigkeitsorientierte Instandhaltung für sich beherrschbar und nutzbar zu machen. Aus diesem Grund stehen der Anwendungsfokus und die Gestaltung der Unternehmensrealität im Vordergrund der Arbeit. (s. KUBICEK 1976, S. 7) Um das Forschungsziel zu erreichen, werden terminologisch-deskriptive, empirisch-induktive und analytisch-deduktive Methoden gewählt und ausgeführt. Die Grundlage bilden dabei die Literaturrecherche, das Vorwissen und die persönliche Erfahrung des Autors, um ein **terminologisch-deskriptives** Grundverständnis der Begriffswelt zu schaffen (s. **Kapitel 2**). Dies ermöglicht ebenfalls eine Abgrenzung des Untersuchungsbereiches, die in Kapitel 2.4 erfolgt. Durch die Beobachtung und Untersuchung der Realität werden **empirisch-induktiv** Hypothesen formuliert, welche die Realität dem Ziel angemessen abstrahieren sollen. Die getroffenen, allgemeingültigen Hypothesen werden nun **analytisch-deduktiv** mit der Realität abgeglichen und in den Anwendungsbereich überführt (s. ULRICH U. HILL 1976b, S. 347–349; PICOT 1975, S. 27–35; LEHNER ET AL. 2008, S. 21–24; MAYER 2013, S. 16–22). Der **kritische Rationalismus** findet Anwendung, da sich eine Allgemeingültigkeit durch wenige, ausgewählte Realitätsausschnitte nicht herstellen lässt (s. GADENNE 2013, S. 125–144). Daher benutzt dieser eine eingeschränkte Induktion durch Widerlegung eines Modells oder einer Hypothese durch empirische Einzelaussagen oder -beobachtungen. Daher kann durch den realwissenschaftlich anerkannten Ansatz ein Modell für vorläufig wahr erklärt werden, bis dies durch eine Gegenbeobachtung widerlegt wurde

(s. ULRICH U. HILL 1976b, S. 345). In Abbildung 1-5 ist der **iterative Lernprozess** dargestellt, der während des gesamten Forschungsprozesses immer wieder durchlaufen wird und dabei einen stetigen Erkenntnisgewinn aus den genannten Methoden zieht.

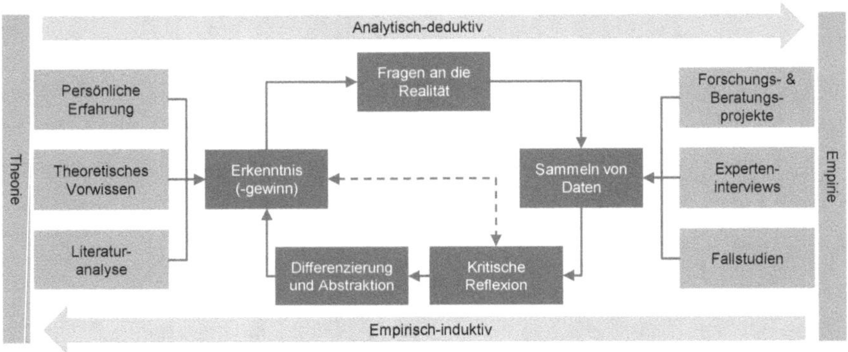

Abbildung 1-4: Iterativer Forschungsprozess (eigene Darstellung, i. A. a. s. KUBICEK 1976, S. 14)

Mit **Fragen an die Realität** werden Schwerpunkte gesetzt, **Daten für die Beantwortung** gesucht und die **Ergebnisse kritisch reflektiert** sowie für die **Abstraktion** angepasst. Die Abstraktion führt zu einem **Erkenntnisgewinn**, der wiederum in eine erneute Frage an die Realität mündet und den Prozess von neuem wieder anstößt (s. KUBICEK 1976, S. 12–17; FRANK ET AL. 1999, S. 71–74). Das Vorwissen des Autors, seine Erkenntnisse sowie die Erfahrungen, welche während des Lernprozesses aufgebaut werden, bilden die Grundlage für den gesamten Forschungsprozess (s. KUBICEK 1976, S. 19–23; MAYER 2013, S. 22–27). Das Vorwissen des Autors stammt aus seiner Ausbildung und beruflichen Erfahrung im Bereich der Instandhaltung und des technischen Service. Um dieses Vorwissen des Autors zu ergänzen, wird in enger Interaktion mit Partnern aus der Praxis gemäß einer **partizipativen Aktionsforschung** jeder Schritt des iterativen Lernprozesses diskutiert und ggf. angepasst (s. MAYRING 2002, S. 50–54; WILDE U. HESS 2007, S. 282).

Die Arbeit gliedert sich, wie in Abbildung 1-6 dargestellt, in **8 Kapitel**. Diese werden im Folgenden kurz dargestellt und in die jeweils angewendeten Forschungsansätze eingeordnet.

Abbildung 1-5: Aufbau der vorliegenden Arbeit nach ULRICH (eigene Darstellung, i. A. a. ULRICH 1981)

Auf die **Kapitel 1 und 2**, welche die Problem- und Zielstellung sowie die Grundlagen und Abgrenzung für die Untersuchung liefern, folgt **Kapitel 3**. Dieses stellt den aktuellen Erkenntnisstand aus wissenschaftlicher und praxisrelevanter Sicht dar. Die gewonnenen Erkenntnisse werden für die weitere Lösung der Problemstellung der vorliegenden Arbeit und für die Darstellung und Konkretisierung des Forschungsbedarfs verwendet. Dafür werden Suchräume nach inhaltlichen und methodischen Kriterien gewählt und bewertet. Aus dem Stand der Erkenntnisse leitet sich zudem der konkrete Forschungsbedarf ab. **Kapitel 4** bildet die Anforderungen an die zu entwickelnden Modelle und das Konzept für die Problemlösung ab. Alle Konzepte, auf denen die Lösung aufbaut, werden innerhalb des Kapitels eingehend beschrieben. Den Abschluss des

Kapitels bildet die Konkretisierung des Vorgehens. In **Kapitel 5** erfolgt die Entwicklung des Beschreibungsmodells, welches zum Ziel hat, die Informationsbedarfe und Informationsangebote (s. **Unterforschungsfrage 1 und 2**) zu identifizieren und zu beschreiben. Dafür werden zunächst analytisch-deduktiv die Anspruchsgruppen und Entscheidungsfragen für den Informationsbedarf abgeleitet. Die notwendigen Informationsobjekte werden anschließend empirisch-induktiv für das Informationsangebot abgeleitet. In **Kapitel 6** wird die **Unterforschungsfrage 3** beantwortet, welche den Zusammenhang zwischen Informationsnachfrage und -angebot zu erklären hat. Der Zusammenhang wird über ein Erklärungsmodell für die Informationsobjekte der zuverlässigkeitsorientierten Instandhaltung analytisch-deduktiv abgeleitet. Die darauf aufbauenden Informationslogistikmodelle präzisieren die Zusammenhänge der Informationsobjekte weiter. In **Kapitel 7** wird **Unterforschungsfrage 4** beantwortet, indem ein Vorgehensmodell für die Einführung der datenbasierten zuverlässigkeitsorientierten Instandhaltung gestaltet wird. Die erstellten Modelle werden im Folgenden auf Grundlage der an sie gestellten Anforderungen und anhand der Zielstellung des vorliegenden Werkes verifiziert und anschließend mit der Praxis validiert. In **Kapitel 8** werden die, während des iterativen Forschungsprozesses gewonnenen, Erkenntnisse zusammengefasst und der weitere Forschungsbedarf aufgezeigt.

2 Grundlagen und Abgrenzung der Untersuchung

Ziel der Arbeit ist es, eine **datenbasierte** Grundlage für eine **Entscheidungsunterstützung** in der zuverlässigkeitsorientierten **Instandhaltung** bereitzustellen. In dem vorliegenden Kapitel werden die Begriffe des **Instandhaltungsmanagements** und des **Informationsmanagements** dargestellt und erläutert. Darauf aufbauen kann abschließend der **Untersuchungsbereich abgegrenzt** werden.

2.1 Grundlagen des Instandhaltungsmanagements

In dem vorliegenden Kapitel werden die grundlegenden Zusammenhänge und Gestaltungsebenen der Instandhaltung aufgezeigt. Dafür werden im ersten Schritt die **Aufgaben der Instandhaltung** erläutert (s. Kapitel 2.1.1). Analog zum *St.-Galler Management-System* folgen anschließend die instandhaltungsspezifischen Ausprägungen der drei Managementebenen: operativ (**Maßnahmen der Instandhaltung**), strategisch (**Strategien der Instandhaltung**) und normativ (**Instandhaltungskonzepte**) (s. BARDMANN 2019, S. 450). Die **zuverlässigkeitsorientierte Instandhaltung** als eines der wichtigsten Konzepte des Instandhaltungsmanagements (s. KUMAR ET AL. 2022, S. 214–215) und Grundlage der vorliegenden Arbeit wird anschließend detailliert in Kapitel 2.1.5 behandelt.

Die Instandhaltung beeinflusst große Teile eines produzierenden Unternehmens wie beispielsweise die Produktivität der Produktionsanlagen, die Arbeitssicherheit der Anlagenbediener, die Einhaltung von Emissionsgrenzwerten, die Energieeffizienz des Werkes, die Produktqualität und die Lieferfähigkeit (s. MOUBRAY 1995, S. 3). Ein langfristiges Investment in die Instandhaltung ist schon seit Jahrzehnten als Erfolgsfaktor für eine wettbewerbsfähige Produktion bekannt (s. COETZEE 1999, S. 280; PINTELON U. PARODI-HERZ 2008, S. 26; GUTSCHE U. EIGENSTETTER 2019, S. 514) und so gewinnt die Instandhaltung im Kontext von Industrie 4.0 weiter an Bedeutung. Dies liegt darin begründet, dass durch die enge Vernetzung von Produktionsanlagen und Wertschöpfungsnetzwerken der Ausfall einzelner Maschinen in dem Ausfall der kompletten Lieferketten resultieren kann (s. TUPA ET AL. 2017, S. 1229).

2.1.1 Aufgaben der Instandhaltung

Nach DIN 31051 ist die Instandhaltung die „Kombination aller technischen und administrativen Maßnahmen, sowie Maßnahmen des Managements während des Lebenszyklus eines Objekts, die dem Erhalt oder der Wiederherstellung ihres funktionsfähigen Zustands dient, sodass es die geforderte Funktion erfüllen kann“ (DIN 31051, S. 4). Der Begriff „Objekt“ ist dabei als „Teil, Bauelement, Gerät, Teilsystem, Funktionseinheit, Betriebsmittel oder System, das/die für sich allein beschrieben und betrachtet werden kann“ (DIN 31051, S. 7; DIN EN 13306, S. 10) definiert. Eine allgemeinere Definition wird in DIN EN 81346-1 angewandt, darin wird ein Objekt als eine Betrachtungseinheit verstanden, welche sich an einem beliebigen Punkt ihres Lebenszyklus befindet und der Informationen zugeordnet werden können (s. DIN EN 81346-1, S. 11).

Die Ziele der Instandhaltung beschränken sich jedoch nicht darauf, die Verfügbarkeit von Objekten sicherzustellen. Vielmehr ist es die Aufgabe der Instandhaltung, die Produktivität und Sicherheit der Produktion sicherzustellen, den Lebenszyklus des Objekts zu verlängern sowie relevante Informationen zum Anlagenlebenszyklus zu dokumentieren und für zukünftige Anschaffungen zu nutzen (s. Ackermann u. Buhl H. 1974, S. 26; Moubray 1995, S. 3; Leidinger 2017, S. 15). Die Instandhaltung schafft dadurch einen immateriellen Mehrwert für das Unternehmen und bietet daher entsprechende **interne Dienstleistungen** an (s. Schuh u. Gudergan 2016, S. 9). Dazu gehört, dass die Instandhaltung nicht nur Störungen beseitigt, sondern eine genaue Fehleridentifikation durchführt, um mögliche Störungen durch geeignete Maßnahmen (s. *Verbesserung* nach DIN 31051) in der Zukunft auszuschließen (s. Moubray 1995, S. 6). Eine Störung wird nach DIN EN 13306 als Verlust der Funktion definiert (s. DIN EN 13306, S. 26), welche sich auf unterschiedliche Arten äußern kann. So weisen elektrische und mechanische Objekte unterschiedliche Ausfallverhalten auf (s. Abbildung 2-1). Die y-Achse verdeutlicht den Abnutzungsvorrat des Objekts und stellt bei 100 Prozent den initialen Sollzustand des Objekts dar. Mit fortschreitender Zeit (x-Achse) nimmt der Verschleißfortschritt in der Regel ab und verliert an einem objektspezifischen Punkt seine Funktionalität bzw. Teile davon. Der Verlust der Funktionsfähigkeit hat zur Folge, dass der Zustand wiederhergestellt werden muss, um das Objekt wieder nutzen zu können. Mit der Wiederherstellung des Abnutzungsvorrats beginnt die Abnutzung erneut.

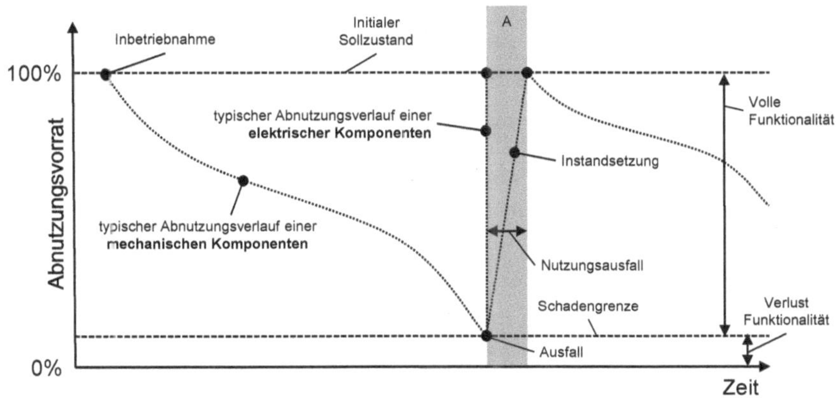

Abbildung 2-1: Ausfallverhalten über den Lebenszyklus von verschiedenen Objekttypen (eigene Darstellung, i. A. a. DIN 31051, S. 8)

Mechanische Komponenten weisen, außer bei Überlast, einen nutzungsbedingten sukzessiven Abbau des Abnutzungsvorrats auf, wobei der sogenannte Einlaufbereich einen höheren Verschleiß aufweist, gefolgt von einem Bereich mit konstantem Verschleiß und zum Ende der Standzeit einem überproportionalen Verschleiß (s. MÄURER 2002, S. 68; BIEDERMANN 2008, S. 11; OEHLER U. APEL 2018, S. 150). Ihnen stehen **elektrische Komponenten** entgegen, welche dadurch gekennzeichnet sind, dass sie ein plötzliches Ausfallverhalten aufweisen und sich dadurch anbahnende Fehler schwer detektieren lassen, da kein Verschleißfortschritt beobachtet werden kann (s. BIEDERMANN 2008, S. 12).

Ausfälle von Objekten können beispielsweise die Anlagenproduktivität, die Arbeitssicherheit, den Umweltschutz oder die Lieferfähigkeit des Unternehmens negativ beeinflussen, lassen sich aber für komplexe Objekte nicht gänzlich verhindern (s. NOWLAN U. HEAP 1978, S. 9). Aus diesem Grund ist die Bewertung der durch die Instandhaltung geschaffenen Wertschöpfung nicht intuitiv möglich. So müssen nicht nur unmittelbare Schadenseffekte, sondern auch weitreichendere Folgen bei der Bewertung berücksichtigt werden (s. NOWLAN U. HEAP 1978, S. 7; LEIDINGER 2017, S. 4). Dabei ist die Erstellung eines Kennzahlensystems notwendig, da verschiedene Informationen und Einflussgrößen abgewogen und verdichtet angezeigt werden können. Die Schritte für die Erstellung eines Kennzahlensystems nach VDI 2893 sind in Abbildung 2-2 dargestellt.

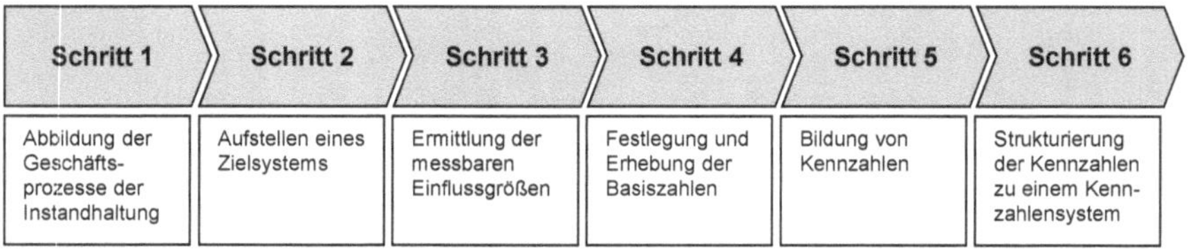

Abbildung 2-2: Arbeitsschritte zum Aufbau eines Kennzahlensystems (eigene Darstellung, i. A. a. VDI 2893, S. 4)

Der Prozess für den Aufbau eines Kennzahlensystems wird durch die VDI 2893 vorgeschlagen und eine große Anzahl von möglichen Kennzahlen bereitgestellt (s. VDI 2893). Die Herausforderung besteht darin, die richtigen Kennzahlen für die effektive Steuerung von Instandhaltungsprozessen zu wählen (s. SMITH U. MOBLEY 2008, S. 90). Kennzahlen werden in ergebnisorientierte und verlaufsorientierte unterschieden, wobei ergebnisorientierte Kennzahlen die Ergebnisse am Ende einer definierten Periode darstellen, wohingegen verlaufsorientierte Kennzahlen die aktuellen Aktivitäten mess- und steuerbar machen (s. NIVEN U. KAPLAN 2003, S. 163). Für eine effektive Steuerung der Instandhaltung müssen beide Kennzahlentypen genutzt werden, damit operativ eine Einflussnahme möglich ist und eine strategische Bewertung der Ergebnisse erfolgen kann (s. SMITH U. MOBLEY 2008, S. 92). Zu den am häufigsten genutzten ergebnisorientierten Kennzahlen in der Instandhaltung zählt die *Overall Equipment Effectiveness* (OEE), welche der Lean-Methodik entlehnt ist und auch unabhängig von ihr verwendet wird. Sie setzt die Differenzen zum Idealzustand in den Kategorien *Verfügbarkeit*, *Produktivität* und *Qualität* in ein Verhältnis (s. NAKAJIMA 1988, S. 25 zitiert nach JONSSON U. LESSHAMMAR 1999, S. 61–62). Die geläufigste Formel der OEE wurde von DE GROOTE im Jahr 1995 formuliert:

$$OEE = \frac{geplante\ Produktionszeit\ (PZ) - ungeplante\ Ausfallzeit}{geplante\ PZ} \cdot \frac{Produktionsmenge\ (PM)}{geplante\ PM} \cdot \frac{PM - Ausschuss}{PM}$$

Formel 2-1: Berechnung der *Overall Equipment Effectiveness* (OEE) nach DE GROOTE (s. DE GROOTE 1995, S. 17)

Es existiert jedoch eine Vielzahl an weiteren Kennzahlen, welche sich mit dem Betriebsverhalten der Maschine bzw. Anlage (s. VDI 2423) oder mit der Instandhaltung selbst auseinandersetzen (s. VDI 2893). Die Aufgabe der Instandhaltung besteht darin, die Gründe für Abweichungen zu identifizieren und Gegenmaßnahmen zu ergreifen (s. AL-NAJJAR 2006, S. 88). Dafür muss die Fehlerursache im Kontext des Gesamtsystems richtig verstanden und dementsprechend die bestmögliche Reaktion abgeleitet werden (s. NOWLAN U. HEAP 1978, S. 6). Um die möglichen Reaktionen zu unterscheiden, differenzieren PINTELON U. PARODI-HERZ die in der Instandhaltung durchgeführten Aktionen in drei Begrifflichkeiten, welche im Rahmen dieser Arbeit verwendet und in den kommenden Abschnitten näher erläutert werden (s. PINTELON U. PARODI-HERZ 2008, S. 27):

- **Maßnahmen** sind Aufgaben, welche vom Instandhaltungsmitarbeiter im operativen Betrieb erledigt werden. *Prüffrage: Welche Aktionen sind durchzuführen? Beispielantwort: Nach dem Ausfall eines Wälzlagers muss dieses instandgesetzt werden.*
- **Strategien** legen fest, wie und wann eine Maßnahme ausgelöst wird. *Prüffrage: Wie wird der Auslöser für die Maßnahme bestimmt? Beispielantwort: Das Wälzlager befindet sich in einem Antrieb, der reaktiv instandgehalten wird und daher werden keine präventiven Maßnahmen durchgeführt.*
- **Konzepte** führen verschiedene Strategien zusammen, um nach beispielsweise Kostengesichtspunkten eine optimale Nutzung der vorhandenen Ressourcen sicherzustellen. *Prüffrage: Wie wird bestimmt, welche Strategien an welchen Objekten zum Einsatz kommen? Beispielantwort: Die Instandhaltung des Unternehmens folgt einer zuverlässigkeitsorientierten Instandhaltung und hat nach einer Kritikalitätsuntersuchung entschieden, dass der Antrieb reaktiv instandgehalten werden muss.*

2.1.2 Maßnahmen der Instandhaltung

Die **Maßnahmen** der Instandhaltung werden nach DIN 31051 in folgende **Grundmaßnahmen** unterschieden (s. DIN 31051, 5-6):

- **Wartung:** Unter dem Begriff der Wartung werden alle Maßnahmen zusammengefasst, welche den Abbau des Abnutzungsvorrats verzögern (s. DIN 31051, S. 5). Die Maßnahmen umfassen das Reinigen und Pflegen, Nachstellen und Justieren, Ölen und Schmieren, Nachfüllen von Hilfs- und Betriebsstoffen und den Austausch von Klein- und Verschleißteilen (s. SCHMIDT U. APEL 2018, S. 55).
- **Inspektion:** Die Inspektionen haben die Aufgabe, die Objekte auf Abweichungen vom Sollzustand zu prüfen und zu bewerten (s. DIN 31051, S. 5). Dazu

gehören beispielsweise visuelle Kontrollen, bei denen das Aussehen der Objekte von geschulten Mitarbeitern geprüft wird. Es bietet sich jedoch noch eine Vielzahl von anderen Möglichkeiten: beispielsweise Schmier- und Kühlmittelanalysen auf Verunreinigung oder Änderungen der Viskosität, Vibrationsanalysen, thermische oder Ultraschall-Untersuchungen.

- **Instandsetzung:** Die Instandsetzung hat die Aufgabe, die festgestellten Abweichungen vom Sollzustand der Objekte zu korrigieren und ggf. deren Funktionsfähigkeit wiederherzustellen (s. DIN 31051, S. 6). Dies kann beispielsweise durch die Reparatur oder den Austausch von Komponenten des Objekts geschehen.
- **Verbesserung:** Die Verbesserung umfasst die Steigerung der Instandhaltbarkeit, Zuverlässigkeit und Sicherheit eines Objekts (s. DIN 31051, S. 6). In die Verbesserung der Instandhaltbarkeit fallen beispielsweise auch die Ausrüstung mit Sensorik oder Datenverarbeitungssystemen (s. SCHMIDT U. APEL 2018, S. 61). Die Zuverlässigkeit kann beispielsweise durch die Erhöhung des Abnutzungsvorrats des Objekts erreicht werden und die Sicherheit beispielsweise mit dem Anbringen von Wartungssicherungen, welche beispielsweise Leistungsschalter fixieren, erhöht werden.

Die Wirkung der Grundmaßnahmen auf die Objekte wird in Abbildung 2-3 dargestellt, welche den Zeitpunkt der Durchführung und die Auswirkung auf den Abnutzungsvorrat skizziert.

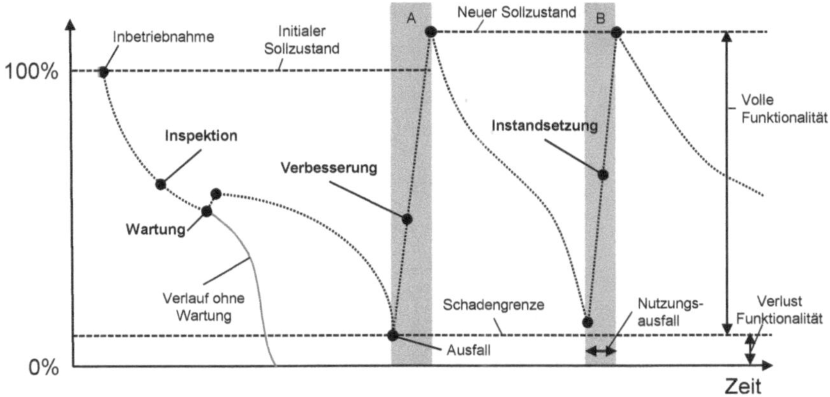

Abbildung 2-3: Grundmaßnahmen der Instandhaltung nach DIN 31051 (eigene Darstellung, i. A. a. DIN 31051, S. 5–6)

Nach der Inbetriebnahme reduziert sich der Abnutzungsvorrat mit Betrieb des Objekts zunächst. Der Grad der Abnutzung kann durch **Inspektionen** bestimmt werden und Maßnahmen können abgeleitet werden. Durch die **Wartung** wird der Abnutzungsvorrat punktuell aufgefüllt oder der Abnutzungsfortschritt verlangsamt und der Ausfallzeitpunkt dadurch verzögert. Wird die Verminderung des Abnutzungsvorrats nicht korrekt erkannt, kann es zum Ausfall des Objekts und damit zu einem Verlust der Funktionalität kommen. Dies hat zwei mögliche Konsequenzen: Entweder mündet dies in der Wiederherstellung der Funktionalität in Form einer **Instandsetzung** oder in der **Verbesserung** des Objekts, um zukünftige Ausfälle zu vermeiden oder Ausfallzeiten zu reduzieren. Aus einer Verbesserung ergibt sich in der Regel eine Erhöhung des initialen Abnutzungsvorrats, welcher einen neuen Sollzustand darstellt. Es kann aber auch die Instandhaltbarkeit des Objekts gesteigert werden; dies würde bedeuten, dass die Dauer, welche für die Umsetzung von Maßnahmen notwendig ist, reduziert wird (s. Abbildung 2-3, Zeitraum A und B). Erreicht wird dies beispielsweise durch eine bessere Zugänglichkeit der Objekte oder durch eine Modularisierung von Baugruppen.

Im Rahmen der **Digitalisierung** verändern sich ebenfalls die Methoden und Hilfsmittel, welche der Instandhaltung zur Verfügung stehen. In Abbildung 2-4 wird der Einfluss der Digitalisierung auf die Maßnahmen der Instandhaltung dargestellt. Dabei werden Daten und Informationen genutzt, um die Ausfallzeiten (Zeitfenster A und B) zu reduzieren, Ausfälle zu vermeiden oder besser einplanen zu können. Im Sinne der Lean-Philosophie besteht zudem der Anspruch, dass jeder Fehler als eine Möglichkeit gesehen wird, dass System zu verbessern und robuster zu machen sowie die Instandhaltungsorganisation als Ganzes weiterzuentwickeln (s. ROY ET AL. 2016, S. 684–685). Dabei kommen Daten zum Einsatz, um den richtigen Ansatzpunkt für die Verbesserungen zu finden und komplexe Zusammenhänge besser zu erkennen.

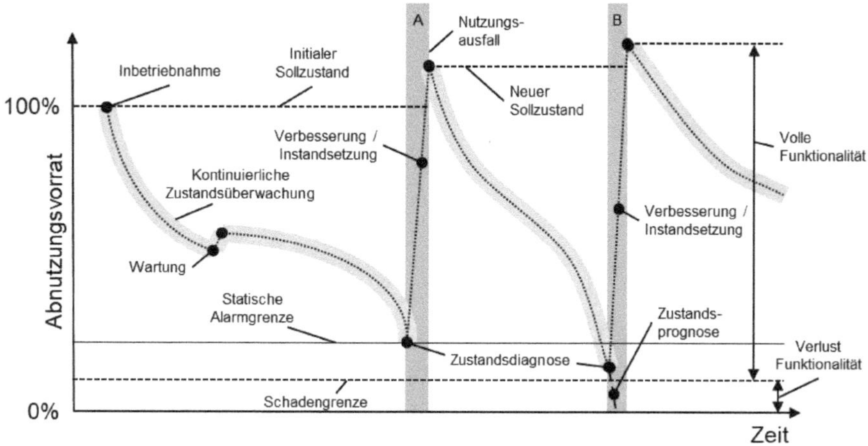

Abbildung 2-4: Veränderung der Instandhaltung durch die Digitalisierung (eigene Darstellung)

Die Digitalisierung zeigt sich in der Form aufeinander aufbauender Fähigkeiten, welche zuerst die echtzeitbasierte Sichtbarkeit der Objektzustände zum Ziel hat. Die Daten, welche für die Sichtbarkeit notwendig sind, können gespeichert und für eine Identifikation der Fehlerzusammenhänge benutzt werden; dies wird auch als Transparenz bezeichnet. Aus dem Verständnis der Zusammenhänge können für auftretende Zustände Prognosen und Handlungsempfehlungen für die Zukunft abgeleitet werden. (s. SCHUH ET AL. 2017a) Für die Maßnahmen der Instandhaltung äußert sich dies in der *Zustandsüberwachung*, *Zustandsdiagnose* und *Zustandsprognose*:

- **Zustandsüberwachung:** Durch die Kostenreduzierung für Sensorik, Datenverarbeitungs- und Informationssysteme wird eine kontinuierliche, mehrdimensionale Überwachung der Objekte ermöglicht (s. PINTELON U. PARODI-HERZ 2008, S. 30). Durch Alarmgrenzen kann die Funktionssicherheit der Anlagen sichergestellt und Ausfälle können vermieden werden. Für die Analyse von Zustandsdaten bieten entsprechende Programme bereits vorgefertigte Systembausteine, welche dafür eingesetzt werden können (s. BAUER ET AL.

2017, S. 57). Jedoch hängt die Wirksamkeit stark von dem zu betrachtenden Objekt ab: So eignen sich insbesondere schnell drehende Komponenten für die Untersuchung, da Abweichungen vom Sollzustand mithilfe von Vibrationsmessung zuverlässig bestimmt werden können (s. FORSTHOFFER 2019, S. 1).

- **Zustandsdiagnose:** Der Nebeneffekt der Zustandsüberwachung ist das Sammeln von Anlagendaten, welche bei der Ursachenuntersuchung der aufkommenden Störungen helfen. So können aus der Zustandsdiagnose Verbesserungspotenziale abgeleitet und in einen kontinuierlichen Verbesserungsprozess überführt werden.
- **Zustandsprognose:** Die Zustandsprognose bietet das Potenzial, Abnutzungsvorräte noch effizienter auszunutzen und Ausfallzeiten weitgehend auszuschließen. Angelehnt an den *Industrie 4.0 Maturity Index* besteht der Unterschied gegenüber der Zustandsüberwachung in der Prognose von Szenarien und abgeleiteten Handlungsempfehlungen, welche die Möglichkeit schaffen, beispielsweise Produktionsparameter anzupassen, um das laufende Produktionsprogramm abschließen zu können. BUSSE ET AL. zeigten 2019, dass der wirtschaftliche Erfolg der Zustandsprognose wesentlich von der Vorhersagegenauigkeit und dem zeitlichen Vorhersagehorizont abhängig ist (s. BUSSE ET AL. 2019, S. 702).

2.1.3 Strategien in der Instandhaltung

Die VDI 2895 spezifiziert die Aufgabe von Instandhaltungsstrategien damit, dass sie festlegen, „welche Instandhaltungsmaßnahmen an welchen Instandhaltungsobjekten zu welchen Zeitpunkten durchzuführen sind“ (VDI 2895, S. 25). Die Instandhaltungsstrategien lassen sich in reaktive und präventive Instandhaltung einteilen (s. Abbildung 2-5), daneben gibt es noch kombinierte Strategien, welche auch Instandhaltungskonzepte genannt werden (s. Kapitel 2.1.4).

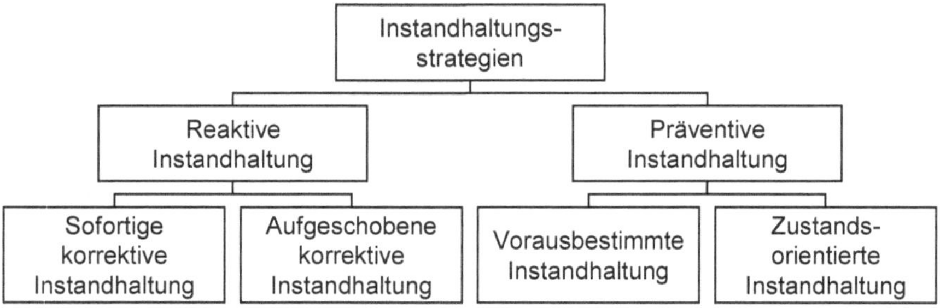

Abbildung 2-5: Einteilung der Instandhaltungsstrategien (eigene Darstellung, i. A. a. s. DIN EN 13306, S. 62; LEIDINGER 2017, S. 25)

Die reaktive Instandhaltung wird auch korrektive Instandhaltung genannt und unterteilt sich in die sofortige und aufgeschobene korrektive Instandhaltung. Die präventive Instandhaltung wird in die vorausbestimmte (auch deterministische) Instandhaltung und die zustandsorientierte Instandhaltung unterteilt. (s. DIN EN 13306, S. 62; PINTELON U. PARODI-HERZ 2008, S. 30; LEIDINGER 2017, S. 25)

- **Sofortige korrektive Instandhaltung:** Diese Strategie wird auch ausfallbasierte Instandhaltung genannt und beschreibt die Instandhaltungsstrategie, dass nach dem Verlust der Funktionsfähigkeit eines Objekts diese durch eine Instandsetzung unmittelbar wiederhergestellt wird. Diese Strategie ist insbesondere dann sinnvoll, wenn die Häufigkeit der Ausfälle nicht zunimmt und die Ausfallfolgekosten gering sind (s. PINTELON U. PARODI-HERZ 2008, S. 30).
- **Aufgeschobene korrektive Instandhaltung:** Analog zur sofortigen korrektiven Instandhaltung wird bei dieser Strategie nach einem Ausfall gehandelt, jedoch kann durch die geringe Bedeutung der ausgefallenen Komponente die Instandsetzung verzögert und damit in das Instandhaltungs- und Produktionsprogramm eingeplant werden. Dies bedeutet, dass die Instandsetzung des Objekts aufgeschoben wird, bis beispielsweise die Anlage produktionsbedingt stillsteht, um den Produktionsablauf nicht zu behindern.
- **Deterministische Instandhaltung:** Diese Strategie terminiert präventive Instandhaltungsmaßnahmen anhand eines festen Zeitplans oder der Nutzung der Objekte (beispielsweise nach Betriebsstunden oder Durchsatz der Anlage). Bei der Bestimmung der Zeitintervalle verlassen sich Anlagenbetreiber in der Regel auf die Empfehlungen der Hersteller und Systemintegratoren der Objekte, was

zu unnötigen Wartungen und dem Austausch von noch nicht verschlissenen Komponenten führt (s. ERUGUZ ET AL. 2017, S. 192).

- **Zustandsorientierte Instandhaltung:** Diese Strategie benutzt den Zustand der Komponente als Ausgangspunkt für eine Terminierung von notwendigen Instandhaltungsmaßnahmen. Dies kann das Ausfallrisiko verringern und den Nutzen in Bezug auf Kosten, Verfügbarkeit und Zuverlässigkeit erhöhen (s. VEENSTRA ET AL. 2006, S. 436–437; NORDEN ET AL. 2013, S. 220; ERUGUZ ET AL. 2017, S. 191). Diese Strategie wird immer populärer, da die Technologien, welche zur Zustandsbestimmung oder -prognose genutzt werden, immer preiswerter und verfügbarer werden (s. PINTELON U. PARODI-HERZ 2008, S. 30).

Die Wirkung auf den Abnutzungsvorrat und die Instandsetzungszeiten der verschiedenen Instandhaltungsstrategien werden in Abbildung 2-6 verdeutlicht.

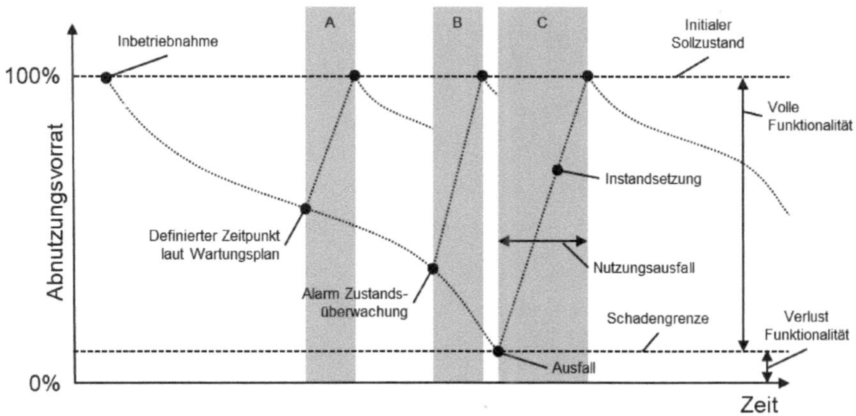

Abbildung 2-6: Strategiebedingter Abnutzungsverlauf (eigene Darstellung, i. A. a. STRUNZ 2012, S. 300)

Die **deterministische Instandhaltung** benutzt einen definierten Zeitpunkt als Start für eine Wartung und füllt dadurch den Abnutzungsvorrat wieder auf (s. A). Dies hat zur Folge, dass der Abnutzungsvorrat einer Komponente eventuell nicht vollständig ausgeschöpft werden kann, bevor diese ausgetauscht wird, jedoch entstehen durch definierte Arbeiten eine geringere Instandsetzungsdauer und gut planbare Instandsetzungs- bzw. Wartungszeiten. Die **sofortige bzw. aufgeschobene korrektive Instandhaltung** wird durch den Verlust der Funktionsfähigkeit des Objekts bestimmt. Dabei wird der Abnutzungsvorrat vollständig aufgebraucht, jedoch ist mit längeren

Ausfallzeiten und höheren Ausfallkosten zu rechnen (s. C). Begründet wird dies mit der möglicherweise langwierigen Fehlersuche, eventuellen Folgeschäden und der längeren Reaktionszeit sowie gegebenenfalls fehlenden Verfügbarkeit von Instandhaltungsressourcen. Einige der genannten Nachteile können für unkritische Objekte über die aufgeschobene korrektive Instandhaltung ausgeglichen werden, welche jedoch ebenfalls eine Fehlerdiagnose erfordert, da sonst mögliche Folgeschäden übersehen werden könnten. Die **zustandsorientierte Instandhaltung** erhält durch den Zustand der Anlage den Impuls, eine Instandsetzung vorzunehmen. Damit ermöglicht sie auch für kritische Anlagen eine Planbarkeit und nutzt gleichzeitig den Ausfallvorrat weitgehend aus (s. B). Jedoch ist die Zustandsüberwachung relativ aufwendig, da Systeme installiert, kalibriert und überwacht werden müssen (s. ACCORSI ET AL. 2017, S. 1155). Um die Vorteile der verschiedenen Strategien zu nutzen, wurden Instandhaltungskonzepte etabliert, welche unter verschiedenen Gesichtspunkten ein Optimum der Instandhaltung erreichen sollen.

2.1.4 Instandhaltungskonzepte

Instandhaltungskonzepte stellen die Kombination aus Instandhaltungsmaßnahmen und Strategien dar (s. PINTELON U. PARODI-HERZ 2008, S. 27). Jedoch sind die Begrifflichkeiten nicht trennscharf voneinander abgegrenzt (s. VELMURUGAN U. DHINGRA 2015, S. 1654), so werden Instandhaltungskonzepte auch als kombinierte Instandhaltungsstrategien bezeichnet (s. LEIDINGER 2017, S. 25). Die Notwendigkeit für eine Kombination ist unter anderem damit zu begründen, dass beispielsweise der optimale Vorbeugungsgrad für Instandhaltungsmaßnahmen im Laufe des Objektalters zunimmt (s. KURZ 2018, S. 178), da eine größer werdende Anzahl von mechanischen Komponenten ihren Abnutzungsvorrat aufgebraucht haben.

Die Konzepte in der Instandhaltung werden fortlaufend weiterentwickelt und sind inzwischen auf der ganzen Welt und in einer Vielzahl von Branchen verbreitet. Ihren Ursprung haben sie jedoch in der vorwiegend objektbezogenen **zuverlässigkeitsorientierten Instandhaltung** (engl. *Reliability Centered Maintenance*, kurz ***RCM***) in den USA und dem vorwiegend organisationsbezogenen Konzept ***Total Productive Maintenance* (TPM)** in Japan. (s. GARG U. DESHMUKH 2006, S. 219; PINTELON U. PARODI-HERZ 2008, S. 28–29) Die ersten Vorläufer für **RCM** entstanden in Form eines Entscheidungsdiagramms, welches eine praktikable Kombination der

Instandhaltungsstrategien Anfang der 1960er Jahre in der Luftfahrtindustrie ermöglichen sollte und in den darauffolgenden Jahren optimiert wurde (s. NOWLAN U. HEAP 1978, S. 6). Eine überarbeitete Version aus dem Jahr 1970 und eine Vielzahl spezifischer Dokumente für die Flugzeuginstandhaltung mündeten in der Entwicklung der RCM (s. NOWLAN U. HEAP 1978, S. 7). NOWLAN U. HEAP veröffentlichten 1978 erstmals das Konzept für die Öffentlichkeit. RCM basiert auf der Selektion der günstigsten Instandhaltungsstrategie für jede Betrachtungseinheit, bezogen auf das Gesamtsystem (s. NOWLAN U. HEAP 1978, S. 6; BRANDENBURG ET AL. 2008, S. 2). Dabei beschäftigt sich das Konzept mit den individuellen Fehlerursachen jeder Komponente und kann dadurch die ideale Strategie ableiten, anstatt lediglich einen regelmäßigen Austausch der Komponente zu veranlassen (s. NOWLAN U. HEAP 1978, S. 16). Das ***Total Productive Maintenance*-Konzept** wurde in den 1970er Jahren von dem *Japan Institute of Plant Maintenance* und von NAKAJIMA entwickelt (s. NAKAJIMA 1988, S. 8). Das Konzept besitzt einen breiteren Fokus als RCM und kann auch mit einer Philosophie gleichgesetzt werden, bei der im Mittelpunkt steht, die Anlagen so effizient und effektiv wie möglich zu nutzen (s. PINTELON U. PARODI-HERZ 2008, S. 37). Sie folgt der *Lean Management*-Philosophie und dient der Reduzierung von Ausfällen, von Rüst- und Einstellzeiten, von Produktionsunterbrechungen, von verringerten Bearbeitungs- bzw. Produktionsgeschwindigkeiten, der Vermeidung von Prozessfehlern und einer reduzierten Ausbringung, welche auch als *6 große Verluste* bezeichnet werden (s. NAKAJIMA 1988, S. 25; MATYAS 2013, S. 194). Jedes Unternehmen muss seinen individuellen Weg zum idealen Objektzustand finden, jedoch beschreibt NAKAJIMA die folgenden fünf Elemente als notwendig für eine erfolgreiche Einführung von TPM: die Beseitigung der *6 großen Verluste* für eine gesteigerte Objekteffektivität, ein Programm für die Instandhaltung durch den Anlagenbediener (*autonome Instandhaltung*), ein Programm für die geplante Instandhaltung, die Kompetenzentwicklung der Anlagenbediener und Instandhalter und ein Programm für das Anlaufmanagement, welches beispielsweise einen Konstruktionsstandard, Lebenszykluskostenanalysen und Designanalysen enthält (s. NAKAJIMA 1988, S. 49–52). Über diese beiden Strömungen hinaus existieren einige an sie angelehnte, aktualisierte und abgewandelte Konzepte, wie zum Beispiel das ***Risk Based Maintenance*-Konzept (RBM)** (s. JONES 1995) und die **wertorientierte Instandhaltung** (s. LORENZ 2011; LEIDINGER 2017). In alle Konzepte werden immer umfangreichere Teile des Anlagenlebenszyklus integriert, womit eine ganzheitliche Optimierung über den gesamten **Lebenszyklus** der Objekte erreicht werden soll (s. RODA U. GARETTI 2014, S. 222; BENGTSSON U. KURDVE 2016, S. 107). Der schrittweise Wandel der Instandhaltung zum **(Plant-)Asset-Management** spiegelt diese Entwicklung wider (s. PAS 55-1; BRUMBY 2018; DIN ISO 55000), welche im Gegensatz zur klassischen Instandhaltung insbesondere den Fokus hat, speziell auch in den Lebensphasen **Planung und Entwicklung**, **Beschaffung und Bereitstellung** und **Ausmusterung** eine optimale Wirtschaftlichkeit der Anlage zu erreichen (s. TAKATA ET AL. 2004, S. 653; BENGTSSON U. KURDVE 2016, S. 107; BRUMBY 2018, S. 68). Die Einflüsse der Digitalisierung bringen zudem weitere technologische Möglichkeiten in die Instandhaltung ein und haben auch einen organisatorischen und kulturellen Einfluss (s. BIEDERMANN 2019, S. 25; BIEDERMANN U. KINZ 2019, S. 17–18; SCHMIEDBAUER ET AL. 2020, S. 82–85). Diese Entwicklung wird **Smart Maintenance** bzw. **Maintenance 4.0** genannt, eine einheitliche Definition hat sich jedoch noch nicht etabliert. BOKRANTZ ET AL. definieren die **Smart Maintenance** mit den folgenden Kernelementen: *datenbasierte Entscheidungsfindung*, *menschliche Befähigung* und *interne und externe Integration* (s. BOKRANTZ ET AL. 2020, S. 13). Die Unterschiede zu vorhergehenden Instandhaltungskonzepten liegen insbesondere darin, dass, durch die stärkere Vernetzung von Maschinen und Systemen, Daten einfacher verfügbar und auswertbar sind. Daher ergeben sich neue Möglichkeiten: dass interne Abteilungen und externe Partner in datenbasierte Entscheidungsprozesse integriert und somit übergreifend bessere Entscheidungen getroffen werden können.

In der Praxis werden zunehmend individuell gestaltete Konzepte in den Unternehmen implementiert, welche die Stärken und Herausforderungen des einzelnen Unternehmens berücksichtigen und Elemente der genannten Instandhaltungskonzepte für die Erreichung eines individuellen Optimums inkorporieren (s. PINTELON U. PARODI-HERZ 2008, S. 35).

2.1.5 Zuverlässigkeitsorientierte Instandhaltung (RCM)

Eine wesentliche allgemein akzeptierte Grundlage der Instandhaltungstheorie war, dass es einen direkten Zusammenhang zwischen dem Umfang der präventiven Instandhaltung und der **Zuverlässigkeit** eines Objekts gibt (s. NOWLAN U. HEAP 1978,

S. 2), wobei die Zuverlässigkeit als die „Fähigkeit, zu funktionieren, wie und wann gefordert“ definiert ist (DIN EN 60300-1, S. 2).

Die ersten systematischen Untersuchungen und Erkenntnisse zum Ausfallverhalten von komplexen technischen Systemen und für die Kombination von Instandhaltungsstrategien existierten bereits im Zweiten Weltkrieg durch WADDINGTON, jedoch wurden diese erst 1973 unter dem Titel „*O.R. in World War 2: operational research against the U-boat*“ veröffentlicht. (s. WADDINGTON 1973; IGNIZIO 2010, S. 17–21). Durch die Untersuchungen von WADDINGTON und seinem Team konnte festgestellt werden, dass eine Häufung von Instandsetzungen nach einer präventiven Instandhaltungsmaßnahme stattfindet. Der logische Schluss daraus lautet, dass entweder die Frequenz der präventiven Instandhaltung zu hoch oder dass die präventive Instandhaltung der Auslöser für die notwendigen Instandsetzungen war. Die Lösung bestand darin, dass eine individuelle Instandhaltungsstrategie für jedes Objekt erarbeitet wurde. (s. IGNIZIO 2010, S. 18) Anfang der 1960er Jahre setzte die *Federal Aviation Administration* (FAA) in Zusammenarbeit mit einer Reihe von Fluggesellschaften ein Programm auf, welches Faktoren identifizieren sollte, die einen Einfluss auf die Zuverlässigkeit von Objekten haben. Durch Erfahrungen aus der Vergangenheit lautete eine Grundprämisse des Programms, dass es nicht zwangsläufig einen Zusammenhang zwischen der Zuverlässigkeit und der Häufigkeit der präventiven Instandhaltung gibt. (s. NOWLAN U. HEAP 1978, S. 3–4) Durch umfangreiche Untersuchungen wurden sechs charakteristische Ausfallhäufigkeitskurven identifiziert, welche in Abbildung 2-7 dargestellt sind.

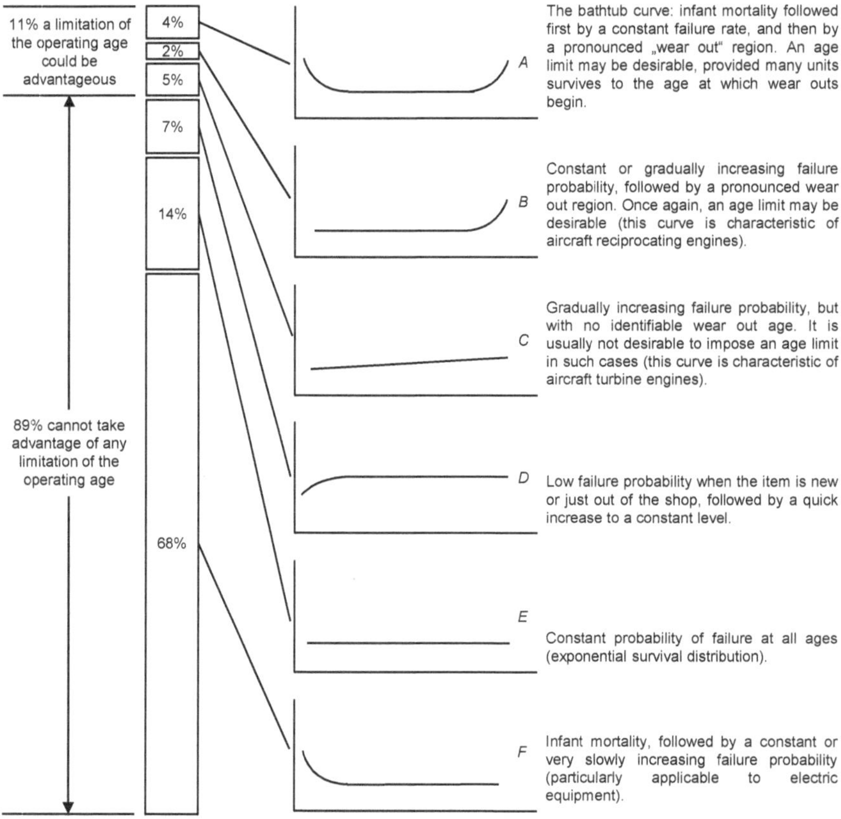

Abbildung 2-7: Ausfallverhalten von Flugzeugkomponenten (NOWLAN U. HEAP 1978, S. 46)

Die sechs dargestellten Ausfallhäufigkeitskurven (A-F) zeigen die Ausfallhäufigkeit über die Zeit an und sind rechts jeweils mit einem Beispiel beschrieben. Es wird deutlich, dass die ersten drei (A-C) einen Zusammenhang zwischen der Zeit und einer steigenden Ausfallhäufigkeit aufweisen. Die letzten drei (D-F) zeigen, teilweise erst nach einer Einlaufzeit (D, F), eine konstante Ausfallhäufigkeit an. Durch Untersuchungen von *United Airlines* konnten die Ausfallhäufigkeitskurven mit Objekttypen und deren Häufigkeit in Flugzeugen verknüpft werden. Das Ergebnis der Untersuchung findet sich in der Angabe der Prozentzahlen links. Aus ihnen geht hervor, dass lediglich 11 Prozent aller Objekte von einer Begrenzung des Objektalters, also einem präventiven Austausch des Objekts profitieren. Diese Grundaussage wird seitdem immer wieder mit Variationen in der genauen Verteilung, abhängig von der Art und den Einsatzbedingungen der untersuchten Objekte, bestätigt (s. SMITH U. HINCHCLIFFE 2003, S. 60; BIEDERMANN 2015, S. 25). Die Erkenntnisse wurden genutzt, um ein Vorgehen zu entwickeln, welches den Objektbetreibern ermöglicht, ein bedarfsgerechtes Instandhaltungsprogramm aufzusetzen. Dieses Vorgehen bildet auch eine der Grundlagen von TPM (s. NAKAJIMA 1988, S. 7).

In dem Vorgehen werden die individuellen Fehlermöglichkeiten und -ursachen jedes Objekts untersucht und dadurch die effektivste und effizienteste Instandhaltungsstrategie abgeleitet (s. NOWLAN U. HEAP 1978, S. 16). Das Vorgehen gliedert sich in 7 Schritte, welche mit Fragen verknüpft werden, die in jedem Schritt zu beantworten sind (s. SIFONTE U. REYES-PICKNELL 2017, S. 26; SMITH U. HINCHCLIFFE 2003, S. 71)

- **Objektleistung:** Welche Funktionen und geforderten Leistungsdaten erfüllt die Anlage im Gesamtsystem? *Beispielantwort: Das Objekt pumpt Kühlwasser in einen Reaktor des Kernkraftwerkes.*
- **Fehlermöglichkeit:** In welcher Form können die Funktionen gestört sein bzw. kann die Leistung nicht erreicht werden? *Beispielantwort: Durch eine leckende Wellendichtung kann Öl austreten.*
- **Fehlerursache:** Was sind die Ursachen für den jeweiligen Fehler? *Beispielantwort: Die Dichtung ist aus Kunststoff und diese wird über die Zeit spröde, da die enthaltenen Weichmacher entweichen.*
- **Fehlerablauf:** Welche Ereignisse treten ein, wenn ein Fehler auftritt? *Beispielantwort: Zuerst wird die Leckage unterhalb der Pumpe sichtbar, anschließend läuft die Welle trocken und verschleißt dadurch schneller.*
- **Fehlerkonsequenz:** Wie wirkt sich der Fehler aus? *Beispielantwort: Das austretende Öl stellt eine Rutschgefahr für die Mitarbeiter dar und wenn eine große Menge Öl austritt, kann das Getriebe trocken laufen und damit seinen Abnutzungsvorrat deutlich schneller aufbrauchen.*
- **Fehlervermeidung:** Was kann getan werden, um den Fehler vorherzusagen oder zu vermeiden? *Beispielantwort: Die Wellendichtung sollte alle 3 Jahre ausgetauscht und in jedem Quartal einer Sichtprüfung unterzogen werden.*

- **Störungsmitigation:** Was sollte getan werden, wenn keine passende Aktivität zur Vorhersage oder Vermeidung gefunden wird? *Beispielantwort: Passende Aktivität für die Vermeidung wurde gefunden, andere Dichtungstypen sollten bei der Neubeschaffung von Pumpen auf ihre Zuverlässigkeit und Wirtschaftlichkeit hin überprüft werden.*

Innerhalb des Vorgehens werden verschiedene Methoden genutzt, um bei der systematischen Beantwortung der Fragen zu unterstützen. Die zwei am häufigsten genutzten Methoden, die *Kritikalitätsanalyse* und die *Fehlermöglichkeits- und -einflussanalyse (FMEA)*, werden im Folgenden näher erläutert (s. SMITH U. HINCHCLIFFE 2003, S. 71):

Kritikalitätsanalyse: Die Kritikalitätsanalyse (engl. *asset criticality analysis*, kurz *aca*) dient dem Ziel, die Objekte mit der größten Kritikalität für die Anlage bzw. des Unternehmens beispielsweise in den Dimensionen *Einfluss auf die OEE*, *Einfluss auf die Arbeitssicherheit*, *Einfluss auf die Umwelt* zu identifizieren. Dies wird gemacht, da die Beantwortung der RCM-Hauptfragen sehr aufwendig ist und so eine Fokussierung der Ressourcen stattfinden kann. Dafür wird in mehreren Workshops die Meinung von Experten eingeholt und ggf. mit Daten zu der Objekthistorie aus Informationssystemen ergänzt. Die Experten bestimmen dann den Einfluss der Störung (Konsequenz) und die Wahrscheinlichkeit des Eintretens einer Störung für jedes Objekt. Die Einschätzung erfolgt dabei üblicherweise in einer Skala von 5 bis 10 Stufen und kann iterativ über mehrere Aggregationsebenen der Objekte erfolgen (Werk – Betrieb – Linie – Anlage – usw.). Die Achsen der Konsequenz und der Wahrscheinlichkeit werden auf einer Risikomatrix angetragen und durch ihre Einordnung klassifiziert (s. Abbildung 2-8).

Wahrscheinlichkeit [-] \ Konsequenz [-]	1	10	100	500	1000
5	**5**	**50**	**500**	**2500**	**5000**
1	**1**	**10**	**100**	**500**	**1000**
0,3	**0,3**	**3**	**30**	**150**	**300**
0,1	**0,1**	**1**	**10**	**50**	**100**
0,05	**0,05**	**0,5**	**5**	**25**	**50**

Abbildung 2-8: Kritikalitätsmatrix mit Risikoprioritätszahlen (eigene Darstellung)

Aus dem Produkt der Achsen wird zudem meist eine *Risikoprioritätszahl* (kurz *RPZ*, engl. *RPN*) gebildet, wobei die Skalen 1 bis 5 bzw. 10 in eine logarithmische Skala übersetzt werden, um hohe Kritikalität oder Wahrscheinlichkeiten hervorzuheben. Durch die Einschätzung der Kritikalität der Objekte können alle folgenden Maßnahmen bezüglich ihrer Angemessenheit bewertet werden. So werden unkritische Objekte ggf. nicht weiter betrachtet, während bei kritischen Objekten beispielsweise eine weiterführende *FMEA* durchgeführt wird.

Fehlermöglichkeits- und -einflussanalyse (FMEA): Die *FMEA* dient der systematischen Identifikation möglicher Fehler, deren Einfluss auf das Objekt oder auf den Prozess und der Definition und Bewertung von Maßnahmen zur Mitigation. Das Vorgehen gliedert sich in die folgenden Schritte, welche meist in einer Excel-Vorlage durchgegangen werden:

1. Objekt auswählen: Durch die Kritikalitätsanalyse wurden die kritischsten Objekte bereits identifiziert, daher kann sich auf diese konzentriert werden.

2. Projektteam zusammenstellen und Termine vereinbaren: Ein Team aus Experten für das gewählte Objekt muss zusammengestellt werden, dabei müssen unterschiedliche Kompetenzen abgebildet werden: Methodenkenntnis bezüglich der *FMEA* als Moderator, Prozessverständniss und Objektverständniss. Meist werden darüber hinaus noch Experten für Arbeitssicherheit und Umweltschutz eingebunden.

3. Funktionsbaum des Objekts und Detailebenen definieren: Die weitere Unterteilung des Objekts ermöglicht ein besseres Verständnis jedes Teammitglieds für das Objekt. Dabei müssen die Verknüpfungen und Schnittstellen zu anderen Objekten berücksichtigt werden, um Abhängigkeiten zu identifizieren. Für ein besseres Verständnis zu den Objekten wird ihnen eine Funktion (1) und die Kritikalität (2) zugeordnet (s. Abbildung 2-9).

Objekt	Funktion	Kritikalität	Fehler-möglichkeit	Fehler-effekt	Fehler-ursache

Abbildung 2-9: FMEA-Vorlage und Zusammenhänge (eigene Darstellung)

4. Fehler- und Ursachenmöglichkeiten identifizieren: Die Komponenten des Objekts werden anschließend durchgegangen, um mögliche Fehler (3) zu identifizieren. Die Fehler werden daraufhin mit den Fehlereffekten (4a) und möglichen Ursachen (4b) verknüpft, um zu verstehen, wann und wie der Fehler auftritt und wie er verhindert werden könnte.

5. Maßnahmen für die Vermeidung der Ursachen definieren: Für jeden Fehler und dessen Ursachen werden Maßnahmen abgeleitet, wie dieser vermieden werden kann. Das Spektrum der Maßnahmen reicht dabei von Inspektionen und Wartungen bis hin zu konstruktiven Änderungen und Umbauten der Objekte.

6. Priorisierung der Maßnahmen: Die definierten Maßnahmen werden gemäß ihrem Aufwand und ihrer Wirkung priorisiert. Dabei werden die Maßnahmen hoch priorisiert, welche die Kritikalität des Objekts insgesamt am wirkungsvollsten senken, nicht unbedingt die, die den kritischsten Fehler fokussieren.

7. Umsetzen der Maßnahmen und Erfolgskontrolle: Die Maßnahmen müssen anschließend in bestehende Instandhaltungs- und Produktionsprozesse eingebunden bzw. durch Projekte umgesetzt werden. Anschließend erfolgt über die Fehlerhäufigkeit eine Erfolgskontrolle der Maßnahmen.

Das Vorgehen beruht im Wesentlichen auf der Expertise der Mitarbeiter. Es werden jedoch auch historische Daten von Instandhaltungstätigkeiten bzw. Fehlermeldungen und Zustandsdaten der Objekte für die Analyse genutzt (s. KUMAR ET AL. 2022, S. 215).

2.2 Grundlagen des Informationsmanagements

Der Begriff **Informationsmanagement (IM)** geht auf das Information-Resources-Management-Konzept von HORTON zurück (s. SZYPERSKI ET AL. 1983, S. 11–37). Hiernach ist das Informationsmanagement ein Teilbereich der Unternehmensführung (s. HORTON 1991, S. 126). Es dient dazu, die Unternehmensziele mit möglichst effizientem Einsatz der Ressource *Information* zu erreichen und ist von strategischer Bedeutung (s. PIETSCH ET AL. 2004, S. 21; NIENKE 2018, S. 15). Mit den erweiterten technischen Möglichkeiten erhöht sich auch der Koordinationsbedarf der Informationen, beispielsweise in der Beschaffung, Verarbeitung und Speicherung (s. ENGELMANN U. GROßMANN 2008, S. 7). Die Bedeutung des IMs für Industrie und Forschung steigt daher im Zusammenhang mit der Digitalisierung kontinuierlich an (s. HERZWURM U. STELZER 2008, S. 1; STELZER U. HEINRICH 2011, S. 9; PUTZ ET AL. 2021, S. 1), jedoch hat dies nicht zu einer einheitlichen Definition geführt (s. ZARNEKOW 2004, S. 4–7; STELZER U. HEINRICH 2011, S. 4–8; KRCMAR 2015a, S. 2–3). In der Betriebswirtschaft und in der Wirtschaftsinformatik wird IM als Teilbereich der Unternehmensführung gesehen, mit dem das Ziel verfolgt wird, die vorhandenen Ressourcen und Informationen bestmöglich zu nutzen (s. DEINDL 2013, S. 5).

Das von KRCMAR vorgestellte *Modell des Informationsmanagements* integriert mehrere Ansätze zur Strukturierung von Informationsmanagementsystemen (s. KRCMAR 2015a, S. 107). Dabei bezieht sich KRCMAR unter anderem auf das Referenzmodell von WOLLNIK (s. WOLLNIK 1988), welcher mithilfe von drei Ebenen (strategisch bis operativ) die Gestaltung der IT-Infrastruktur beschreibt (s. KRCMAR 2015a, S. 100–101). Bevor Kapitel 4.2.3 eine detaillierte Beschreibung des Modellbegriffs liefert, wird in dieser Arbeit ein Modell als ein zweckorientiertes und abstrahiertes Abbild der Realität oder eines Realitätsausschnitts definiert (s. LEHNER ET AL. 2008, S. 29; TRIER ET AL. 2013, S. 53).

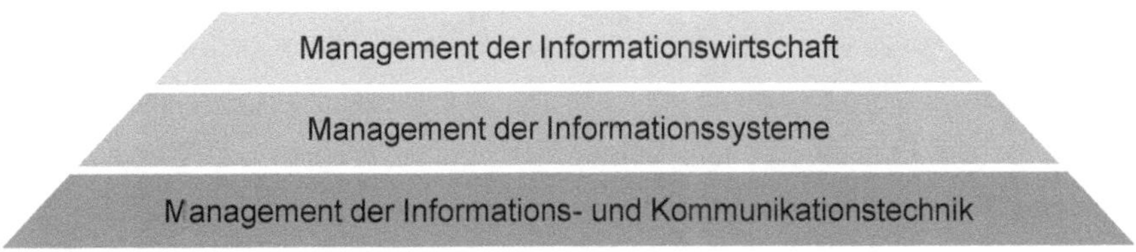

Abbildung 2-10: Modell des Informationsmanagements (eigene Darstellung, i. A. a. KRCMAR 2015a, S. 107)

Das *Modell des Informationsmanagements* kategorisiert die Managementaufgaben (s. Abbildung 2-10), welche in Zusammenhang mit dem IM stehen, in drei Ebenen und schafft eine Querschnittsebene, welche strategische **Führungsaufgaben** enthält (s. KRCMAR 2015a, S. 107–108). Zunächst werden in der obersten Ebene der **Informationswirtschaft** Informationsbedarf und -angebote festgelegt, dadurch können die notwendigen Anforderungen an den Informationsaustausch für die unteren Ebenen definiert werden. Die **Informationssysteme** decken die Informationsbedarfe der verschiedenen Anspruchsgruppen. Die **Informations- und Kommunikationstechnik** (IKT) bildet die technische Basis der Informationssysteme (s. KRCMAR 2015a, S. 107–109).

Das Modell verdeutlicht die unterschiedlichen Aufgaben des Informationsmanagements, das Komponenten des Managements (Planung, Organisation, Controlling) und der Informationstechnik beinhaltet.

2.2.1 Daten und Informationen

Rohdaten sind in den Unternehmen meist vorhanden, jedoch stellt sich erst mit einer Verarbeitung ein Nutzen ein (s. MICHALEWICZ 2007, S. 3; MALIK 2019, S. 337). In der Wirtschaftsinformatik bzw. Betriebswirtschaft besitzen Daten nur eine Relevanz, wenn aus ihnen eine betriebliche Entscheidung, also **Aktion**, abgeleitet werden kann (s. SCHULTE-ZURHAUSEN 2010, S. 70; STELZER U. HEINRICH 2011, S. 285–286; DEINDL 2013, S. 11). Daher müssen Unternehmen die relevanten Daten sammeln, damit der notwendige Aufwand zur Sammlung, Strukturierung und Analyse der Daten nicht größer wird als der daraus gewonnene Nutzen (s. SCHUH ET AL. 2017c, S. 10). Die *data-information-knowledge-wisdom hierarchy (DIKW-Hierarchie)* ist in der gängigen Literatur in leichten Abwandlungen sehr verbreitet und beschreibt den Zusammenhang zwischen Daten und Wissen bzw. Weisheit (s. BANASZAK 2014, 13-14; MICHALEWICZ 2007, S. 4). Oftmals wird auch ACKOFF mit seinem Artikel *From Data to Wisdom* als Autor der *DIKW-Hierarchie* genannt (s. ACKOFF, S. 3; NIENKE 2018, S. 17). Der Ansatz enthält die fünf Ebenen **Zeichen**, **Daten**, **Information**, **Wissen** und **Weisheit** bzw. **Aktion** (s. Abbildung 2-11).

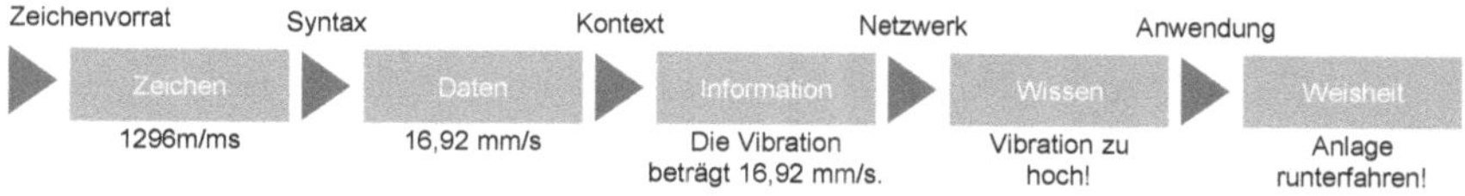

Abbildung 2-11: DIKW-Hierarchie nach ACKOFF (eigene Darstellung, i. A. a. ACKOFF 1989, S. 8; BELLINGER ET AL. 2004, S. 1–3)

Aus dem *Zeichenvorrat* werden die **Zeichen**, welche die Grundlage für die folgenden Ebenen bilden, ausgewählt. Wenn **Zeichen** strukturiert in Form einer sogenannten *Syntax* verkettet werden, dann entstehen **Daten**. Daten für sich gesehen haben keine Bedeutung. Wenn **Daten** in einen *Kontext* eingebettet werden, erhalten sie eine Bedeutung und werden zu **Informationen**. Wenn **Informationen** zu weiteren **Informationen** in *Beziehung* gesetzt werden, dann spricht man von **Wissen**. Durch die Anwendung des **Wissens** wird dieses zur **Weisheit** bzw. in seiner *Anwendung* zu einer **Aktion**. (s. KRCMAR 2015a, S. 11; ACKOFF 1989, S. 3–9). Im betrieblichen Kontext spielen Daten und Informationen eine immer wichtigere Rolle, da im Zuge der Digitalisierung immer größere Datenmengen gesammelt, ausgewertet und letztlich auch genutzt werden können, um zum Unternehmenserfolg beizutragen. Sie liefern dadurch eine wichtige Grundlage für alle betrieblichen Entscheidungen. (s. HARWARDT 2020, S. 27) Ergänzend wird in der Literatur der Begriff des Informationsobjekts gebraucht. Ein Informationsobjekt beinhaltet Daten und Informationen eines spezifischen Objekts, wobei das Objekt materiell oder immateriell sein kann (s. BODENDORF 2006, S. 19; SCHMIED ET AL. 2020, S. 326).

Für die vorliegende Aufgabe der Entwicklung einer Ontologie und abgeleiteten Informationslogistikmodellen liegt der Fokus auf der Informationsebene. Wie oben erläutert, werden aus Daten mit einem Kontext Informationen, daher dienen sowohl Informationen als auch Daten als Grundlage der Modelle, die immer weiter angereichert werden und schließlich als Entscheidungsunterstützung zu einer Aktion führen. Dabei ist die Daten- und Informationsgrundlage ausschlaggebend für die Güte der abgeleiteten Entscheidung. Daher sind die folgenden Eigenschaften von Informationen bei der Modellierung zu beachten (s. KRCMAR 2015a, S. 16):

- Informationen sind immaterielle Güter, die nicht verschleißen und nicht verbraucht werden können.

- Informationen stiften ihrem Verwender einen Nutzen, wenn sie beispielsweise die Grundlage für eine Handlungsentscheidung sind.
- Informationen sind keine freien Güter und können daher einen (monetären) Wert haben.
- Der Wert der Information hängt von der kontextspezifischen und der zeitlichen Verwendung ab.
- Der Wert einer Information kann durch das Hinzufügen, Konkretisieren, Selektieren und Weglassen verändert werden.
- Es gibt unterschiedliche Qualitäten von Informationen.

Information zählt unter bestimmten Voraussetzungen zu den Wirtschaftsgütern (s. BODE 1993, 60-62; zit. nach KRCMAR 2015a, S. 16). Die Voraussetzungen sind die Verwendung für Zwecke des Wirtschaftssubjekts, sprich des Unternehmens, die Verfügbarkeit im Wirkungsbereich des Wirtschaftssubjekts und die Möglichkeit der Übertragung von einem Wirkungsbereich in einen anderen. (s. KRCMAR 2015a, S. 15–16) Im Gegensatz zu materiellen Wirtschaftsgütern weisen Informationen jedoch die folgenden Besonderheiten auf (s. KRCMAR 2015a, S. 16; PIETSCH ET AL. 2004, S. 46; zit. nach PETZOLD U. WESTERKAMP 2018, S. 42):

- Sie haben niedrige Vervielfältigungskosten.
- Die Grenzkosten der Produktion gehen gegen null.
- Es gibt keinen Wertverlust durch Gebrauch.
- Vielfältiger Besitz ist möglich.
- Informationen sind fast beliebig teilbar, können jedoch einen Wertverlust durch Teilung erfahren.
- Der Transport, die Verteilung und die Lagerung von Informationen sind einfacher (als die von materiellen Gütern).
- Der Preis beziehungsweise Wert von Informationen ist nur schwer bestimmbar.
- Durch die Ansammlung von Information erreichen sie neue Qualitäten, außerdem gibt es weitreichende Möglichkeiten zur Erweiterung und Verdichtung von Informationen.

Zur zielführenden Anwendung müssen die Informationen in der nötigen Qualität vorliegen, um den Verwendern, d. h. den Mitarbeitern und letztlich dem Unternehmen, im Gesamten Nutzen stiften zu können. Je umfangreicher Informationen in der richtigen Qualität zur Verfügung stehen, desto mehr Nutzen wird generiert (s. BERNERSTÄTTER U. KÜHNAST 2019, S. 21). Daher wird im folgenden Kapitel genauer auf die Qualität von Informationen eingegangen.

2.2.2 Qualität von Informationen

KRCMAR definiert die Qualität von Informationen als zweckorientierte Nutzbarkeit der Informationen, also davon ausgehend, ob die Informationen den Anforderungen aus ihrem angedachten Verwendungszweck gerecht werden können (s. KRCMAR 2015a, S. 140). Schlechte Informationsqualität kann eine Ursache für eine Unsicherheit in Entscheidungsprozessen sein (s. OPTEHOSTERT 2020, S. 29–30). Dabei existieren mehrere Dimensionen von Nutzbarkeit, die sich nach verschiedenen Aspekten der Informationsqualität aufgliedern: intrinsische Informationsqualität, kontextuelle Informationsqualität, darstellungsbezogene Informationsqualität und zugangsbezogene Informationsqualität. (s. KRCMAR 2015a, S. 140) Intrinsische Informationsqualität bezieht sich unter anderem auf die Glaubhaftigkeit und Objektivität der Informationen, kontextuelle Aspekte können die Vollständigkeit und der Nutzen aus den Informationen sein, die darstellungsbezogene Qualität bezieht sich auf die Verständlichkeit und ein zugangsbezogener Faktor ist die Einfachheit des Zugangs zu den Informationen (s. WANG U. STRONG 1996, S. 20).

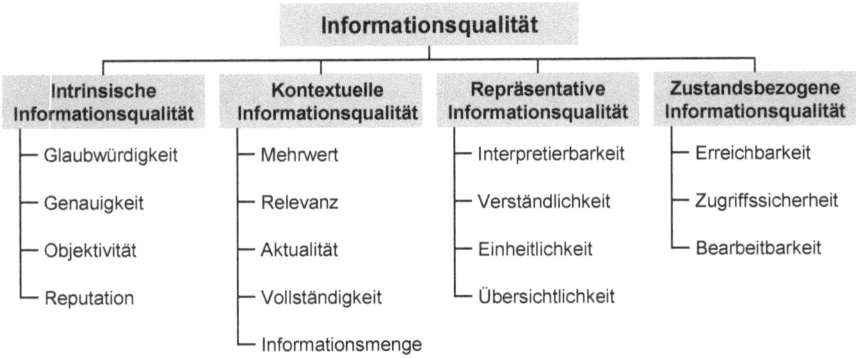

Abbildung 2-12: Elemente der Informationsqualität (eigene Darstellung, i. A. a. Wang u. Strong 1996; Sifonte u. Reyes-Picknell 2017, 55-56; Horváth et al. 2019, S. 199; Janßen u. Schröer 2020, S. 12; Parida u. Stenström 2021, S. 412–413)

Einen zusätzlichen wichtigen Faktor für die Brauchbarkeit von Informationen stellen die Kosten der Daten dar (s. Parida u. Stenström 2021, S. 413). Obwohl die Kosten für Informationstechnologie mit der Zeit sinken, hat sich die Zahl der Nutzer und Geräte zusammen mit dem sehr hohen Informationsaufkommen vervielfacht, dementsprechend kumulieren sich Kosten für die Informationserhebung, ihre Speicherung und die Nutzung. Insbesondere bei manuell erhobenen Informationen ist zudem der Aufwand für eine angemessene qualitative Erfassung oftmals sehr hoch. Diese Kosten müssen mit den Gewinnen aus der Informationsnutzung abgewogen werden, um eine wirtschaftlich sinnvolle Informationserhebung zu gewährleisten.

2.2.3 Informationssysteme

Informationssysteme werden in Unternehmen eingesetzt, um die verschiedenen Bereiche und Anspruchsgruppen mit den Informationen zu versorgen, die sie für die Erfüllung ihrer Aufgaben benötigen. Krcmar definiert sie wie folgt: „Bei Informationssystemen (IS) handelt es sich um soziotechnische („Mensch-Maschine-")Systeme, die menschliche und maschinelle Komponenten (Teilsysteme) umfassen und zur Bereitstellung von Information und Kommunikation nach wirtschaftlichen Kriterien eingesetzt werden" (Krcmar 2015b, S. 8). Die Funktionen von Informationssystemen gliedern sich in die **Sammlung**, **Strukturierung**, **Verarbeitung**, **Bereitstellung**, **Transformation**, **Kommunikation** und **Nutzung** von **Daten**, **Informationen** und **Wissen**. Außerdem tragen sie zur **Entscheidungsfindung**, **Koordination**, **Steuerung** und

Kontrolle von Wertschöpfungsprozessen sowie deren **Automatisierung**, **Integration** und **Virtualisierung** bei und können Produkt-, Prozess- und Geschäftsmodellinnovationen bewirken. (s. KRCMAR 2015a, S. 22) Informationssysteme sind offene, dynamische und komplexe Systeme. Sie interagieren daher mit ihrer Umwelt, sind über die Zeit veränderlich und bestehen aus einer großen Anzahl von Elementen und Beziehungen. (s. KRCMAR 2015a, S. 23)

Zu den Elementen eines Informationssystems zählen die **Informationen** selbst, die **informationsverarbeitenden Elemente** (das können Menschen und Maschinen sein) und die **Informationsspeicher**, in denen die zusammengehörenden Informationen gesammelt werden (z. B. Datenbanken) (s. SCHÖNSLEBEN 2001, S. 6). Der überwiegende Teil der Informationssysteme in den Unternehmen ist heutzutage IT-gestützt, jedoch ist dies kein notwendiges Kriterium für Informationssysteme (s. NIENKE 2018, S. 21). In der Praxis findet sich in der Regel auch noch eine große Anzahl von papierbasierten Dokumenten, beispielsweise für die Dokumentation von Windkraftanlagen als Ordner in der Anlage selbst.

In der Organisationstheorie wird traditionell von einem **umfassenden Informationssystem** ausgegangen, welches die gesamten betrieblichen Abläufe umfasst. Denkbar sind aber auch **verschiedene Anwendungssysteme** für verschiedene Aufgaben, wie z. B. die **Lagerverwaltung** und die **Produktionssteuerung**. (s. KRCMAR 2015a, S. 23) Dabei wird die Rolle von Informationssystemen immer wichtiger in Unternehmen, um eine strukturierte Kommunikation zu ermöglichen. ELLER U. RIEDL geben daher an, dass die **Zielsysteme** von Informationssystemen vor allem auf die Aspekte **Sicherheit**, **Zuverlässigkeit** und **Verfügbarkeit** abzielen und die **Kosteneffizienz** eine untergeordnete Rolle spielt. Ein Ausfall von Informationssystemen ist daher in den meisten Unternehmen so gravierend, dass sie in finanzieller Hinsicht den direkten Kosten von Informationssystemen in keinem Verhältnis gegenüberstehen. (s. ELLER U. RIEDL 2016, S. 233–234)

2.2.4 Informationslogistik (IL)

Der Begriff Information wurde bereits definiert (s. Kapitel 2.2.1), die Logistik von Informationen wird jedoch in diesem Kapitel weiter spezifiziert. Nach KOCH bezeichnet die **Logistik** die „Steuerung, Kontrolle und Ausführung aller Prozesse innerhalb und außerhalb eines sozioökonomischen Systems" (KOCH 1996, 76-78). Ziel der Logistik ist es, den Fluss von Objekten in der Wirtschaft zu optimieren und dadurch entweder Kosten zu senken oder den Wert zu steigern (s. NIENKE 2018, S. 22; FLEISCHMANN 2018, S. 9). Für die Informationslogistik bedeutet dies, dass sie die **richtige Information** zum **richtigen Zeitpunkt** in der **richtigen Menge** am **richtigen Ort** in der **erforderlichen (richtigen) Qualität** zum **günstigsten (richtigen) Preis** bereitstellen muss (s. NIENKE 2018, S. 53). Daher umfasst die Informationslogistik die **Planung**, **Steuerung** und **Überwachung** des Informationsflusses und damit alle Methoden, die sich mit der **Modellierung**, dem **Speichern**, dem **Verteilen** und der **Bereitstellung** von Informationen befassen (s. WINTER ET AL. 2008, S. 2; NIENKE 2018, S. 23). Damit übernimmt die Informationslogistik vor allem die Aufgabe, Informationsflüsse zu strukturieren (s. KRCMAR 2015a, S. 118). Sie bildet damit die Grundlage für alle anderen Prozesse innerhalb des Unternehmens, da eine fehlende Informationslogistik keine ökonomischen Prozesse zulässt (s. NIENKE 2018, S. 56; FLEISCHMANN 2018, S. 2).

2.2.5 Informationsmodellierung

Damit betriebliche Informationssysteme ihren Aufgaben gerecht werden können, spielt die **Modellierung** von Informations- und Datenmodellen eine zentrale Rolle (s. NIENKE 2018, S. 24). Modellierung bedeutet, dass ein Original für einen bestimmten Zweck vereinfacht abgebildet wird. Attribute des Originals können dementsprechend ausgelassen bzw. übergangen werden oder können, ohne eine Vorlage im Original zu besitzen, hinzugefügt werden, wenn sie dem Modellierungszweck dienen (s. KRCMAR 2015a, S. 31; STACHOWIAK 1973, S. 157). **Informationsmodelle** erfüllen im betrieblichen Kontext zwei wesentliche Funktionen: das Skizzieren des betrieblichen Geschehens und die Unterstützung der Umsetzung betriebswirtschaftlicher Konzepte in Softwaresystemen (s. FETTKE 2009, S. 553–555). Die Informationsmodellierung ist aus diesem Grund sowohl in der Wissenschaft als auch in der Praxis weit verbreitet und dient insbesondere der Optimierung und Dokumentation von Geschäftsprozessen und der Software- und Datenbankentwicklung (s. FETTKE 2009, S. 575–577). WAND U. WEBER bezeichnen die **Modellierungssprache**, **Modellierungsmethode**, **Modelle** und **Kontext** als die vier Elemente der **Informationsmodellierung**. Dabei gibt die **Modellierungssprache** die sprachlichen Konstrukte und die Regeln der Interaktion vor und die **Modellierungsmethode** die Vorgehensweise zur Modellerstellung (s. WAND U. WEBER 2002, S. 364).

Im Gegensatz zur Informationsmodellierung steht bei der **Informationsflussmodellierung** die Bewegung von Informationen im Vordergrund. Im betrieblichen Kontext ist es der Zweck der **Informationsflussmodellierung**, „Prozesse und Informationsbewegungen zu organisieren und zu koordinieren sowie redundante Informationen zu identifizieren und den Zugriff auf intra- und interorganisationale Informationen zu gestalten" (DURUGBO ET AL. 2013, S. 597). **Informationsflussmodelle** können eine sinnvolle Ergänzung zur herkömmlichen Geschäftsprozessmodellierung darstellen und zum besseren Verständnis beitragen, da sie im Gegensatz zum Geschäftsprozess die Bedürfnisse, Verfügbarkeiten und Verteilung von Informationen bei den verschiedenen am Prozess beteiligten Parteien fokussieren (s. NIENKE 2018, S. 25). Dass in Unternehmen der Informationsfluss auf viele unterschiedliche, oft nicht standardisierte Arten erfolgt, z. B. verbal, schriftlich oder in elektronischer Form, stellt eine besondere Herausforderung bei der Informationsflussmodellierung dar (s. NIENKE 2018, S. 25). Es existieren zwei verschiedene Arten der **Informationsflussmodellierung**:

Diametrische Modellierung: Bei der **diametrischen Modellierung** werden Diagramme benutzt, um die Informationsflüsse und Wechselwirkungen darzustellen. Diese Modellierungsmethode ist besonders einfach und verständlich und eignet sich gut, um die Struktur des betrieblichen Netzwerks darzustellen. (s. DURUGBO ET AL. 2013, 599-602)

Mathematische Modellierung: Bei der **mathematischen Modellierung** kommen mathematische Theorien zum Einsatz, die sich an Koordinaten, Wahrscheinlichkeiten, komplexen Netzwerken, Vektoren, Fluidströmung usw. anlehnen (s. DURUGBO ET AL. 2013, 602-604).

Der Vorteil der mathematischen Modellierung liegt in der Aufdeckung mathematischer Zusammenhänge, die diametrische Modellierung wird jedoch meist vorgezogen, da sie weniger systemischen Speicherplatz benötigt und von den meisten Personen einfacher verstanden wird (s. DURUGBO 2012, S. 1959). Auch eine Kombination der diametrischen und der mathematischen Methoden ist abhängig vom Modellierungszweck möglich (s. DURUGBO ET AL. 2013, 602-604).

2.2.6 Ontologie

Der Begriff der Ontologie stammt aus der Philosophie und stellt eine systematische Darstellung der Existenz dar (s. GRUBER 1995, S. 908). Heutzutage wird der Begriff oft zur Bezeichnung formaler Begriffsbildung in der theoretischen Informatik genutzt (s. LIBERT ET AL. 2010, S. 81). GRUBER definiert die Ontologie als "*an explicit specification of a conceptualization*" (GRUBER 1995, S. 908). Unter einer Konzeptualisierung versteht man eine abstrakte und vereinfachte Sicht auf die reale Welt, welche als ein Konzept dargestellt wird (s. GRUBER 1995, S. 908). Dieses Konzept muss explizit sein, d. h., dass kein Bestandteil des Modells undefiniert sein darf. Ziel einer Ontologie ist es, eine Kommunikationsgrundlage für Systeme, Programme und menschliche Benutzer zu schaffen, welche die Bedeutung von Objekten, deren Relationen zueinander und deren Interaktion beschreibt (s. MASAK 2007, S. 229; LIBERT ET AL. 2010, S. 80; STUDER ET AL. 1998, S. 186). Abbildung 2-13 zeigt mit einer grafischen Darstellung den formalen Aufbau einer Ontologie (links) und verdeutlicht die Zusammenhänge zwischen den Elementen anhand eines Beispiels (rechts).

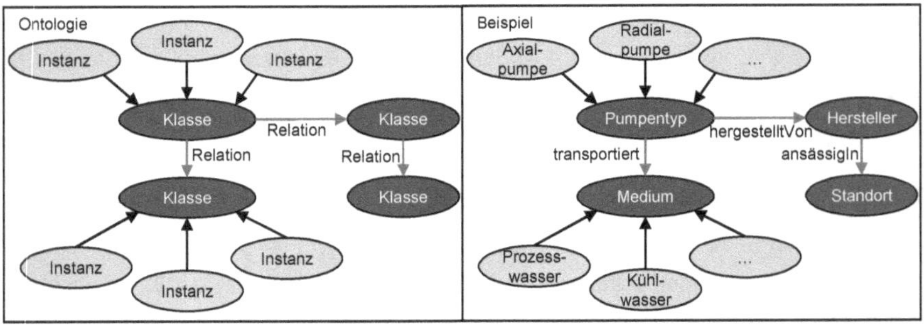

Abbildung 2-13: Darstellung einer Ontologie als Konzept und Beispiel (eigene Darstellung, i. A. a. MILVICH 2005, S. 23)

Eine Ontologie besteht aus Klassen, Instanzen, Relationen und Axiomen. **Klassen**, auch Konzepte genannt, beschreiben verschiedene Begriffskategorien, wobei eine Begriffshierarchie vorhanden ist und Vererbungsmechanismen anwendbar sind (s. DENGEL 2012, S. 65). Das bedeutet, dass eine Klasse von einer anderen Klasse Attribute erben kann. Attribute bezeichnen die Eigenschaften einer Klasse, wobei diese noch in einwertige Attribute, die nur einen einzigen Wert annehmen können (z. B. Seriennummer einer Anlage), und mehrwertige Attribute, die mehrere Werte gleichzeitig annehmen können (z. B. Produkte, die eine Anlage fertigen kann), unterteilt werden (s. STUCKENSCHMIDT 2011, S. 117–118). Des Weiteren werden Klassen als Konstanten dargestellt (s. STUCKENSCHMIDT 2011, S. 116). **Instanzen** bilden reale Elemente bzw. Objekte einer Ontologie ab und sind, wie Klassen, als Konstanten definiert (s. STUCKENSCHMIDT 2011, S. 117; DENGEL 2012, S. 65). Ein weiterer Bestandteil einer Ontologie sind die **Relationen**. Sie stellen die Beziehungen und Abhängigkeiten zwischen den Klassen dar (s. DENGEL 2012, S. 65). **Axiome** sind Bedingungen bzw. Regeln, welche immer gültig sind. Sie beschreiben, welche Relationen sinnvoll und erlaubt sind (s. DENGEL 2012, S. 65) und helfen bei der Spezialisierung der Konzeptualisierung, indem sie die Interpretationsmöglichkeiten der Begriffe einschränken (s. GRUBER 1995, 908-909).

Mithilfe dieser Bestandteile bildet eine Ontologie ein Netzwerk von Informationen mit logischen Relationen (s. MASAK 2007, S. 230). Es ist wichtig, zu beachten, dass Ontologien für ein gewisses Interessengebiet erstellt werden, wodurch sie sich bei unterschiedlichen Zielsetzungen unterscheiden können, obwohl sie den gleichen begrenzten Ausschnitt der Realität beschreiben (s. DENGEL 2012, S. 65).

2.3 Abgrenzung des Untersuchungsbereichs

HABERFELLNER ET AL. sehen eine Abgrenzung des Gestaltungsbereichs für die Bearbeitung von vergleichbaren Forschungsfragen vor (s. HABERFELLNER ET AL. 2019, S. 171). Für die vorliegende Arbeit erfolgt diese Abgrenzung anhand der in Kapitel 1.2 beschriebenen Zielsetzung und Forschungsfrage und wird in Abbildung 2-14 visualisiert.

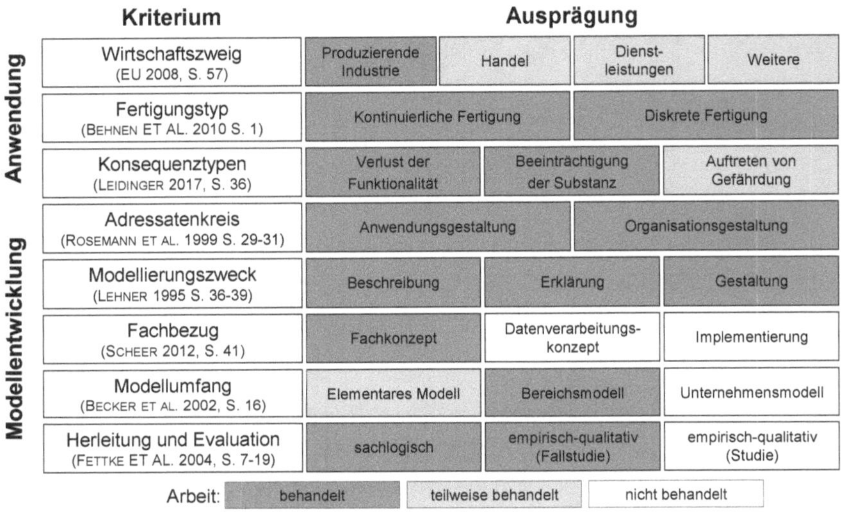

Abbildung 2-14: Abgrenzung des Untersuchungsbereichs der Arbeit (eigene Darstellung)

Für eine Abgrenzung der vorliegenden Arbeit wurden die folgenden Punkte zusammengefasst.

- **Wirtschaftszweige:** Die produzierende Industrie steht im Mittelpunkt der vorliegenden Arbeit. Jedoch sind auch in anderen Wirtschaftszweigen Objekte vorhanden, auf welche sich das Modell übertragen lässt. (s. EU 2008, S. 57)
- **Fertigungstyp:** Nach BEHNEN ET AL. wird die produzierende Industrie in zwei Fertigungsarten unterschieden (s. BEHNEN ET AL. 2010, S. 1):
    - diskrete Fertigung, welche abgeschlossene Produkte als Einzel- oder Serienfertigung anbietet (Beispiel: Stanzteile),
    - kontinuierliche Fertigung bzw. Prozessfertigung, welche keine abzählbaren Einheiten als Ergebnis hat (Beispiel: Verarbeitung von Gasen).

  Die entwickelte Methodik kann dabei auf beide Arten von Fertigungsverfahren angewendet werden.
- **Konsequenztypen:** Nach LEIDINGER lassen sich Konsequenzen von Störungen in drei Gruppen einteilen, welche im Verlust der Funktionalität des Objekts, der Beeinträchtigung der Substanz des Objekts und dem Auftreten von Gefährdungen durch das Objekt bestehen (s. LEIDINGER 2017, S. 36). Im Rahmen dieser

Arbeit liegt der Fokus auf dem Verlust der Funktionalität und der Beeinträchtigung der Substanz. Das Auftreten von Gefährdungen wird ebenfalls betrachtet.

- **Adressatenkreis:** Die Nutzung des Modells wird nach ROSEMANN U. SCHÜTTE in die Gestaltung von Informationssystemen und die Gestaltung von Organisationen unterschieden (s. ROSEMANN U. SCHÜTTE 1999, S. 28–30). Der Fokus des vorliegenden Werkes liegt in der Gestaltung der Anwendungssysteme und organisatorische Optimierung der Informationsflüsse.
- **Modellierungszweck:** Nach LEHNER existieren drei Gründe für eine Modellbildung demnach kann ein Modell einen beschreibenden, erklärenden und gestaltenden Zweck verfolgen (s. LEHNER 1995, 64-68). Ziel der Arbeit ist es, die Informationsflüsse, welche für die zuverlässigkeitsorientierte Instandhaltung von Produktionsanlagen notwendig sind, zu erstellen. Die Informationsbedarfe der Anspruchsgruppen werden mit den daraus abgeleiteten Informationsobjekten in einem Beschreibungsmodell modelliert. Das anschließende Erklärungsmodell setzt die Informationsobjekte und -flüsse in Form einer Ontologie und eines Informationslogistikmodells in einen Zusammenhang. Um die Ergebnisse in Anwendungssystemen und Organisationen zu verankern, folgt ein Gestaltungsmodell, welches Unternehmen bei der Einführung unterstützen soll.
- **Fachbezug:** Diese Arbeit konzentriert sich in der Erstellung des Modells auf die Strukturierung der Informationselemente und stellt daher nach SCHEER ein Fachkonzept dar (s. SCHEER 2012, S. 40). Die Erstellung des Datenverarbeitungskonzepts, welche die Anforderungen an Datenbanksystem, Netzwerkarchitektur usw. enthält, sowie die Beschreibung der Implementierung, u. a. enthält diese die Definition von Hardware-Komponenten und Programmen, welche nicht im Betrachtungsfokus der vorliegenden Arbeit liegen.
- **Modellierungsumfang:** FETTKE U. LOOS unterteilen den Umfang und die Reichweite eines Modells in folgende drei Stufen (s. FETTKE U. LOOS 2002, S. 16):
  - Elementares Modell: Für die Wiederverwendung kann ein einzelnes Modellelement herangezogen werden, wie beispielsweise ein Entitätstyp bei einem Datenmodell.

  - Bereichsmodell: Dieses Modell umfasst einen bestimmten Bereich eines Unternehmens, welcher zum Beispiel prozessbezogen gewählt wird (z. B. Wartungsprozess).
  - Unternehmensmodell: Ist die Kombination von allen Bereichsmodellen eines Unternehmens, so werden sämtliche Prozesse eines Unternehmens zum Beispiel abgebildet.

  Da das Ziel der Arbeit ein Konzept für die datenbasierte zuverlässigkeitsorientierte Instandhaltung ist, handelt es sich dabei um ein Modell im Bereich der Instandhaltung. Einzelne Zusammenhänge und Elemente können jedoch auch für eine spezifischere Modellierung und Wiederverwendung in anderen Bereichen genutzt werden.

- **Herleitung und Evaluation:** Für die methodische Erfahrungsgewinnung, welche für die Herleitung und Validierung der Modelle notwendig ist, werden Literatur, eigenes Erfahrungswissen, sachlogische Überlegungen und Fallstudien herangezogen (s. FETTKE u. LOOS 2004, S. 7–19).

3 Stand der Erkenntnisse

Das Vorgehen der angewandten Wissenschaften nach ULRICH sieht es vor, dass bereits existierende problemrelevante Theorien und Hypothesen erfasst und interpretiert werden (s. ULRICH 1984, S. 192–193). Dafür werden zuerst die **Kriterien** für die Bewertung und Auswahl der bestehenden Ansätze auf der Zielstellung hergeleitet und mit **Suchräumen** umrissen. Anschließend werden die definierten Suchräume im Hinblick auf ihre Passung zur Zielstellung untersucht, bevor eine **Bewertung** der identifizierten Ansätze vorgenommen und die in Kapitel 1.1 dargelegte Problemstellung in eine **Forschungslücke** überführt wird.

3.1 Auswahl- und Bewertungskriterien für bestehende Ansätze

Die Bewertungskriterien für die Auswahl und Bewertung der bestehenden Ansätze gliedert sich in sechs inhaltliche (RCM, Konsequenztypen, Objektverkettung) und methodische Kriterien (Datenquellen, Gestaltungsmodell, Vorgehensmodell).

Bezug zur zuverlässigkeitsorientierten Instandhaltung (RCM): Die in Kapitel 2.1 vorgestellte zuverlässigkeitsorientierte Instandhaltung ist ein Instandhaltungskonzept, welches die kontinuierliche Verbesserung und Fehlervermeidung in den Mittelpunkt stellt. Das Kriterium ist erfüllt, wenn die Fehlervermeidung und aufwandsoptimierte Maßnahmenfindung berücksichtigt werden.

Betrachtung von allen relevanten Konsequenztypen: Die Auswirkungen einer Objektstörung können vielfältig sein, jedoch werden diese in vielen Forschungsarbeiten nicht vollständig abgebildet. Der in Kapitel 2.1 vorgestellte Ansatz von LEIDINGER geht von drei Konsequenztypen aus: Verlust der Funktionalität, Beeinträchtigung der Substanz, Auftreten von Gefährdung (s. LEIDINGER 2017, S. 36). Das Kriterium ist erfüllt, wenn alle Typen berücksichtigt wurden.

Betrachtung der Objektverkettung: Obwohl RCM-basierte Ansätze wie die FMEA weit verbreitet sind, bewerten diese in der Regel nur die Kritikalität auf Komponentenebene (s. MOUBRAY 1997, S. 7). Bewertungen der Kritikalität auf Systemebene sind selten und verfolgen in der Regel einen statischen, qualitativen, multifaktoriellen Ansatz (s. GOPALAKRISHNAN ET AL. 2019, S. 873). Das Kriterium ist erfüllt, wenn Auswirkungen und Zusammenhänge mit verketteten Objekten berücksichtigt werden.

Betrachtung von mehreren Datenquellen: Objekte weisen über ihren Lebenszyklus eine Vielzahl von Informationen auf, welche für RCM verwendet werden können (s. WAN ET AL. 2019, S. 95). Die Verknüpfung von verschiedenen Datenquellen und -ressourcen bedingt eine Informationslogistik, welche einen methodischen Ansatz für die Erstellung des Modells darstellt. Das Kriterium ist erfüllt, wenn mehrere Datenquellen und -ressourcen miteinander verknüpft wurden.

Beschreibung eines datenbasiertes Gestaltungsmodells: Um die Zielstellung des Kapitels 1.2 zu erreichen, ist ein datenbasiertes Modell notwendig, welches die Zusammenhänge der Daten und Informationen aufzeigt und verdeutlicht, wie diese aggregiert und analysiert werden sollten, um ein datenbasiertes RCM zu ermöglichen. Das Kriterium ist erfüllt, wenn datenbasierte Gestaltungsmodelle entwickelt wurden.

Beschreibung eines Vorgehensmodells: Für die Umsetzung in die Praxis ist ein Vorgehensmodell notwendig, welches Unternehmen dazu befähigt, die erstellten Gestaltungsmodelle oder Methoden zu überführen und anzupassen. Bewährte Vorgehensmodelle können eine Grundlage dafür bilden, dass die Erfolgswahrscheinlichkeit der Einführung wesentlich erhöht wird. Das Kriterium ist erfüllt, wenn der Ansatz ein praxisnahes, erprobtes Vorgehensmodell für die Einführung des Modells oder der Methode beinhaltet.

Die Bewertung der Kriterien erfolgt für alle Ansätze in den vorgestellten sechs Kriterien. Jeder Ansatz wird mit dem in Tabelle 3-1 abgebildeten Bewertungsschema bewertet. Die Kriterien werden in diesem ebenfalls in inhaltliche und methodische Kriterien unterteilt. Die Bewertung erfolgt jeweils mit einem *Harvey-Ball*, welcher drei Status einnehmen kann: *vollständig erfüllt*, *teilweise erfüllt* und *nicht erfüllt*. Die Vorraussetzungen für die Erfüllung der Kriterien wurde zuvor beschrieben.

Tabelle 3-1: Bewertungsschema der vorgestellten Ansätze

Quelle	inhaltlich			methodisch		
Legende: ● Vollständig erfüllt ◑ Teilweise erfüllt ○ Nicht erfüllt	Bezug zur RCM	Konsequenztypen	Objektverkettung	Mehrere Datenquellen	Datenbasiertes Gestaltungsmodell	Vorgehensmodell
Quelle und Jahr	○	○	◑	◑	●	●

Der Suchraum für bestehende Ansätze wurde auf Grundlage der Kriterien eingegrenzt. Abbildung 3-1 verdeutlicht den Einfluss der inhaltlichen und methodischen Kriterien auf den Stand der Erkenntnisse. Durch die Kombination aus den Kriterien ergeben sich 4 Suchräume, welche für die Untersuchung und Identifikation der Forschungslücke genutzt werden.

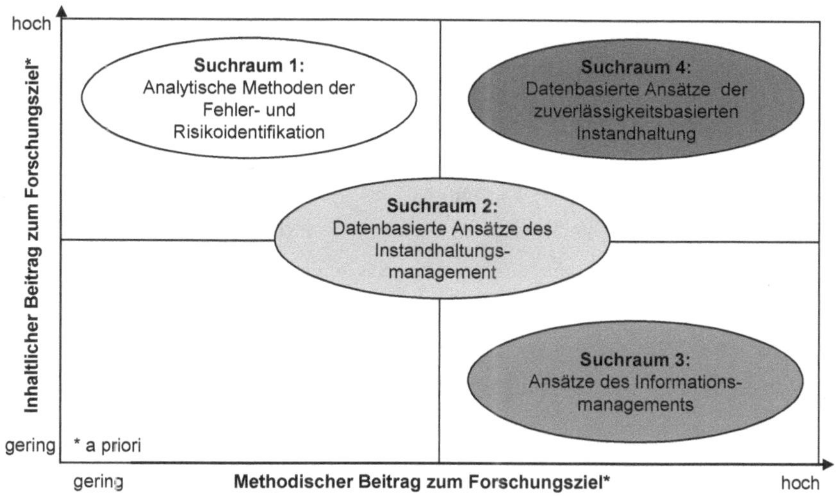

Abbildung 3-1: Suchraum für den Stand der Erkenntnisse (eigene Darstellung, i. A. a. HOLST 2022, S. 49)

Die identifizierten Suchräume werden im Folgenden näher beschrieben und der Einfluss auf die vorliegende Arbeit erläutert.

Suchraum 1: Analytische Methoden der Fehler- und Risikoidentifikation

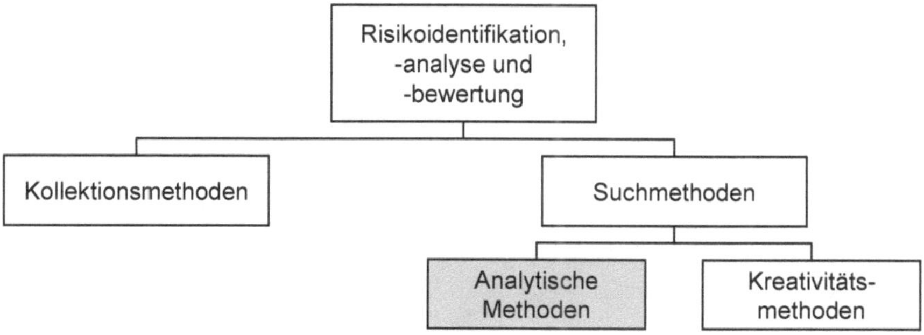

Abbildung 3-2: Einteilung der Methoden zur Risikoidentifikation, -analyse und -bewertung (eigene Darstellung, i. A. a. ROMEIKE 2018, S. 56)

Romeike geht für die Risikoidentifikation, -analyse und -bewertung (s. Kapitel 2.2) von zwei Methodengruppen aus (s. Abbildung 3-2). Die Suchmethoden (z. B. Checklisten, Schadensdatenbanken, SWOT-Analyse) eignen sich dabei insbesondere für bereits bekannte oder triviale Risiken. Die Suchmethoden eignen sich für komplexe und unbekannte Risiken und werden nochmals in die analytischen Methoden und Kreativitätsmethoden unterteilt. (s. ROMEIKE 2018, S. 56–59) Im Rahmen dieser Arbeit werden im Folgenden die analytischen Methoden betrachtet, da diese geeignet sind, „zukünftige und bisher unbekannte Risikopotenziale zu identifizieren" (ROMEIKE 2018, S. 58). Die Kreativitätsmethoden eignen sich nicht für diese Aufgabe, da das Ziel der vorliegenden Arbeit eine automatisierte Bestimmung von Risiken ist und Informationssysteme derzeit nicht geeignet sind, eine kreative Leistung zu vollbringen (s. OLEINIK 2019, S. 6). Methoden des maschinellen Lernens eignen sich jedoch sehr gut, um Muster in großen Datenmengen zu erkennen und für Analysen zu nutzen (s. ACCORSI ET AL. 2017, S. 1156). Insbesondere für die Identifikation von notwendigen Informationen und der Informationsnachfrage bieten die Ansätze einen wichtigen inhaltlichen Beitrag zum vorliegenden Werk.

Suchraum 2: Datenbasierte Ansätze des Instandhaltungsmanagement

Das erste bekannte Fachbuch mit Instandhaltungsbezug ist datiert um ca. 100 n. Chr. und wurde von *Sextus Iulius Frontinus* (*um 35; †103) verfasst. Der Titel des Werkes lautet *De aquaeductu urbis Romae*, darin wird bereits von der Kartierung, Zustandsbewertung und proaktiven Instandhaltungsmaßnahmen an Aquädukten berichtet. (s. MEIßNER 1999, S. 184–185) BELL gibt für die 1970er Jahre die Verwendung und Entwicklung von computerbasierten IPS-Systemen für die Instandhaltung von Straßen an (s. BELL 1984, S. 37). Daten spielen in der Instandhaltung demnach gesichert seit fast 2000 Jahren eine beherrschende Rolle. Durch die Entwicklung der Industrie 4.0 und der damit verbundenen größeren Verfügbarkeit von Daten ergibt sich eine Reihe von neuen Ansätzen in der Instandhaltung, welche in Suchraum 2 dargestellt und bewertet werden. Die datenbasierten Ansätze liefern einen begrenzten inhaltlichen und methodischen Beitrag für die vorliegende Arbeit.

Suchraum 3: Ansätze des Informationsmanagements

Die Informationslogistik hat in den vergangenen Jahrzehnten viel Aufmerksamkeit erfahren (s. NIENKE 2018, S. 52). Daher existiert eine Vielzahl an wissenschaftlichen Ansätzen mit unterschiedlichen Herangehensweisen und Schwerpunkten, die für die

Zielerreichung der vorliegenden Arbeit in Suchraum 3 bewertet und genutzt werden. Die untersuchten Ansätze dienen in Kapitel 4 zur Herleitung des Konzepts.

Suchraum 4: Ansätze der datenbasierten RCM

Suchraum 4 untersucht die bestehenden Ansätze, welche mit der Zielstellung des vorliegenden Werkes die größte Überschneidung aufweisen. Dabei handelt es sich um Ansätze, welche ggf. einen inhaltlichen sowie einen methodischen Beitrag für die Lösung der in Kapitel 1.2 abgeleiteten Forschungsfragen leisten können.

3.2 Suchraum 1: Analytische Methoden der Fehler- und Risikoidentifikation

Die analytischen Methoden der Fehler- und Risikoidentifikation bedienen sich meist Expertenbefragungen, um eine Aussage über die untersuchten Systeme treffen zu können. Die Antworten werden dann häufig mit sogenannten *Fuzzy-Interferenzsystemen* kombiniert, welche dazu dienen, die Unbestimmtheit, welche durch Unsicherheit oder Vagheit von Expertenaussagen entstehen, in ein mathematisches Modell zu überführen (s. MURÈ U. DEMICHELA 2009, S. 593–594; SHARMA ET AL. 2005; RATNAYAKE 2014, S. 217; RATNAYAKE U. ANTOSZ 2017, S. 602). Dadurch sind im Gegensatz zu Booleschen Systemen multivariante Aussagen möglich, welche es ermöglichen, valide mathematische Ergebnisse unter Unsicherheit zu erhalten (s. ZADEH 1965, S. 338). Um dies zu erreichen, wird eine Reihe unscharfer (engl. *fuzzy*) Mitgliedschaftsfunktionen und Regeln angewendet und nicht wie üblich eine Boolesche Logik (s. ABRAHAM 2005, S. 912). Die *Fuzzy-Set-Theorie* erlaubt es, sowohl quantitative Daten als auch vage oder ungenau definierte qualitative Informationen zu berücksichtigen (s. SHARMA ET AL. 2005, S. 991). Daher ermöglicht ihre Einbeziehung in die RCM-Methodik eine einheitliche Behandlung unpräziser Informationen (s. RATNAYAKE 2014, S. 217). Fuzzy-Logik-Modelle füllen eine wichtige Lücke in den Systementwurfsmethoden, die zwischen rein mathematischen Ansätzen und rein logikbasierten Ansätzen, d. h. Systementwurfs- bzw. Expertensystemen, liegen (s. KONSTANDINIDOU ET AL. 2006, S. 707–708). Teilweise werden in den in Suchraum 1 vorgestellten Ansätzen *Fuzzy-Interferenzsysteme* mit unterschiedlichen Methoden kombiniert. Eine jeweilige redundante Erläuterung erfolgt im Folgenden nicht.

KLÖBER-KOCH ET AL. 2018 – approach for risk identification and assessment in a manufacturing system

Der Ansatz beschreibt ein Vorgehen für die Identifikation und Bewertung von Risiken in Produktionsumgebungen für den Betrieb und die Arbeitssicherheit (s. KLÖBER-KOCH ET AL. 2018, S. 686). Die Analyse findet mit der manuellen Auswertung von Daten und Expertenaussagen statt, eine Gewichtung wird unter anderem mit einem paarweisen Vergleich durchgeführt (s. KLÖBER-KOCH ET AL. 2018, S. 687). Es wird zwar erwähnt, dass Sensordaten (vermutlich Zustandsdaten) einbezogen werden, jedoch wird nicht klar, wie dies in der Praxis geschieht und wie die Daten zusammengeführt werden.

Das Vorgehen lässt sich übertragen, stellt aber keinen wesentlichen Vorteil gegenüber einer *Kritikalitätsanalyse* und einer *Fehlermöglichkeits- und -einflussanalyse (FMEA)* dar (s. Kapitel 2.1.5).

Tabelle 3-2: Bewertung des Ansatzes von KLÖBER-KOCH ET AL. 2018

Quelle	inhaltlich			methodisch		
Legende: ● Vollständig erfüllt ◑ Teilweise erfüllt ○ Nicht erfüllt	Bezug zur RCM	Konsequenz-typen	Objekt-verkettung	Mehrere Datenquellen	Daten-basiertes Gestaltungs-modell	Vorgehens-modell
KLÖBER-KOCH ET AL. 2018	●	◑	◑	◑	○	●

LO ET AL. 2019 – a novel failure mode and effect analysis model for machine tool risk analysis

LO ET AL. verwenden eine *"Best-Worst-Methode"*, um mit einem Fragebogen Fehlerauswirkungen und deren Bandbreiten von Experten zu ermitteln (s. LO ET AL. 2019, S. 176). Die Antworten werden mit der *Technique for order preference by similarity to an ideal solution (TOPSIS)* gewichtet und eine Rangfolge der Risikokonsequenzen der Fehlermöglichkeiten ermittelt (s. LO ET AL. 2019, S. 177). Die Methode bezieht sich auf die Expertenmeinung; eine Integration von verschiedenen Datenquellen erfolgt nicht. Das Vorgehen lässt sich übertragen, jedoch ist keine Automatisierung möglich, da Daten aus Sensorik oder Informationssystemen nicht erhoben bzw. genutzt werden.

Tabelle 3-3: Bewertung des Ansatzes von LO ET AL. 2019

Quelle	inhaltlich			methodisch		
Legende: ● Vollständig erfüllt ◑ Teilweise erfüllt ○ Nicht erfüllt	Bezug zur RCM	Konsequenz-typen	Objekt-verkettung	Mehrere Datenquellen	Daten-basiertes Gestaltungs-modell	Vorgehens-modell
LO ET AL. 2019	●	◑	◑	○	○	●

WANG ET AL. 2019 – risk assessment based on hybrid FMEA framework by considering decision maker's psychological behaviour character

Der Ansatz nutzt die *FMEA* in Kombination mit Expertenworkshops und ergänzt diese mit einer auf einem *Fuzzy-Interferenzsystem* beruhenden multikriteriellen Analysemethode, um eine gewichtete Aussage über die Risikopriorität eines Systems zu erlangen (s. WANG ET AL. 2019, S. 522). Dabei wird die subjektive Einschätzung der Teammitglieder gewichtet, um ein verlässlicheres Ergebnis zu erhalten.

Der Ansatz beschreibt ein nichtdatenbasiertes Vorgehen und konzentriert sich auf Aussagen zu den Fehlermöglichkeiten; eine Verdeutlichung oder unterschiedliche Behandlung der verschiedenen Konsequenztypen findet nicht statt.

Tabelle 3-4: Bewertung des Ansatzes von WANG ET AL. 2019

Quelle	inhaltlich			methodisch		
Legende: ● Vollständig erfüllt ◑ Teilweise erfüllt ○ Nicht erfüllt	Bezug zur RCM	Konsequenztypen	Objektverkettung	Mehrere Datenquellen	Datenbasiertes Gestaltungsmodell	Vorgehensmodell
WANG ET AL. 2019	◑	○	◑	○	○	●

DING ET AL. 2019 – quantitative fire risk assessment of cotton storage and a criticality analysis of risk control strategies

DING ET AL. haben das Ziel, die Feuerrisiken von Baumwolllagern zu quantifizieren. Dabei beschäftigen sie sich nicht nur mit der Wahrscheinlichkeit eines Feuers, sondern insbesondere auch mit der Aufdeckungswahrscheinlichkeit und der davon abhängigen Konsequenzstärke. So wird darin eine detaillierte Analyse der Wahrscheinlichkeiten der Detektion und des Löschens eines Feuers aufgeschlüsselt und berechnet (s. DING ET AL. 2019, S. 171). Für die Beschreibung der Einflussfaktoren und Abläufe der Untersuchung stehen *Fehlerbäume* im Mittelpunkt, welche durch *Bow-Tie-Analysen* und *Bayessche Netze* ergänzt werden. Die Datengrundlage bieten historische Daten (Feuerereignisse) und Expertenbefragungen (s. DING ET AL. 2019, S. 167).

Es wird kein Vorgehensmodell für die Übertragung auf andere Unternehmen und Themenfelder erarbeitet, noch werden Stoff- oder Umgebungsdaten in die Überlegung einbezogen. Die Schaffung von Fehlerbäumen stellt dennoch eine Möglichkeit dar, komplexe Zusammenhänge aus historischen Daten zu entdecken und zu nutzen.

Tabelle 3-5: Bewertung des Ansatzes von DING ET AL. 2019

Quelle	inhaltlich			methodisch		
Legende: ● Vollständig erfüllt ◑ Teilweise erfüllt ○ Nicht erfüllt	Bezug zur RCM	Konsequenz-typen	Objekt-verkettung	Mehrere Datenquellen	Daten-basiertes Gestaltungs-modell	Vorgehens-modell
DING ET AL. 2019	◑	◑	◑	○	◑	○

FILHO ET AL. 2020 – Management Tool for Reliability Analysis in Socio-Technical Systems – A Case Study

Das Vorgehen umfasst sieben Schritte, welche sich Methoden der RCM, wie dem Block-Diagramm, bedienen (s. FILHO ET AL. 2020, S. 19). Die Grundlage bildet ein Fragebogen, um das zu analysierende System kennenzulernen. Dabei werden aus der Expertenmeinung und der Skala des Fragebogens Zuverlässigkeitskennzahlen abgeleitet. Der Fokus liegt auf dem Betrieb und HSE; die Substanz der Anlagen wird nicht explizit berücksichtigt.

Es erfolgt keine Einbeziehung von Daten außerhalb der Fragebogenerhebung und daher auch keine Verknüpfung von mehreren Datenquellen.

Tabelle 3-6: Bewertung des Ansatzes von FILHO ET AL. 2020

Quelle	inhaltlich			methodisch		
Legende: ● Vollständig erfüllt ◑ Teilweise erfüllt ○ Nicht erfüllt	Bezug zur RCM	Konsequenz-typen	Objekt-verkettung	Mehrere Datenquellen	Daten-basiertes Gestaltungs-modell	Vorgehens-modell
FILHO ET AL. 2020	●	◑	●	○	○	●

3.3 Suchraum 2: Datenbasierte Ansätze des Instandhaltungsmanagements

Suchraum 2 untersucht an das Vorhaben der vorliegenden Arbeit angrenzende Ansätze.

LOPES ET AL. 2016 – requirements specification of a computerized maintenance management system – a case study

LOPES ET AL. zeigen zukünftige Anforderungen und Funktionalitäten von IPS-/EAM-Systemen auf (s. LOPES ET AL. 2016, S. 271–272). Insbesondere für die Verwendung von Zustandsdaten, Fehlerdiagnostik und Entscheidungsunterstützung ergeben sich im aktuellen System noch große Abweichungen zwischen den Anforderungen der Anwender und verfügbaren Systemen (s. LOPES ET AL. 2016, S. 269).

In dem Paper werden lediglich grobe Anforderungen definiert, ohne deren praktische Umsetzung oder ein Vorgehen dorthin zu beschreiben. Zudem bleibt offen, wie verschiedene Datenquellen mit welchen Daten kombiniert werden müssten, um den Anforderungen gerecht zu werden.

Tabelle 3-7: Bewertung des Ansatzes von LOPES ET AL. 2016

Quelle	inhaltlich			methodisch		
Legende: ● Vollständig erfüllt ◑ Teilweise erfüllt ○ Nicht erfüllt	Bezug zur RCM	Konsequenz-typen	Objekt-verkettung	Mehrere Datenquellen	Daten-basiertes Gestaltungs-modell	Vorgehens-modell
LOPES ET AL. 2016	◑	◑	◑	◑	○	○

SCHMIDT ET AL. 2017 – semantic framework for predictive maintenance in a cloud environment

Der Ansatz von SCHMIDT ET AL. verfolgt das Ziel, automatisierte Zustandsvorhersagen mit dem Schwerpunkt auf Werkzeugmaschinen zu ermöglichen. Dafür werden verschiedene Datentypen wie Objektdaten, Auftragsdaten, Zustandsdaten und Maschinensteuerungsdaten mithilfe von Ontologien verbunden (s. SCHMIDT ET AL. 2017, S. 585). Das Vorgehen wird an einer spezifischen Fallstudie beschrieben und demonstriert.

Der Fokus liegt auf der Fehlerhäufigkeit und Fehlerart; eine Ableitung von Maßnahmen oder eine Bestimmung der Konsequenz erfolgt nicht. Das Vorgehen eignet sich vor allem für Maschinenhersteller, da große Mengen an konnektierten gleichartigen Maschinen vorhanden sein müssen.

Tabelle 3-8: Bewertung des Ansatzes von SCHMIDT ET AL. 2017

Quelle	inhaltlich			methodisch		
Legende: ● Vollständig erfüllt ◑ Teilweise erfüllt ○ Nicht erfüllt	Bezug zur RCM	Konsequenz-typen	Objekt-verkettung	Mehrere Datenquellen	Daten-basiertes Gestaltungs-modell	Vorgehens-modell
SCHMIDT ET AL. 2017	◑	○	◑	●	●	◑

AFEFY ET AL. 2019 – A new framework of reliability centered maintenance

Der Ansatz kombiniert verschiedene Methoden der zuverlässigkeitsorientierten Instandhaltung (*Failure Mode and Effect Criticality Analysis (FMECA), Logic Tree Analysis, Functional Failure Analysis (FFA), RCA (Root Cause Analysis)*) zu einem Vorgehensmodell (s. AFEFY ET AL. 2019, S. 176). Dabei wird auf die meisten relevanten

Konsequenztypen, wie die Produktion, Instandhaltung und die Arbeitssicherheit und Umwelt eingegangen (s. AFEFY ET AL. 2019, S. 180). Die Substanz der Anlagen und die technische und strategische Obsoleszenz wird nicht näher berücksichtigt.

Der gesamte Prozess verlässt sich auf die manuelle Datensammlung und Auswertung sowie auf die Meinung von Experten. Eine automatisierte Analyse ist daher nicht vorgesehen und die Datenquellen sind stark limitiert.

Tabelle 3-9: Bewertung des Ansatzes von AFEFY ET AL. 2019

Quelle	inhaltlich			methodisch		
Legende: ● Vollständig erfüllt ◑ Teilweise erfüllt ○ Nicht erfüllt	Bezug zur RCM	Konsequenz-typen	Objekt-verkettung	Mehrere Datenquellen	Daten-basiertes Gestaltungs-modell	Vorgehens-modell
AFEFY ET AL. 2019	●	◑	●	○	○	●

REIDT 2019 – Referenzarchitektur eines integrierten Informationssystems zur Unterstützung der Instandhaltung

REIDT entwickelt in seiner Arbeit eine Referenzarchitektur, die die Entwicklung von Instandhaltungssystemen in Unternehmen der produzierenden Industrie erleichtern soll. Die Referenzarchitektur enthält vier Sichten: die funktionale Sicht, die Verteilungssicht, die Prozesssicht und die Usecase-Sicht. (s. REIDT 2019, S. 129) Die funktionale Sicht besteht aus verschiedenen Modulen, die jeweils die gängigen Kernfunktionalitäten in Instandhaltungssystemen darstellen (s. REIDT 2019, S. 130–131). Funktionalitäten lauten beispielsweise:

- Handlungsleitfäden/Checklisten/Prüflisten (s. REIDT 2019, S. 133–135)
- Dokumentenmanagement (s. REIDT 2019, S. 135–136)
- Anlageninformationen (s. REIDT 2019, S. 138–139)

Die Verteilungssicht legt die Intelligenzverteilung zwischen den einzelnen Modulen fest. Diese bestimmt, welche Module auf welchem Gerät beziehungsweise an welcher Stelle implementiert werden sollen. (s. REIDT 2019, S. 198) Die Prozesssicht bildet die zentralen Instandhaltungsprozesse in Aktivitätsdiagrammen der Unified Modeling Language (UML) ab (s. REIDT 2019, S. 200). Prozesse sind z. B.:

- Inspektion Wartung Instandhalter (s. REIDT 2019, S. 205–206)
- Ereignisgesteuerte Instandsetzung (s. REIDT 2019, S. 208–209)
- Zustandsabfrage Wartung (s. REIDT 2019, S. 210–212)

In der Usecase-Sicht sind die zentralsten Use-Cases der Instandhaltung mittels des Instandhaltungsinformationssystems enthalten. Die Use-Cases beinhalten die gleichen Aktivitäten und Prozesse wie die Prozesssicht. (s. REIDT 2019, S. 216) Der Ansatz von REIDT greift besonders in der funktionalen Sicht einige Funktionen auf, die auch für die vorliegende Arbeit von Bedeutung sind. Wie die exakte Informationslogistik aussehen müsste und welche Daten genutzt werden, bleibt jedoch offen.

Tabelle 3-10: Bewertung des Ansatzes von REIDT 2019

Quelle	inhaltlich			methodisch		
Legende: ● Vollständig erfüllt ◑ Teilweise erfüllt ○ Nicht erfüllt	Bezug zur RCM	Konsequenz-typen	Objekt-verkettung	Mehrere Datenquellen	Daten-basiertes Gestaltungs-modell	Vorgehens-modell
REIDT 2019	◑	◑	◑	◑	◑	○

GENG U. LIU 2020 – semantic-based early warning system for equipment maintenance

GENG U. LIU nutzen eine Ontologie, um ein semantisches Frühwarnsystem für Maschinenausfälle abzuleiten. Dabei werden Objektdaten, Zustandsdaten und Expertenwissen kombiniert, um eine Aussage treffen zu können (s. GENG U. LIU 2020, S. 265). Die Experten legen Hypothesen der Datenmodelle und Grenzwerte für Datenreihen fest, aus denen sich der Alarm bzw. die Warnung ergibt.

Eine Übertragung auf verschiedene Maschinentypen sowie ein Vorgehen werden nicht gegeben. Das Gestaltungsmodell ist sehr spezifisch und vermittelt keinen näheren Eindruck über die Möglichkeit spezifischer Daten. Eine Analyse der Konsequenztypen der Fehlermöglichkeiten, eine Bestimmung der Konsequenz oder Maßnahmenableitung finden nicht statt.

Tabelle 3-11: Bewertung des Ansatzes von GENG U. LIU 2020

Quelle	inhaltlich			methodisch		
Legende: ● Vollständig erfüllt ◑ Teilweise erfüllt ○ Nicht erfüllt	Bezug zur RCM	Konsequenz-typen	Objekt-verkettung	Mehrere Datenquellen	Daten-basiertes Gestaltungs-modell	Vorgehens-modell
GENG U. LIU 2020	●	○	●	◑	◑	○

3.4 Suchraum 3: Ansätze des Informationsmanagements

Suchraum 3 beschreibt und bewertet die Ansätze des Informationsmanagements, welche für die methodische Gestaltung der vorliegenden Arbeit relevant sind.

WINTER ET AL. 2008 – das St. Galler Konzept der Informationslogistik

Nach WINTER ET AL. wird die Informationslogistik als „Planung, Steuerung, Durchführung und Kontrolle der Gesamtheit der Datenflüsse verstanden, die über eine Betrachtungseinheit hinausgehen, sowie die Speicherung und Aufbereitung dieser Daten" (WINTER ET AL. 2008, S. 2). Dabei werden nur diejenigen Datenflüsse berücksichtigt, die einer **Entscheidungsfindung** dienen (s. WINTER ET AL. 2008, S. 2). Durch die freie Festlegung des Betrachtungsbereichs eignet sich das St. Galler Konzept für unterschiedlichste Ausgangssituationen und es lässt sich für alle Arten von Prozessen anwenden, sofern diese für eine Entscheidungsfindung notwendig sind (s. WINTER ET AL. 2008, S. 2–4). Das Ziel des *St. Galler Konzepts der Informationslogistik* ist analog zu dem der Güterlogistik. Somit lautet es, „dass relevante Informationen in geeigneter Qualität zur Befriedigung der Informationsbedarfe in einer Betrachtungseinheit bereitgestellt werden, auch wenn die dafür benötigten Daten in einer anderen Betrachtungseinheit entstehen" (WINTER ET AL. 2008, S. 5). Die Themenbereiche der *St. Galler Informationslogistik* lauten: IT-Architekturmanagement, Metadatenmanagement, (Daten-)Qualitätsmanagement, Stammdatenmanagement, Management von Datenschutz und Datensicherheit, Aufbau- und Ablauforganisation (inklusive IT-Servicemanagement und Leistungsverrechnung), Projekt- und Anforderungsmanagement (s. WINTER ET AL. 2008, S. 10).

Für die vorliegende Fragestellung sind insbesondere das IT-Architekturmanagement, Metadatenmanagement, (Daten-)Qualitätsmanagement, Stammdatenmanagement sowie das Projekt- und Anforderungsmanagement von Interesse. Die Betrachtung von ausschließlich entscheidungsrelevanten Informationen, wie das St. Galler Konzept der Informationslogistik sie verlangt, wird auch im Folgenden verfolgt.

Tabelle 3-12: Bewertung des Ansatzes von WINTER ET AL. 2008

Quelle	inhaltlich			methodisch		
Legende: ● Vollständig erfüllt ◑ Teilweise erfüllt ○ Nicht erfüllt	Bezug zur RCM	Konsequenz-typen	Objekt-verkettung	Mehrere Datenquellen	Daten-basiertes Gestaltungs-modell	Vorgehens-modell
WINTER ET AL. 2008	○	○	○	●	◑	◑

DURUGBO ET AL. 2013 – modelling information flow for organisations

Neben der strategischen Ausrichtung spielt auch die Modellierung der Informationsflüsse eine entscheidende Rolle, besonders hinsichtlich der Verständlichkeit und Anwendbarkeit des zu entwickelnden Modells. DURUGBO ET AL. unterscheiden zwischen diagrammatischen und mathematischen **Modellierungsmethoden** (s. DURUGBO ET AL. 2013, S. 598). Zu den diametrischen Methoden, die für Menschen intuitiv besser lesbar sind, zählen die bildhafte Modellierung mit Symbolen, Text oder Tabellen, die Matrixdarstellung mit Modellierung der Informationsquellen und -senken in einer oder mehreren Matrizen sowie die Darstellung in Form von Graphen (z. B. UML) (s. DURUGBO ET AL. 2013, 599-602). Die mathematischen Modellierungsmethoden, die weniger gut von Menschen, aber besonders gut von Maschinen lesbar sind, unterteilen sich wiederum in die Fluss- und Organisationsanalyse. Bei der Flussanalyse werden Informationsflüsse hinsichtlich ihrer Verteilung sowie auch hinsichtlich ihrer Menge optimiert. Die Organisationsanalyse untersucht, welche Änderungen in der Organisation nötig sind, um die Informationsflüsse zu optimieren. (s. DURUGBO ET AL. 2013, 602-604)

Die diagrammatischen und die mathematischen Methoden können auch in Kombination verwendet werden (s. DURUGBO ET AL. 2013, S. 602). Aufgrund seiner guten Verständlichkeit und weiten Verbreitung wird der vorliegenden Arbeit der diametrische Modellierungsansatz mittels **Graphen** zugrunde gelegt. Auf Basis des Ansatzes von DURUGBO ET AL. kann eine Auswahl hinsichtlich der Modellierungsmethoden getroffen werden. Eine Modellierungssprache für Informationsflüsse oder Informationslogistikmodelle gibt er aber nicht vor.

Tabelle 3-13: Bewertung des Ansatzes von DURUGBO ET AL. 2013

Quelle	inhaltlich			methodisch		
Legende: ● Vollständig erfüllt ◑ Teilweise erfüllt ○ Nicht erfüllt	Bezug zur RCM	Konsequenz-typen	Objekt-verkettung	Mehrere Datenquellen	Daten-basiertes Gestaltungs-modell	Vorgehens-modell
DURUGBO ET AL. 2013	○	○	○	●	◑	◑

MICHELBERGER 2015 – process-oriented information logistics framework

Der *Process-Oriented Information Logistics Framework (POIL)* nach MICHELBERGER ist ein Rahmenwerk, welches die Business-Prozesssicht und die Informationsflusssicht von Unternehmen verknüpft (s. MICHELBERGER 2015, S. 21). Dabei sollen passende

Informationen dem Managementprozess automatisiert bereitgestellt werden (s. MICHELBERGER 2015, S. 50–51). Das Modell besteht aus der Datenebene, welche alle Daten zu den Prozessen enthält. Die darauf aufbauende Semantikebene enthält die Wirkungsbeziehungen zwischen den Prozessen und den Informationsobjekten der Prozesse (s. MICHELBERGER 2015, S. 51). Die Kontextebene stellt die physischen oder virtuellen Kontextinformationen zu den Prozessschritten bereit, welche mithilfe der Applikationsebene dem Benutzer zugänglich gemacht werden (s. MICHELBERGER 2015, S. 51–52).

Das *POIL* ermöglicht es Unternehmen ein angepasstes Informationslogistikmodell entwickeln und gestalten zu können. Es ist unternehmensunabhängig und unabhängig von der verwendeten Informations- und Kommunikationstechnologie (s. NIENKE 2018, S. 54). Der Ansatz liefert theoretische Hintergründe für die vorliegende Arbeit. Mit Ausnahme der Applikationsebene müssen die Ebenen des *POIL* im Folgenden bedacht werden. Es handelt sich jedoch um ein Rahmenwerk, welches kein konkretes Vorgehensmodell liefert.

Tabelle 3-14: Bewertung des Ansatzes von MICHELBERGER 2015

Quelle	inhaltlich			methodisch		
Legende: ● Vollständig erfüllt ◑ Teilweise erfüllt ○ Nicht erfüllt	Bezug zur RCM	Konsequenz-typen	Objekt-verkettung	Mehrere Datenquellen	Daten-basiertes Gestaltungs-modell	Vorgehens-modell
MICHELBERGER 2015	○	○	○	●	◑	○

KRCMAR 2015a – Informationsmanagement

KRCMAR sieht die Informationslogistik als Teil des Informationsmanagements, wonach Informationen eine Ressource darstellen, welche die Ziele der Güterlogistik ebenso wie materielle Güter erfüllen muss: die richtige Information zur richtigen Zeit in der richtigen Menge am richtigen Ort in der richtigen Qualität bereitzustellen. (s. KRCMAR 2015a, S. 117) Mithilfe der **Informationslogistik** können Informationsflüsse innerhalb eines **Informationsflusskonzeptes** für das jeweilige Unternehmen geschaffen werden (s. KRCMAR 2015a, S. 118). Der Mehrwert für das Unternehmen ergibt sich aus der kollaborativen Nutzung von Informationssystemen und dem dadurch entstehenden Informationsvorteil, um die richtigen Entscheidungen ableiten zu können (s. KRCMAR 2015a, S. 647). KRCMAR stellt in seiner Monographie „Informationsmanagement“ verschiedene Arten der Modellierung vor, gibt jedoch keine Modellierungssprache explizit vor (s. KRCMAR 2015a, S. 31–78). Gleichwohl liefert er mit dem Konzept der Informationslogistik wichtige theoretische Hintergründe für das zu erstellende Modell.

Tabelle 3-15: Bewertung des Ansatzes von KRCMAR 2015a

Quelle	inhaltlich			methodisch		
Legende: ● Vollständig erfüllt ◑ Teilweise erfüllt ○ Nicht erfüllt	Bezug zur RCM	Konsequenz-typen	Objekt-verkettung	Mehrere Datenquellen	Daten-basiertes Gestaltungs-modell	Vorgehens-modell
KRCMAR 2015b	○	○	○	●	◑	●

3.5 Suchraum 4: Datenbasierte Ansätze der RCM

Suchraum 4 beschreibt und bewertet die Ansätze, welche sowohl inhaltlich als auch methodisch die höchste Passung aufweisen.

DIN EN 60300-3-2 – Zuverlässigkeitsmanagement Teil 3-2: Anwendungsleitfaden Erfassung von Zuverlässigkeitsdaten im Betrieb

Die DIN EN 60300-3-2 gibt einen Überblick über die Möglichkeiten der Datenerfassung für das Zuverlässigkeitsmanagement. Dabei werden verschiedene Möglichkeiten der Datenerfassung und -analyse vorgestellt.

Die Norm liefert einen sehr groben Überblick über verschiedene Eigenschaften von Daten und Datenverarbeitungsmethoden. Es werden keine konkreten Anhaltspunkte für die Einführung oder der zu erfassenden Daten geliefert. Mehrere Datenquellen werden genannt, der Zusammenhang aber nicht näher beschrieben.

Tabelle 3-16: Bewertung des Ansatzes von DIN EN 60300-3-2

Quelle	inhaltlich			methodisch		
Legende: ● Vollständig erfüllt ◑ Teilweise erfüllt ○ Nicht erfüllt	Bezug zur RCM	Konsequenz-typen	Objekt-verkettung	Mehrere Datenquellen	Daten-basiertes Gestaltungs-modell	Vorgehens-modell
DIN EN 60300-3-2 2005	●	○	○	◑	○	○

NGUYEN ET AL. 2014 – condition-based maintenance for multicomponent systems using importance measure and predictive information

Der Ansatz simuliert eine Kostenoptimierung für zustandsbasierte Strategien. Dabei wird die Verkettung der Komponenten mit einem Block-Diagramm einbezogen (s. NGUYEN ET AL. 2014, S. 238). Für die Berechnung werden mehrere Daten spezifiziert, wie beispielsweise die spezifischen Instandhaltungskosten, die Gamma-

Verteilung der Komponenten, Zuschläge für die Notfall Ersatzteilbeschaffung und die Ausfallkosten (s. NGUYEN ET AL. 2014, S. 229).

Der Ansatz liefert keine ausreichenden Hinweise, wie die geforderten Daten zu beschaffen sind. Außerdem werden die Datenquellen nicht spezifiziert und eine praxisbezogene Einführung ist auf der Grundlage des Ansatzes nicht möglich.

Tabelle 3-17: Bewertung des Ansatzes von NGUYEN ET AL. 2014

Quelle	inhaltlich			methodisch		
Legende: ● Vollständig erfüllt ◑ Teilweise erfüllt ○ Nicht erfüllt	Bezug zur RCM	Konsequenz-typen	Objekt-verkettung	Mehrere Datenquellen	Daten-basiertes Gestaltungs-modell	Vorgehens-modell
NGUYEN ET AL. 2014	●	◑	●	○	◑	◑

RAJPATHAK U. DE 2016 – a data- and ontology-driven text mining-based construction of reliability model to analyze and predict component failures

RAJPATHAK U. DE kombinieren die Garantiedaten von Maschinen mit den textuellen Fehlermöglichkeiten, die aus den unstrukturierten, vor Ort gesammelten Reparaturdaten ermittelt wurden (s. RAJPATHAK U. DE 2016, S. 111). Um die kritischen Begriffe zu markieren, wurde dafür eine Ontologie entwickelt und die Begriffe kategorisiert (s. RAJPATHAK U. DE 2016, S. 110). Dies erhöhte wesentlich die Modellgenauigkeit eines automatischen Modells.

Die Konsequenzen des Ausfalls und die Objektverkettung werden nicht berücksichtigt, da die Fehlerhäufigkeit im Mittelpunkt der Untersuchung steht. Es werden mehrere Datenquellen verwendet, welche beschrieben werden und auf den engen Anwendungsbereich des Ansatzes angewendet werden können. Das Vorgehen kann imitiert werden; Hinweise, wie bei anderen Objekten vorzugehen ist, werden nicht gegeben.

Tabelle 3-18: Bewertung des Ansatzes von RAJPATHAK U. DE 2016

Quelle	inhaltlich			methodisch		
Legende: ● Vollständig erfüllt ◑ Teilweise erfüllt ○ Nicht erfüllt	Bezug zur RCM	Konsequenz-typen	Objekt-verkettung	Mehrere Datenquellen	Daten-basiertes Gestaltungs-modell	Vorgehens-modell
RAJPATHAK U. DE 2016	◑	○	○	◑	●	◑

RUSCHEL ET AL. 2017 – framework for synthesizing information flow and relationship between decision-making areas

RUSCHEL ET AL. schlagen einen Rahmen vor, um verschiedene Informationsflüsse für die Entscheidungsunterstützung in der Instandhaltung zusammenzuführen. Dabei werden verschiedene Instandhaltungsstrategien und -konzepte sowie die drei wesentlichen Konsequenztypen berücksichtigt.

Die Betrachtung bleibt auf einer allgemeinen Ebene, sodass keine Übertragbarkeit bzw. praktische Anwendbarkeit gegeben ist. Die Daten werden nicht näher beschrieben, sondern bleiben auf Konzeptebene.

Tabelle 3-19: Bewertung des Ansatzes von RUSCHEL ET AL. 2017

Quelle	inhaltlich			methodisch		
Legende: ● Vollständig erfüllt ◑ Teilweise erfüllt ○ Nicht erfüllt	Bezug zur RCM	Konsequenztypen	Objektverkettung	Mehrere Datenquellen	Datenbasiertes Gestaltungsmodell	Vorgehensmodell
RUSCHEL ET AL. 2017	◑	◑	◑	●	◑	○

XU ET AL. 2018 – ontology-based method for fault diagnosis of loaders

Die Ontologie hat zum Ziel, den Benutzer bei der Identifizierung der Fehlerursache, des Fehlerorts und der Fehlerwartungsmaßnahmen zu unterstützen (s. XU ET AL. 2018, S. 4). Nach XU ET AL. können Lader in vier Ebenen unterteilt werden: die Geräteebene, die Systemebene, die Baugruppenebene und die Teileebene. Dabei ist die Geräteebene die oberste und die Teileebene die unterste Ebene. Das Problem dabei ist, dass sich ein Fehler, wenn er auf einer unteren Ebene auftritt, nicht nur auf die eigene Ebene auswirkt, sondern auch auf die höheren Ebenen. Ein einzelner Fehler kann dabei durch verschiedene Fehlerursachen hervorgerufen werden, wodurch die Fehler als komplex betrachtet werden. (s. XU ET AL. 2018, S. 7).

Um der Komplexität der Fehler gerecht zu werden, definieren XU ET AL. fünf Klassen: den *FaultMode*, welcher in die Unterklassen *FaultCause* und *FaultEffect* unterteilt wird, das *FaultEquipment*, welches den Ort des Fehlers angibt, den *FaultMaintenance*, welcher Angaben über die Maßnahmen zur Reparatur gibt, die *Parameters*, welche die durch Sensoren erfassten Betriebsdaten ausgeben, und das *FaultPhenomenon*, welches Angaben zu auftretenden Phänomen, die durch den Fehler erscheinen, gibt (s. XU ET AL. 2018, S. 7). Die einzelnen Klassen haben verschiedene Eigenschaften und sind durch beschriftete gerichtete Pfeile miteinander verbunden (s. XU ET AL. 2018, S. 8--9).

Bei dieser Ontologie wurde ein großer Fokus auf die Fehleridentifikation nach Eintreten des Fehlers gelegt, wodurch größere Schäden am Objekt nur behoben und nicht verhindert werden können. Des Weiteren werden zur Fehlerdiagnose nur Daten genutzt, die durch ein Datenerfassungsgerät generiert werden und keine historischen Daten, welche mithilfe von Wahrscheinlichkeitsmodellen zur Bestimmung des Fehlerortes oder der Fehlerursache genutzt werden könnten (s. XU ET AL. 2018, S. 19).

Tabelle 3-20: Bewertung des Ansatzes von XU ET AL. 2018

Quelle	inhaltlich			methodisch		
Legende: ● Vollständig erfüllt ◑ Teilweise erfüllt ○ Nicht erfüllt	Bezug zur RCM	Konsequenz-typen	Objekt-verkettung	Mehrere Datenquellen	Daten-basiertes Gestaltungs-modell	Vorgehens-modell
XU ET AL. 2018	◑	○	◑	◑	●	●

ZHOU ET AL. 2019 – a hybrid fault diagnosis method for mechanical components based on ontology and signal analysis

Der Ansatz fokussiert Wälzlager, um eine Fehlerdiagnose automatisiert durchführen zu können. Dabei wird ein Ansatz über drei Schichten genutzt (s. ZHOU ET AL. 2019, S. 1697):

- **Datensammlungsschicht:** Die Daten werden über Sensoren und Maschinensteuerung sowie Auto-ID-Scanner aufgenommen und über eine Netzwerkarchitektur der Zustandsverarbeitungsschicht zur Verfügung gestellt.
- **Zustandsdatenverarbeitungsschicht:** Zustandsdaten werden in dieser Schicht gesammelt und verarbeitet. Durch maschinelles Lernen können Muster erkannt werden und die Fehler mit der Wissensdatenbank kombiniert werden.
- **Wissensverarbeitungsschicht:** Diese Schicht dient der Wissensrepräsentation und Wissensnutzung. Dabei wird durch eine Ontologie, aus einem ontologiebasierten Wissensmodell und den Objektdaten der Komponenten Wissen erzeugt.

Der Abgleich von Ereignisdaten mit der Wissensdatenbank führt zur Identifikation des Fehlers. Dabei werden jedoch keine weiterführenden Analysen angestellt. Daher findet keine Betrachtung der Kritikalität oder der Konsequenztypen (HSE und Substanz) statt. Das Modell lässt sich auf andere Objekte übertragen, erfordert aber eine aufwendige und von Experten begleitete Anpassung.

Tabelle 3-21: Bewertung des Ansatzes von ZHOU ET AL. 2019

Quelle	inhaltlich			methodisch		
Legende: ● Vollständig erfüllt ◑ Teilweise erfüllt ○ Nicht erfüllt	Bezug zur RCM	Konsequenz-typen	Objekt-verkettung	Mehrere Datenquellen	Daten-basiertes Gestaltungs-modell	Vorgehens-modell
ZHOU ET AL. 2019	◑	○	○	●	●	◑

THOM ET AL. 2020 – dynamic risk calculation model applied to gas compressor

Der Ansatz kombiniert mehrere Faktoren: Fehlerwahrscheinlichkeit, händische Störungskonsequenzanalyse mithilfe einer FMEA und dynamische Verstärkungsvariablen, welche eine Wichtung des Risikos nach der aktuellen Situation durch Ereignisdaten unterstützen sollen. Aus dem ermittelten Risiko können entsprechende Maßnahmen vom Instandhalter abgeleitet werden.

Die Fehlerwahrscheinlichkeit wird aus historischen Fehlerdaten abgeleitet (s. THOM ET AL. 2020, S. 36). Diese werden mit einer Weibull-Fehlerverteilung analysiert und um historische Wartungsdaten ergänzt, um diese mit ihren finanziellen und HSE-Folgen zu korrelieren. Die folgenden drei dynamischen Verstärkungsvariablen werden für die Anomalieerkennung auf einer Datenplattform genutzt (s. THOM ET AL. 2020, S. 37):

- Der *Alarm Process Condition Enhancer*, der gemessene Sensorwerte der Prozesssteuerung mit den festgelegten Alarmen oder Grenzwerten während des Anlagenbetriebs korreliert.
- Der *Interlocking Enhancer*, welcher die Kombination von Grenzwerten der Steuerung, die eine Abschaltung der Anlage erzwingen, bewertet und die gemessene Sensorwerte der Prozesssteuerung mit den Auslösern der Abschaltung korreliert.
- Der *Predictive Maintenance Intensifier* ist eine Ausfallrate, welche untersucht, ob Daten bei prädiktiven Inspektionen außerhalb des Konformitätsbereichs lagen.

Der Ansatz sieht keine direkte Maßnahmenableitung vor, welche insbesondere bei wiederkehrenden Fehlern sinnvoll wäre. Darüber hinaus ist keine einfache Übertragbarkeit auf andere Anlagen möglich.

Tabelle 3-22: Bewertung des Ansatzes von THOM ET AL. 2020

Quelle	inhaltlich			methodisch		
Legende: ● Vollständig erfüllt ◑ Teilweise erfüllt ○ Nicht erfüllt	Bezug zur RCM	Konsequenz-typen	Objekt-verkettung	Mehrere Datenquellen	Daten-basiertes Gestaltungs-modell	Vorgehens-modell
THOM ET AL. 2020	◑	●	●	●	●	◑

3.6 Zwischenfazit und Ableitung des Forschungsbedarfs

Die in den **Suchräumen** identifizierten und bewerteten Ansätze werden im folgenden Schritt **zusammengefasst** und **bewertet** (s. Kapitel 3.6.1). Auf Grundlage der Bewertung wird anschließend der **Forschungsbedarf abgeleitet** und die Zielstellung präzisiert (s. 3.6.2).

3.6.1 Bewertung der Ansätze

Das Ziel des vorliegenden Kapitels ist es, die untersuchten Ansätze zusammenfassend zu **bewerten**. Analog zu den **Suchräumen** ergeben sich Gruppen, welche in Bezug auf die in Kapitel 3.1 vorgestellten **Bewertungskriterien** in methodischen und inhaltlichen Mehrwert für die vorliegende Arbeit gegliedert sind. Abbildung 3-3 fasst die Bewertungen der Ansätze aus den vorangegangenen Kapiteln analog zu ihren zugeordneten Suchräumen zusammen.

Quelle	inhaltlich			methodisch		
Legende: ● Vollständig erfüllt ◑ Teilweise erfüllt ○ Nicht erfüllt	Bezug zur RCM	Konsequenz-typen	Objekt-verkettung	Mehrere Datenquellen	Daten-basiertes Gestaltungs-modell	Vorgehens-modell
Suchraum 1: Analytische Methoden der Fehler- und Risikoidentifikation						
Klöber-Koch et al. 2018	●	◑	◑	◑	○	●
Lo et al. 2019	●	◑	◑	○	○	●
Wang et al. 2019	◑	○	◑	○	○	●
Ding et al. 2019	◑	◑	◑	○	◑	○
Filho et al. 2020	●	◑	●	○	○	●
Suchraum 2: Datenbasierte Ansätze des Instandhaltungsmanagements						
Lopes et al. 2016	◑	◑	◑	◑	○	○
Schmidt et al. 2017	◑	○	◑	●	●	◑
Afefy et al. 2019	●	◑	●	○	○	●
Reidt 2019	◑	◑	◑	◑	◑	○
Geng u. Liu 2020	●	○	●	◑	◑	○
Suchraum 3: Ansätze des Informationsmanagements						
Winter et al. 2008	○	○	○	●	◑	◑
Durugbo et al. 2013	○	○	○	●	◑	◑
Michelberger 2015	○	○	○	●	◑	○
Krcmar 2015b	○	○	○	●	◑	●
Suchraum 4: Datenbasierte Ansätze der zuverlässigkeitsorientierten Instandhaltung						
DIN EN 60300-3-2 2005	●	○	○	◑	○	○
Nguyen et al. 2014	●	◑	●	○	◑	◑
Rajpathak u. De 2016	◑	○	○	◑	●	◑
Ruschel et al. 2017	◑	◑	◑	●	◑	○
Xu et al. 2018	◑	○	◑	◑	●	●
Zhou et al. 2019	◑	○	○	●	●	◑
Thom et al. 2020	◑	●	●	●	●	◑
Arbeit						
Defèr 2022	●	●	●	●	●	●

Abbildung 3-3: Bewertung bestehender Ansätze zur datenbasierten RCM und angrenzender Themenbereiche (eigene Darstellung)

Suchraum 1: Die Ansätze in Suchraum 1 zeigen viele Möglichkeiten auf, wie Fehler- und Risiken identifiziert werden können. Dabei kommen aktuell noch wenig bis gar keine Daten zum Einsatz, sondern der Fokus liegt auf dem Expertenwissen von Mitarbeitern. Um den Einfluss der Subjektivität aus den Bewertungen der Experten abzuschwächen und zu objektiveren Ergebnissen zu kommen, wird über verschiedene Möglichkeiten (z. B. Fuzzy-Logik) die Schätzung in Zahlen ausgedrückt und zu einer Aussage verdichtet. Der Fokus liegt meist auf dem Einfluss der Störung auf den Produktionsbetrieb, wobei sich jener auch immer mehr in Richtung HSE verschiebt. Die Ansätze liefern eine Reihe sinnvoller Einflussfaktoren, welche für die Erreichung des Ziels dieses Werkes mit Daten und Informationen kombiniert werden müssen.

Suchraum 2: Die in Suchraum 2 vorliegenden Ansätze stellen eine Mischung aus methodischem und inhaltlichem Mehrwert für das Werk dar. Dabei fällt auf, dass Daten und Informationen immer wieder erwähnt, aber nicht vollständig und benutzbar beschrieben werden. Die Ansätze sind sehr heterogen und adressieren verschiedene Schwerpunkte, dadurch bieten sie auch für die vorliegende Arbeit unterschiedlichen Mehrwert. Zum Beispiel bieten die Ansätze von SCHMIDT ET AL. und GENG U. LIU Möglichkeiten für die Anomalieerkennung bzw. Zustandsanalyse und liefern damit Hinweise auf die Verwendung von Zustandsdaten. Der Ansatz von AFEFY ET AL. ist insbesondere für die Gestaltung des Vorgehens interessant, da verschiedene Methoden stringent kombiniert werden und so weitere Lösungsbausteine ermöglichen.

Suchraum 3: Die Ansätze des Informationsmanagements leisten vor allem einen methodischen Betrag für das vorliegende Werk. Der Ansatz von KRCMAR wird beispielsweise für die Strukturierung des Beschreibungsmodells in Kapitel 5 verwendet. Von WINTER ET AL. werden die effiziente Erhebung und Verwendung von Daten übernommen, da die Bestrebung der vorliegenden Arbeit ist, dass ausschließlich entscheidungsrelevante Informationen erhoben werden. Der Ansatz von DURUGBO ET AL. wird für die Gestaltung der Informationsflüsse und jener von MICHELBERGER für die Prozessorientierung der zu erstellenden Modelle verwendet.

Suchraum 4: Die in Suchraum 4 eingeordneten Ansätze stellen sowohl einen inhaltlichen und methodischen Mehrwert für dieses Werk dar, dabei ist vor allem der inhaltliche Beitrag stärker als in Suchraum 2. Insbesondere der Ansatz von THOM ET AL. deckt einen großen Teil der Anforderungen ab, jedoch nur für einen sehr spezifischen Bereich, welcher durch den Mangel eines Vorgehensmodells auch nicht auf andere Bereiche erweitert werden kann. Durch Suchraum 4 können wieder weitere Aspekte für die Lösung der anvisierten Zielstellung hinzugefügt werden, die beschriebenen Daten bleiben jedoch sehr abstrakt oder unvollständig.

3.6.2 Ableitung des Forschungsbedarfs

Die vorgestellten und bewerteten Ansätze liefern eine Vielzahl von punktuellen Beiträgen für die Lösung der in Kapitel 1.2 vorgestellten Zielstellung, werden jedoch den definierten **Forschungsfragen** nicht vollständig gerecht.

Zu welchen datenbasierten Entscheidungen müssen Unternehmen befähigt werden, um eine zuverlässigkeitsorientierte Instandhaltung umzusetzen?

Die bestehenden Ansätze bilden nicht alle notwendigen Anspruchsgruppen der Instandhaltung ab und lassen daher eine Lücke im Sinne der Informationsbedarfe, also der Ableitung der relevanten Entscheidungen.

Welche relevanten Informationssystemfunktionen und Informationsobjekte lassen sich aus den funktionalen Anforderungen ableiten?

Die unzureichende Definition der Anspruchsgruppen führt dazu, dass nicht alle möglichen und relevanten Informationsobjekte und -quellen in die Modelle einbezogen und genutzt werden.

Wie können die Wirkungszusammenhänge der Informationsobjekte für einen digitalen Schatten mit einem ontologiebasierten Ansatz abgebildet werden?

Teile von Wirkungszusammenhängen werden in den Ansätzen aufgegriffen, jedoch wird insbesondere die Ableitung von Maßnahmen dabei zu wenig beachtet. Die Ansätze fokussieren bestimmte Schwerpunkte, um die Komplexität zu reduzieren.

Wie lässt sich eine datenbasierte, zuverlässigkeitsorientierte Instandhaltung für einen digitalen Schatten gestalten?

Die existierenden Vorgehensmodelle sind überwiegend losgelöst von der Erfassung und Beschreibung von Daten, daher werden oftmals expertenbasierte Methoden kombiniert und durch Berechnungen objektiviert.

Zusammenfassend lässt sich festhalten, dass kein datenbasiertes Modell für die zuverlässigkeitsorientierte Instandhaltung existiert. Bestehende Ansätze bilden einzelne

Lösungselemente ab, werden jedoch der gesamten Problemstellung nicht gerecht. Es wird daher in der vorliegenden Arbeit auf den bestehenden Erkenntnissen und Modellen aufgebaut, um die Ansätze für eine effiziente Problemlösung zu nutzen und an ggf. bereits in der Praxis implementierte Modelle anzuknüpfen.

4 Herleitung des Forschungsvorgehens

Die in den vorangegangenen Kapiteln aufgezeigte Problemstellung der unzureichenden Informationslogistik, in Bezug auf die zuverlässigkeitsorientierte Instandhaltung von Produktionsanlagen, erfordert eine Verknüpfung des Informationsbedarfs mit dem Informationsangebot. Die Modellentwicklung benötigt ein systematisches Vorgehen, da jene keine Kopie der Realität darstellt, sondern eine Konstruktionsleistung des Modellierers ist (s. LEHNER 1995, S. 60; BECKER 1998, S. 3; SCHÜTTE 1998, S. 177). Um die Qualität des Modells zu gewährleisten, bedarf es definierte Anforderungen und daran ausgerichtete Qualitätsziele.

4.1 Anforderungen an die zu entwickelnden Modelle

Für die Erreichung der Zielstellung muss das zu entwickelnde Modell sowohl inhaltlichen als auch formalen Anforderungen gerecht werden. Eine Anforderung beschreibt dabei ein notwendiges Merkmal oder eine Eigenschaft des Modells, welche dazu dient, dass dieses die angedachte Aufgabe hinreichend erfüllen kann (s. NACHRAINER 1997, S. 78–88). Durch vorangegangene Kapitel wurden die inhaltlichen Anforderungen hergeleitet und eingeschränkt. Die inhaltlichen Anforderungen lassen sich demnach in die folgenden Punkte untergliedern:

- Die relevanten Fragestellungen und Anspruchsgruppen für die datenbasierte zuverlässigkeitsorientierte Instandhaltung innerhalb produzierender Unternehmen sollen identifiziert werden.
- Die sich daraus ableitenden notwendigen Informationsobjekte sollen erläutert und klassifiziert werden.
- Als Strukturierungsmöglichkeit soll eine Ontologie dienen, welche die Zusammenhänge der einzelnen Komponenten aufzeigt.
- Eine Darstellung der Anwendungsfälle soll die Informationsflüsse aufzeigen.
- Ein Vorgehensmodell bildet die Anwendung des Modells innerhalb der produzierenden Industrie ab.

Neben den durch die Aufgabenstellung festgelegten inhaltlichen Anforderungen muss die Modellbildung auch formalen Anforderungen gerecht werden. Dabei folgt diese Arbeit den Anforderungen nach BECKER (s. BECKER 1998, S. 4–7):

- **Anforderung der Richtigkeit:** Das Modell muss den darzustellenden Sachverhalt semantisch korrekt wiedergeben (s. BECKER 1998, S. 4; LASSEN 2006, S. 113; YIN 2018, S. 78).
- **Anforderung der Vergleichbarkeit:** Das Modell muss für verschiedene Forschungsdesigns kohärente Ergebnisse liefern, welche sich ggf. ergänzen (s. SCHOMBURG 1980, S. 25; BECKER 1998, S. 6–7; LASSEN 2006, S. 113; YIN 2018, S. 78)
- **Anforderung nach einem systematischen Aufbau:** Der systematische Aufbau des Modells stellt sicher, dass sichtenübergreifende Aspekte im Modell berücksichtigt werden (s. BECKER 1998, S. 7; YIN 2018, S. 78).
- **Anforderung an die Relevanz:** Das Modell wird für einen entsprechenden Zweck erstellt, das Modell soll diesen Zweck fokussieren und überflüssige Bestandteile auslassen (s. BECKER 1998, S. 4–5).
- **Anforderung an die Klarheit:** Das Modell muss lesbar, verständlich und soweit möglich anschaulich sein, um einen einfachen Zugang zu ermöglichen (s. BECKER 1998, S. 5–6).
- **Anforderung an die Übertragbarkeit:** Das Modell soll für eine Vielzahl von Produktionsanlagen Gültigkeit besitzen, daher ist eine Übertragbarkeit notwendig. Jedoch dürfen dafür die Umgebungs- und Einsatzparameter nicht vernachlässigt werden, um die Modellrichtigkeit weiterhin sicherzustellen (s. SCHOMBURG 1980, S. 24–25; YIN 2018, S. 78)
- **Anforderung an die Wirtschaftlichkeit und Praktikabilität:** Der Aufwand, um das Modell anzuwenden, muss für die Erreichung des Ziels angemessen und praktikabel sein (s. SCHOMBURG 1980, 25–26; BECKER 1998, S. 5; LASSEN 2006, S. 113).

4.2 Methodische Grundlagen

Im Folgenden werden die Grundlagen der für das Vorgehen benötigten Methoden und Ansätze theoretisch formuliert. Die Auswahl der abgebildeten Methoden leitet sich aus den im Vorfeld dargestellten inhaltlichen Fragen sowie den hieraus erwarteten Resultaten ab.

4.2.1 Systemtheorie

Der durch ULRICH 1968 in der deutschsprachigen Betriebswirtschaftslehre (BWL) eingeführte Systemansatz lässt den von GUTENBERG definierten, zwingend notwendigen wirtschaftlichen Aspekt fallen und führt zu einem interdisziplinären Ansatz der systemorientierten BWL, welcher „alle Gestaltungs- und Führungsprobleme von produktiven sozialen Systemen [...] untersucht" (ULRICH U. HILL 1976a, S. 308). ULRICH U. HILL weisen für diesen Systemansatz die folgenden Vorteile aus (s. ULRICH U. HILL 1976a, S. 308):

- **Terminologische Funktion:** Es wird ein abstraktes und interdisziplinäres Begriffssystem zur Verfügung gestellt, welches die Abbildung der Wirklichkeit ohne inhaltliche Vorurteile und A-priori-Annahmen verfälscht.
- **Heuristische Funktion:** Es werden Strukturmodelle für die Modellbildung bereitgestellt, welche die Entdeckung von bisher unbeachteten Elementen und Zusammenhängen erleichtern.
- **Integrationsfunktion:** Die Integration einer Vielzahl an unterschiedlichen Einflussfaktoren und Variablen ermöglicht es zum Beispiel, psychologische und technologische Aspekte innerhalb des Modells abzubilden.

Eine beschreibbare und abgrenzbare Ansammlung von verschiedenen Elementen, welche in einer Beziehung zueinander stehen, ergeben ein System (s. ULRICH 1968, S. 105; HABERFELLNER ET AL. 2019, S. 4). Systeme bestehen aus Elementen, welche über Funktionen und Eigenschaften verfügen (s. TRIER ET AL. 2013, S. 43). Für die Abgrenzung des Systems zu seiner Umwelt wird eine Systemgrenze definiert. Die Systemgrenze kann frei definiert werden, zweckmäßigerweise orientiert sie sich an den Anforderungen und der Zielstellung des Systemmodells. (s. HABERFELLNER ET AL. 2019, S. 5) Umwelteinflüsse können durch Wechselwirkungen definiert und abgebildet werden. Je nachdem, welche Richtung und Beziehung die Wechselwirkungen aufweisen, ergeben sich Ein- und Ausgangsgrößen (s. NAEFE 2009, S. 24; TRIER ET AL. 2013, S. 44). Aus den Beziehungen und Wechselwirkungen zwischen den Elementen ergibt sich die Systemstruktur, welche das Ordnungsprinzip des Modells darstellt. Strukturformen können dabei eine Vielzahl von Ausprägungen aufweisen, so sind beispielsweise hierarchische Strukturen, Sternstrukturen, Netzwerkstrukturen denkbar (s. WINZER 2016, S. 2; HABERFELLNER ET AL. 2019, S. 5). Für die Beschreibung der einzelnen Elemente können diese in Subsysteme aufgeschlüsselt werden, um auf einer tieferen Ebene Wirkungsbeziehungen und Strukturen darzustellen. Auf der anderen Seite können mehrere Systeme zu einem Suprasystem zusammengefasst werden, um Zusammenhänge zu abstrahieren (s. NAEFE 2009, S. 25–26; HABERFELLNER ET AL. 2019, S. 6; WIENDAHL U. WIENDAHL 2019, S. 23).

Das Systemdenken hat die Aufgabe, komplexe Phänomene besser verständlich zu machen und mit einem hinreichend genauen Systemabbild beschreiben zu können (s. WINZER 2016, S. 2; HABERFELLNER ET AL. 2019, S. 3). Dabei werden komplexe Elemente und Wirkungszusammenhänge verstanden und beschrieben. Modelle abstrahieren dabei die Wirklichkeit und bilden diese nur vereinfacht ab. Daher steht die Zweckmäßigkeit bei der durch das Systemdenken unterstützten Modellierung im Vordergrund. Durch Abbildung 4-1 werden die relevanten Begriffe des Systemdenkens verdeutlicht.

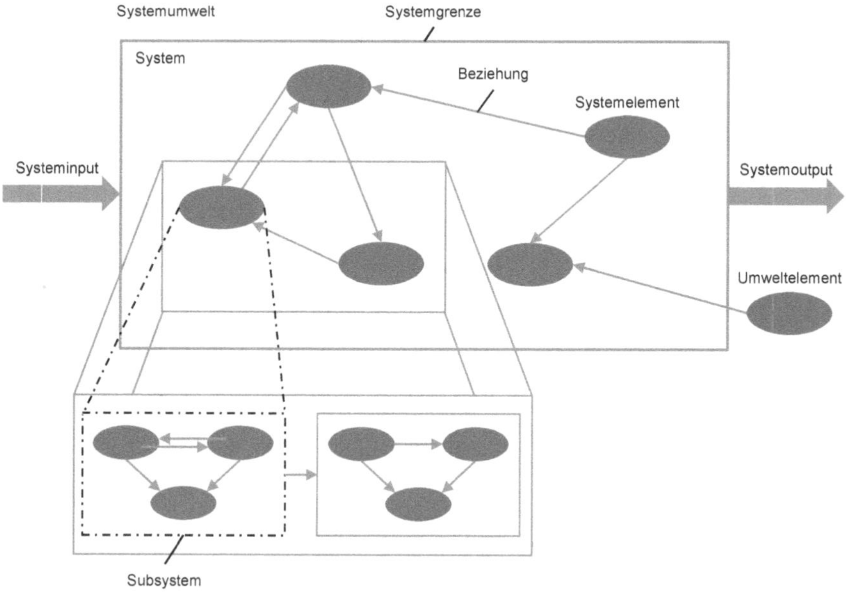

Abbildung 4-1: Grundbegriffe der Systemtheorie (eigene Darstellung, i. A. a. TRIER ET AL. 2013, S. 44; NIENKE 2018, S. 72; HABERFELLNER ET AL. 2019, S. 7)

Eine Aufgabe der Systemanalyse besteht darin, dass implizites Wissen in eine öffentliche, reproduzierbare Form gebracht wird. Sollten nicht alle wesentlichen

Wissenselemente in das Modell überführt werden können, so sind diese abzugrenzen und kenntlich zu machen. (s. RUPP 2013, S. 2; DAHME 2015, S. 58)

Das Systems-Engineering (SE) ist ein Systemansatz, welcher die Aufgabe hat, bestehende Systeme zu analysieren (Problemfeld) und eine Lösung zu gestalten (s. HABERFELLNER ET AL. 2019, S. 24). Dabei stellt das SE die methodische Komponente dar, mit welcher die verschiedenen Einflussfaktoren (z. B. Situation, Erfahrung) koordiniert werden können und die Komplexität im Hinblick auf den Analysezweck beherrschbar gemacht werden kann. HABERFELLNER ET AL. definieren für das Systems-Engineering ein Vorgehensmodell, welches den folgenden vier Grundprinzipien folgt (s. HABERFELLNER ET AL. 2019, S. 27):

- **Zunehmende Detailierung:** Das Vorgehen sollte immer vom Allgemeinen in das Detail gehen und nicht andersherum.
- **Variantenbildung:** Um eine optimale Lösung zu erzielen, sollten verschiedene Varianten gebildet und gegeneinander abgewogen werden.
- **Phasenvorgehen:** Die Phasen des Vorgehens sollten eingehalten werden, um eine deduktive Vermischung von Ursache und Wirkung zu vermeiden.
- **Problemlösungszyklus:** Anwendung einer Art Arbeitslogik als formale Verfahrensrichtlinie bei der Lösung von Problemen, unabhängig von deren Art und der Phase des Auftretens.

Diese vier Grundkomponenten ergeben in ihrer Gesamtheit eine Methodik, welche die einzelnen Elemente in sinnvolle Wirkungsbeziehungen setzt (s. WINZER 2016, S. 1; HABERFELLNER ET AL. 2019, S. 27).

4.2.2 Modellbildung

Das Anwendungsgebiet des Systemdenkens liegt darin, komplexe Phänomene der Wirklichkeit als modellhaftes System abzubilden (s. TRIER ET AL. 2013, S. 52; HABERFELLNER ET AL. 2019, S. 23). Modelle können als ein zweckorientiertes und abstrahiertes Abbild der Realität oder eines Realitätsausschnitts beschrieben werden (s. LEHNER ET AL. 2008, S. 29; BRUGGINK U. KÖNIG 2011, S. 25; TRIER ET AL. 2013, S. 53). Dabei wird insbesondere der Aspekt der Zweckorientierung betont, der die Nützlichkeit des Modells sicherstellt.

STACHOWIAK definiert in der allgemeinen Modelltheorie den Modellbegriff durch die folgenden drei Merkmale, welche ebenfalls in Abbildung 4-2 dargestellt sind (s. STACHOWIAK 1973, S. 131–133; TRIER ET AL. 2013, S. 54–56):

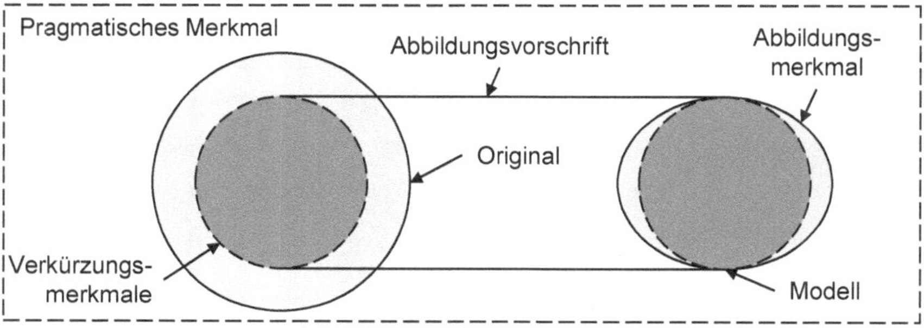

Abbildung 4-2: Elemente eines Modells (eigene Darstellung, i. A. a. KRCMAR 2015a, S. 32)

- **Abbildungsmerkmal:** Modelle sind Repräsentationen von Originalen, welche reale Objekte oder Prozesse, aber auch Modelle sein können. Dadurch wird eine hinreichende – dem Zweck angepasste – Ähnlichkeit zum Original durch eine Abbildungsvorschrift hergestellt.
- **Verkürzungsmerkmal:** Im Unterschied zur Wirklichkeit werden für das Modell nur dem Modellierer oder Modellnutzer relevant erscheinende Merkmale abgebildet. Dabei werden unwesentliche Eigenschaften entfernt und je nach Modellierungszweck ein angepasstes Abbild erschaffen. Im Umkehrschluss bedeutet dies, dass ein Original eine beliebige Anzahl von Modellen besitzen kann.
- **Pragmatisches Merkmal:** Durch den Abstraktionsgrad des Modells kann dies mehreren Originalen zugeordnet werden, dafür muss das Modell geeignet sein. Daher definiert das pragmatische Merkmal, neben der Zuordnung zu einem oder mehreren Originalen, ebenfalls den Modellnutzer und den Modellzweck.

Für die Klassifikation von Modellen kann, neben allgemeinen Eigenschaften und Darstellungsarten, auch der Verwendungszeck dienen (s. Abbildung 4-3).

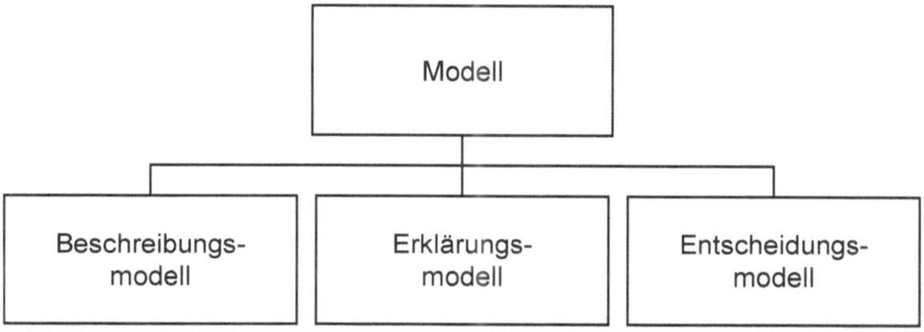

Ziel:	Informationen über die Ausgangssituation	Prognosemodelle Zweck-Mittel-Analyse	Festlegung durchzuführender Aktionen
Beispiel:	Kostenerfassung betriebliches Rechnungswesen	Kostenplanung mit kostentheoretischen Modellen	Produktions-programmplanung

Abbildung 4-3: Modelle strukturiert nach ihrem Zweck (eigene Darstellung, i. A. a WERNERS 2006, S. 4)

Nach diesem unterteilt man Modelle in Beschreibungs-, Erklärungs- und Gestaltungsmodelle (s. PATZAK 1982, S. 313–314; LEHNER ET AL. 2008, S. 30; TRIER ET AL. 2013, S. 58).

- **Beschreibungsmodelle:** Diese Art von Modellen hat zum Ziel, einen Sachverhalt präzise und leicht verständlich darzustellen. Sie bilden in vielen Fällen die Grundlage für weitere Modellierungen und weisen daher oft keinen speziellen Verwendungszweck auf (s. LEHNER ET AL. 2008, S. 30–31; TRIER ET AL. 2013, S. 58).

- **Erklärungsmodelle:** Die durch Beschreibungsmodelle dargestellten Sachverhalte werden durch Erklärungsmodelle ergänzt, wenn relevante Eigenschaften oder Wirkungszusammenhänge des Systems nicht offensichtlich sind. Dazu werden Hypothesen gebildet, welche eine Aussage darüber ermöglichen sollen, wie sich das Original in der Vergangenheit oder der Zukunft verhalten hat oder wird. Für Erklärungsmodelle spielt der Verwendungszweck eine zentrale Rolle, da der Lösungsraum viel größer ist als bei Beschreibungsmodellen (s. LEHNER ET AL. 2008, S. 31; TRIER ET AL. 2013, S. 58).

- **Gestaltungsmodelle:** Wenn die notwendigen Eigenschaften und Wirkungszusammenhänge eines Systems bekannt sind, können daraus resultierend Gestaltungsmodelle entwickelt werden. Diese erweitern das System um eine Sinn-, Zweck- oder Zielkomponente und lassen sich, nach ihrem Verwendungszweck, weiter in Entscheidungs- und Planungsmodelle unterscheiden (s. LEHNER ET AL. 2008, S. 31–32).

In der vorliegenden Arbeit wird das Beschreibungsmodell in Kapitel 5 hergeleitet und mit diesem die Forschungsfragen eins und zwei beantwortet (s. Kapitel 1.2). Durch das darauf aufbauende Erklärungsmodell werden die Forschungsfragen drei und vier in Kapitel 6 beantwortet. Das Gestaltungsmodell, welches verwendet wird, um produzierenden Unternehmen und Softwareanbietern eine Umsetzung der erarbeiteten Ergebnisse zu ermöglichen, wird in Kapitel 7 dargestellt.

Referenzmodelle haben zum Ziel, Informationen allgemeingültig als Elemente abzubilden und mithilfe von Wirkungsbeziehungen zu einem System zu modellieren. Nach ROSEMANN U. SCHÜTTE stellen sie ein Vorgehensmodell dar, welches das Ziel hat, Organisationen einen Lösungsansatz zur Organisations- und Anwendungssystemgestaltung zu liefern (s. ROSEMANN U. SCHÜTTE 1999, S. 23; VOM BROCKE 2015, S. 159). Durch den allgemeingültigen Charakter ergibt sich eine Wiederverwendbarkeit, welche als Bezugspunkt für Informationssysteme dienen kann (s. SCHÜTTE 1998, S. 69). Sie gelten als Sollmodelle, welche zu unternehmensspezifischen Modellen angepasst werden oder vollständig übernommen werden können (s. VOM BROCKE 2015, S. 32). Daher besitzen Referenzmodelle ihre Gültigkeit nicht nur für einzelne Sachverhalte, sondern gelten für Klassen von Sachverhalten (s. PESCHOLL 2011, S. 51; VOM BROCKE 2015, S. 31; BARTSCH 2015, S. 22).

4.2.3 Lebenszyklusmodell der Informationswirtschaft

Das Lebenszyklusmodell der Informationswirtschaft nach KRCMAR bildet die verschiedenen Elemente ab, welche für eine Verbindung der Informationsnachfrage mit dem Informationsangebot notwendig sind. Abbildung 4-4 stellt den iterativen Prozess dar, welcher die Grundlage für das Beschreibungsmodell der datenbasierten zuverlässigkeitsorientierten Instandhaltung bildet.

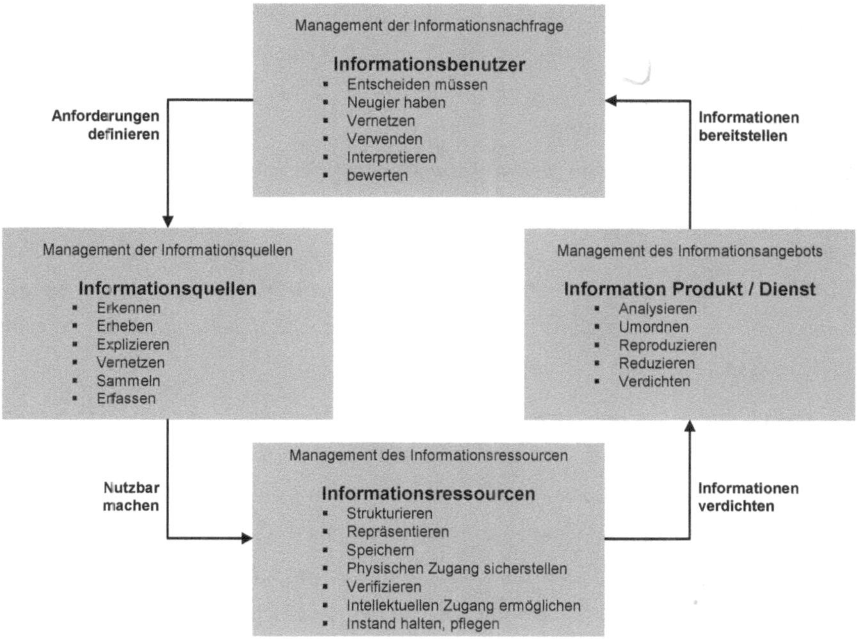

Abbildung 4-4: Lebenszyklusmodell der Informationswirtschaft nach Krcmar (eigene Darstellung, i. A. a. KRCMAR 2015a, S. 119)

Die grundlegende Elemente des Modells sind (s. KRCMAR 2015a, S. 118–119):

- **Management der Informationsnachfrage und -bedarf:** Die Informationsnachfrage leitet sich aus dem Bedarf des Informationsbenutzers ab, welche in der Regel auf Grundlage der Information eine Entscheidung treffen muss.
- **Management der Informationsquellen:** Die vom Informationsbenutzer gestellten Informationsanforderungen werden von der Informationsquelle beispielsweise erhoben und ausgedrückt.
- **Management der Informationsressourcen:** Über die Informationsressourcen werden die Informationen nutzbar gemacht, da sie beispielsweise strukturiert, gespeichert und verifiziert werden.
- **Management des Informationsangebots:** Das Informationsangebot verdichtet die Informationen und stellt sie dem Informationsbenutzer bereit.

Die getroffenen Entscheidungen beeinflussen wiederum die Informationsquellen bzw. den Informationsbedarf und der Lebenszyklus läuft in seiner nächsten Iteration durch.

4.2.4 Ontologieentwicklung

Eine Vielzahl von Vorgehen für die Entwicklung von Ontologien ist bereits etabliert, jedoch hat sich bisher kein einheitliches Vorgehen in der Literatur durchgesetzt (s. FERREIRA ET AL. 2007, S. 522; GEYER-HAYDEN 2009, S. 134; STUCKENSCHMIDT 2011, S. 158; s. STUDER U. SURE-VETTER 2019). Diese Arbeit orientiert sich an der Vorgehensweise von STUCKENSCHMIDT, welche aus sechs Vorgehensschritten besteht (s. STUCKENSCHMIDT 2011, S. 158–172):

1. **Fokussierung des Anwendungsgebiets:** Im ersten Schritt der Ontologieerstellung wird das Anwendungsgebiet abgegrenzt und der notwendige Detaillierungsgrad definiert. Für diesen Schritt haben sich Competency-Questions bzw. Entscheidungsfragen bewährt, welche Fragen darstellen, die sich mit der zu erstellenden Ontologie beantworten lassen sollen. Diese Fragen stellen konkrete Anwendungsfälle dar, welche die Anspruchsgruppen der Informationen haben. (s. STUCKENSCHMIDT 2011, S. 158–160)
2. **Wiederverwendung bestehender Ontologien:** Der zweite Schritt besteht in der Prüfung auf Überschneidungen von Elementen in bereits bestehenden Ontologien. Die Vorteile der Aufwandsminimierung und Interoperabilität von Ontologien stehen erheblichen Nachteilen gegenüber. So ist der Aufwand, eine Ontologie zu erweitern bzw. anzupassen, oftmals größer, als eine neue Ontologie zu definieren. Dies ist mit der notwendigen, sehr detaillierten Analyse der Ontologie zu begründen, bei der Bedarfe für neue Anpassungen auftreten können. (s. STUCKENSCHMIDT 2011, S. 160–162)
3. **Identifikation relevanter Begriffe:** Die Grundlage für Ontologien bilden Begriffe, welche für das von der Ontologie beschriebene Anwendungsgebiet relevant sind. Um diese zu bestimmen, wird in der Literatur der Domäne recherchiert und es werden Interviews mit Domänenexperten durchgeführt. (s. STUCKENSCHMIDT 2011, 162-164) Im Falle der Instandhaltung stehen zudem Informationen aus *Kritikalitätsanalysen*, *FMEAs* oder elektronischen Schichtbüchern zur Verfügung. Die Aufnahme der Informationen findet über die *Case Study Research* statt, welche in Kapitel 4.2.7 erläutert wird.

4. **Festlegung der Klassenhierarchie:** Die Festlegung der Konzepthierarchie bildet den ersten Schritt zur Formalisierung der Ontologie. Dabei werden die Begriffe in Klassen gebündelt und Subsumtionsbeziehungen gebildet. Bei der Erstellung der Klassenhierarchie werden die Begriffe auf Eindeutigkeit untersucht und ggf. demnach angepasst. (s. STUCKENSCHMIDT 2011, 164-166)
5. **Definition von Relationen:** Die verbliebenen Begriffe, welche keine Klassen darstellen, müssen nun bewertet werden. Dabei muss definiert werden, welche für Relationen stehen. STUCKENSCHMIDT empfiehlt dafür folgende drei Fragen:
   - Welche Eigenschaften haben alle Objekte einer Klasse gemeinsam?
   - Welche Eigenschaften differenzieren die Objekte einer Klasse von denen anderer Klassen?
   - Welche Eigenschaften differenzieren die Objekte einer Klasse?

   Durch diesen Schritt können ebenfalls Unstimmigkeiten in den Beziehungen aufgedeckt und behoben werden. (s. STUCKENSCHMIDT 2011, 166-170)
6. **Formalisierung von Klassen:** Den letzten Schritt stellt die Formalisierung von Klassen und Relationen dar. Dieser Schritt ist der aufwändigste und schwierigste, was dazu führt, dass er oftmals ausgelassen oder im beschränkten Umfang ausgeführt wird. (s. STUCKENSCHMIDT 2011, S. 170–172; NIENKE 2018, S. 69–70)

Für die Darstellung von Ontologien existieren verschiedene Notationen, welche in Abhängigkeit des Anwendungsfalls gestaltet wurden (s. NIENKE 2018, S. 70). Dieser Arbeit liegt die von MILVICH erstellte Notation zugrunde, welche in Abbildung 4-5 an einem Beispiel dargestellt wird (s. MILVICH 2005, S. 23).

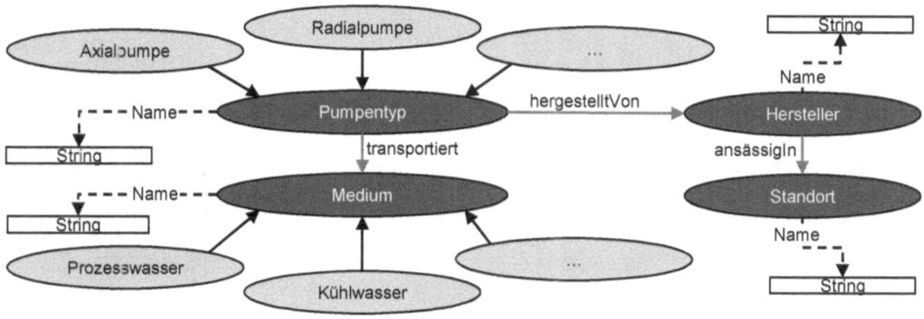

Abbildung 4-5: Beispielhafte Darstellung eines Ausschnitts einer Ontologie nach MILVICH (eigene Darstellung, i. A. a. MILVICH 2005, S. 23)

Die Klassen werden als dunkelgraue Ellipsen dargestellt. Verwandte Begriffe werden durch hellere graue Ellipsen dargestellt und sind durch einen geraden, durchgehenden schwarzen Pfeil verbunden. Darüber hinaus sind in Abbildung 4-1 die Informationscontainer mit einem rechteckigen grauen Rahmen dargestellt. Diese sind mit einer Klasse durch einen gestrichelten schwarzen Pfeil verbunden und beschreiben eine Identifikationseigenschaft (die auf der Verbindung angezeigt wird) und ihren Typ (String, Wert, Array usw.). Die Beziehungen zwischen den Klassen werden durch einen grauen Richtungspfeil beschrieben.

4.2.5 Informationsbedarfsanalyse

Da die Erreichung des Modellierungszwecks so effizient wie möglich gestaltet werden soll, ist die Identifikation der Informationsbedarfe von besonderer Wichtigkeit (s. O'Shea 2016, S. 64). Es erfolgt daher in der Informationsbedarfsanalyse eine detaillierte Untersuchung der Anforderungen der Anspruchsgruppen. Horváth et al. unterteilen die Methoden der Informationsbedarfsermittlung nach operativen Gesichtspunkten, welche sich ebenfalls in drei Methoden unterteilen lassen (s. Horváth et al. 2019, S. 199):

- **Aufgabenanalyse:** Die Bedarfe werden objektiv anhand von vorherrschenden Informationsverarbeitungs- und Entscheidungsprozessen ermittelt.
- **Dokumentenanalyse:** Die Entscheidungsgrundlagen (Berichte, Dokumente, Datenbanken usw.) werden für die Informationsbedarfsanalyse analysiert.
- **Berichtsmethode:** Der Entscheidungsträger (=Experte) verfasst eine subjektive Einschätzung seiner Aufgabe und legt die Informationsbedarfe für den Entscheidungsprozess dar.

Küpper et al. unterteilen die Methoden der Informationsbedarfsermittlung zudem in induktive und deduktive Analysemethode (s. Küpper et al. 2013, S. 222):

- **Induktive Analysemethode:** Die Gegebenheiten innerhalb der Organisation werden untersucht und die Bedarfe abgeleitet, dazu gehören Methoden der Dokumentenanalyse, die datentechnische Analyse, die Organisationsanalyse und Befragungen.

- **Deduktive Analysemethode:** Die Informationsbedarfe werden durch systematische Überlegungen hergeleitet, dazu gehören die Methoden der deduktiv-logischen Analyse und Modellanalyse.

In dem vorliegenden Werk wird eine Kombination aus den verschiedenen Methoden verwendet, um die verschiedenen methodenimmanenten Vorteile zu nutzen und bestehende Nachteile auszugleichen (s. KÜPPER ET AL. 2013, S. 227).

4.2.6 Internet of Production

Ein geeignetes Referenzmodell für die Integration von Daten über den gesamten Lebenszyklus von Objekten stellt das *Internet of Production (IoP)* dar (s. SCHUH ET AL. 2018, S. 325; HOFFMANN ET AL. 2019, S. 4098). Das Ziel des IoP ist die echtzeitfähige Entscheidungsunterstützung in allen Phasen des Produktlebenszyklus, wodurch die Agilität eines Unternehmens erhöht werden soll (s. LIU ET AL. 2019, S. 254). So bietet das IoP nach SCHMITT ET AL. beispielsweise „Für die erfolgreiche Umsetzung des datengetriebenen Qualitätsmanagements […] die notwendige IT-Infrastruktur, welche eine echtzeitfähige, sichere Informationsverfügbarkeit zu jeder Zeit an jedem Ort ermöglicht“ (SCHMITT ET AL. 2020, S. 512–513).

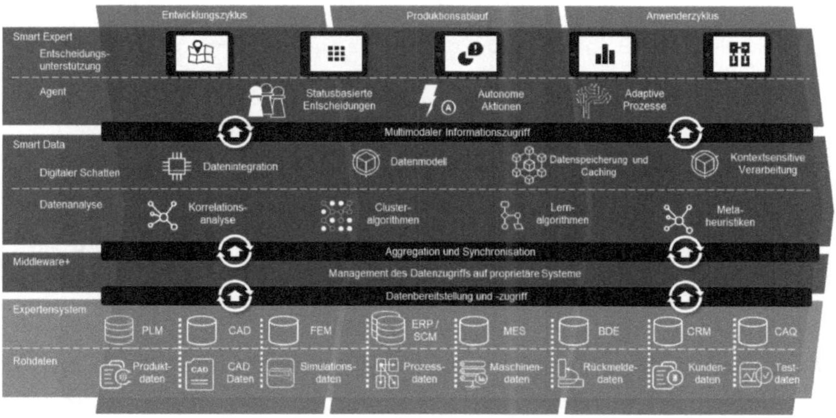

Abbildung 4-6: *Internet of Production*-Infrastruktur (SCHUH ET AL. 2017b, S. 121)

Wie in Abbildung 4-6 zu erkennen ist, ist das Modell in verschiedene Bereiche und Schichten unterteilt. Horizontal sind drei Betrachtungsebenen zu erkennen, der *Development Cycle*, der *Production Cycle* und der *User Cycle*. Diese Unterteilung verdeutlicht, dass das IoP von der Entwicklungsphase bis hin zur Anwendungsphase in der Produktion eingesetzt werden kann.

Vertikal ist das IoP in vier Schichten aufgeteilt. Die unterste Schicht bilden die **Applikationssoftware** und die dazugehörigen **Rohdaten**. Je nach Anwendungsfall können verschiedenste Daten benötigt werden, von Produkt- und CAD-Daten bis hin zu Kunden- und Testdaten. Diese Datensätze unterscheiden sich stark in Bezug auf Vollständigkeit, Genauigkeit, Semantik und Granularität (s. SCHUH ET AL. 2020b, S. 469). Aus diesem Grund müssen die Daten je nach Anwendungsfall gefiltert und aggregiert werden. Diese Aufgabe übernimmt die **Middleware+**, welche die zweite Schicht bildet. Zudem stellt sie den Zugang zu den einzelnen Applikationen und Daten bereit. Verschiedene Konzepte für die Umsetzung der Middleware+ existieren, zum Beispiel als Ausführung als Blockchain, welche die Zugänge zu den Anwendungssystemen verschiedener Anspruchsgruppen regelt (s. HOLTKEMPER U. SCHUH 2019, S. 446; ALAM 2020, S. 30; PUTZ ET AL. 2021, S. 16). Die dritte Schicht ist die der **Smart Data**. Sie wird in die **Datenanalyse** und den **digitalen Schatten** unterteilt. Für die Datenanalyse werden verschiedene Methoden eingesetzt, um aus den Daten Smart Data zu generieren, z. B. Korrelationsanalysen, Cluster-Algorithmen, Lernalgorithmen oder Metaheuristiken (s. SCHUH ET AL. 2017b, S. 120). Der digitale Schatten setzt sich aus den analysierten Smart Data und den Rohdaten zusammen, wodurch Informationsobjekte und Datenmodelle entstehen. Dabei werden nicht alle Daten verwendet, sondern nur die, die für die Anwendung relevant sind. Dadurch unterscheidet sich auch der digitale Schatten vom digitalen Zwilling, welcher alle Prozessdetails beinhaltet (s. SCHUH ET AL. 2020b, S. 469–471). Durch diese Filterung der Daten soll der Prozess schneller und agiler ablaufen. Im Allgemeinen definieren SCHUH ET AL. den digitalen Schatten als „[…] relevante[s] Abbild der Realität in Echtzeit“ (SCHUH ET AL. 2017b, S. 120). Die oberste Schicht des IoP bildet das **Smart Expert**. Es hat die Aufgabe, auf Grundlage des digitalen Schattens bei Entscheidungen zu unterstützen oder Entscheidung selbständig zu treffen und Handlungen auszuführen. Bei der **Entscheidungsunterstützung** trifft der Mensch die Entscheidung. Hier hat die Schicht die Aufgabe, die Komplexität der Smart Data zu reduzieren und dem Entscheider auf eine möglichst verständliche Art und Weise zu präsentieren. Bei der selbständigen Entscheidung wird die Entscheidung von sogenannten **Agenten** getroffen. Die Agenten analysieren die Smart Data und treffen eigenständig Entscheidungen unter Berücksichtigung von Vergangenheitsdaten. Die automatische Entscheidung durch Agenten kann z. B. bei wiederkehrenden Entscheidungsproblemen eingesetzt werden (s. SCHUH ET AL. 2017b, S. 120–121; SCHUH ET AL. 2020b, S. 469–471).

Das IoP bietet somit eine Dateninfrastruktur, mithilfe derer die hohe geforderte Agilität erreicht werden kann und somit schnelle und datenbasierte Entscheidungen gefällt und Veränderungsprozesse eingeleitet werden können (s. SCHUH ET AL. 2018, S. 326; SCHMITT ET AL. 2020, S. 489–490). Das IoP bildet die Grundlage für das zu entwickelnde Erklärungsmodell, um den Informationsbedarf mit dem Informationsangebot zu verbinden.

4.2.7 Case-Study-Research

Die Case-Study-Research (dt. Fallstudienforschung) ermöglicht die tiefgehende Untersuchung eines lebensechten Phänomens unter der Berücksichtigung seiner Umwelteinflüsse, welche im Gegensatz zu einem Experiment nicht abgegrenzt bzw. kontrolliert werden (s. RIDDER 2017, S. 282). Die **Forschungsmethodik** findet weitreichende Anwendung in einer Vielzahl von Wissenschaftsdisziplinen (s. FLYVBJERG 2011, S. 302). Die Berücksichtigung unterschiedlicher Forschungsdesigns innerhalb der Case-Study-Research ermöglicht es, die Aussagekraft der durchgeführten Untersuchung zu erhöhen (s. RIDDER 2017, S. 302). In Tabelle 4-1 sind verschiedene Forschungsdesigns und ihre Merkmale nach RIDDER dargestellt.

Tabelle 4-1: Forschungsdesigns der Case-Study-Research (s. RIDDER 2017, S. 293)

	Keine existierende Theorie	**Lücken in der bestehenden Theorie**	**gesellschaftliche Konstruktion der Wirklichkeit**	**Anomalien vorhanden**
Repräsentativer Wissenschaftler	EISENHARDT	YIN	STAKE	BURAWOY
Anwendungsfall	Forschungsfrage; A-priori-Konstrukte, Variablen; Keine angenommenen Beziehungen	Forschungsfrage; Bestehende Theorie; Proposition; Rahmenwerk	Neugierde im Fall; Verständnis für Forschungsfragen	Neugierde; Bestehende Theorie; Anomalien; Interne Widersprüche; Lücken, Schweigen
Datenlage	Theoretische Probenahme; Bevorzugung von qualitativen Daten	Gezielte Probenahme; Bevorzugung von qualitativen Daten	Gezielte Probenahme; Umfangreiche Beschreibungen; Ganzheitlich Verstehen	Theoretische Probenahme; Dialog zwischen Beobachter und Teilnehmer; Teilnehmende Beobachtung
Analyse	Entstehende Konstrukte und Beziehungen	Mustervergleiche bevorzugt; Analytische Verallgemeinerung	Lernen aus dem Fall; Kategorisch Aggregation	Soziale Prozesse; Strukturierung; Rekonstruktion von Theorie

In Kapitel 3 konnte dargestellt werden, dass bis jetzt eine Reihe von Ansätzen für die Bestimmung der Zuverlässigkeit von Produktionsanlagen existiert, diese jedoch nicht ausreichend sind, um das Forschungsziel der vorliegenden Arbeit zu erreichen. Es handelt sich daher um eine Lücke in der bestehenden Theorie, welche mit einer gezielten Probenahme und der Erhebung von qualitativen Daten geschlossen werden kann. Daher ist das Forschungsdesign von YIN am besten geeignet, um die bestehenden Ansätze zu erweitern. Abbildung 4-7 stellt die Reihenfolge der Vorgehensschritte des Forschungsdesigns dar und verdeutlicht den iterativen Charakter des Vorgehens.

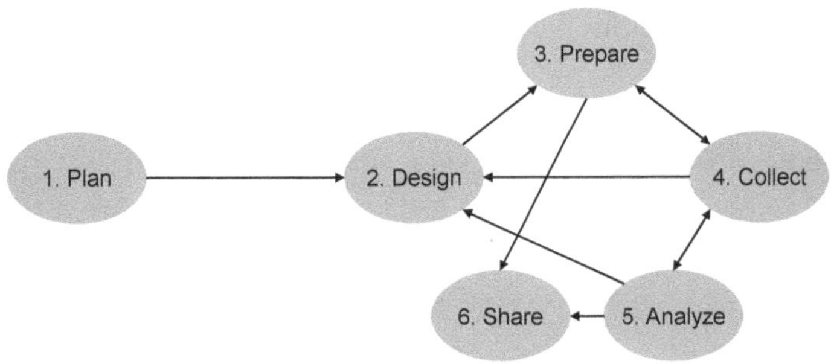

Abbildung 4-7: Case-Study-Design nach YIN (eigene Darstellung, i. A. a. YIN 2018, S. 1)

Das Vorgehen von YIN gliedert sich in sechs teilweise iterative Schritte, welche im Folgenden beschrieben werden.

1. **Planen:** Überprüfung, ob eine Fallstudie die richtige Herangehensweise für die in Kapitel 1.2 dargestellten Forschungsfragen und Zielstellung ist.

2. **Design:** Abgrenzung des zu untersuchenden Falles und Aufstellen von Thesen und Theorien. Konzeptionierung der Fallstudien und Überprüfung der Fallstudienqualität anhand der in Kapitel 4.1 dargestellten Anforderungen.

3. **Vorbereiten:** Vorbereitung der Fallstudienaufnahme und Erstellung von Protokollen, sowie auf den Hypothesen aufbauende Fragen für die Aufnahme der Fallstudien.

4. **Sammeln:** Fallstudienforscher nutzen sechs Instrumente zur Datenerfassung: Dokumentation, Archivunterlagen, Interviews, direkte Beobachtungen, teilnehmende bzw. praktische Beobachtung und physische Artefakte.

5. **Auswerten:** Erhobene Daten aus verschiedenen Blickpunkten betrachten, um Muster zu erkennen und geeignete Erkenntnisse und Konzepte ableiten zu können. Immer wieder verschiedene Analysetechniken und Gesprächspartner einbeziehen, um einen Tunnelblick zu vermeiden.

6. **Publizieren:** Durch die Interaktion und Diskussion mit anderen Forschern und Personen aus der Industrie können weitere Blickwinkel eingebunden werden und fremde Beobachtungen und Erkenntnisse in die Arbeit einfließen.

4.3 Konkretisierung des Forschungsvorgehens

Für die Erstellung und Einführung eines Modells für die datenbasierte zuverlässigkeitsorientierte Instandhaltung werden die beschriebenen Methoden und Konzepte in diesem Abschnitt in ein Vorgehen überführt. Dabei wird angestrebt, die Lücke zwischen der Zielstellung und der Forschungslücke mithilfe der Methoden der Systemtheorie zu schließen (s. HABERFELLNER ET AL. 2019, S. 25). Hierfür baut die Vorgehensweise auf dem in Kapitel 4.2.3 beschriebenen systemtechnischen Modellierungsansatz auf und lehnt sich an das Vorgehensmodell zur Referenzmodellierung nach SCHÜTTE an (s. SCHÜTTE 1998, S. 184). Die hier festgelegten Phasen werden in Abbildung 4-8 in Bezug zu den verwendeten Methoden und der Kapitelstruktur gesetzt.

	Kapitel der Arbeit	Methoden
Phase 1 Problemdefinition	**1. Einleitung** **2. Grundlagen und Abgrenzung der Untersuchung** **3. Stand der Erkenntnisse**	▪ Expertengespräche ▪ Literaturanalyse ▪ Erkenntnisse aus Industrie- und Forschungsprojekten
Phase 2 Konstruktion des Modellrahmens	**4. Herleitung des Konzeptes** ▪ Festlegung der Anforderungen an die Modellentwicklung ▪ Beschreibung der methodischen Grundlagen ▪ Konkretisierung der Methode zur Beantwortung der Forschungsfragen	▪ Analogiebetrachtung ▪ Literaturanalyse
Phase 3 Konstruktion des Modellstruktur *Beschreibungsmodell*	**5. Beschreibung der Informationsobjekte** ▪ Herleitung und Beschreibung der Anspruchsgruppen ▪ Beschreibung von notwendigen Schritten und Verknüpfung mit RCM-Fragestellungen ▪ Ableitung der relevanten Informationsbedarfe, -ressourcen und -quellen	▪ Systemtheoretische Modellierung ▪ Informationsbedarfsanalyse ▪ Lebenszyklusmodell der Informationswirtschaft ▪ Experteninterviews
Phase 4 Komplettierung *Erklärungsmodell*	**6. Entwicklung eines ontologiebasierten Modells** ▪ Konstruktion der RCM-Ontologie im IoP ▪ Erstellung von Informationslogistikmodellen für die RCM-Fragestellungen	▪ Ontologie ▪ Informationslogistikmodell ▪ Experteninterviews ▪ Expertenworkshops
Phase 5 Anwendung *Gestaltungsmodell und Validierung*	**7. Gestaltung des Vorgehens und Validierung, Verifizierung der Modelle** ▪ Gestaltung des Vorgehens ▪ Verifizierung des Erreichens der Zielstellung ▪ Validierung der Modelle mit der Praxis	▪ DMAIC-Zyklus ▪ Experteninterviews ▪ Expertenworkshops
	8. Zusammenfassung und Ausblick	

Abbildung 4-8: Darstellung der Gesamtvorgehensweise in der vorliegenden Arbeit (eigene Darstellung)

In den Phasen 3 bis 5 werden zur Beantwortung der Forschungsfragen ein Beschreibungsmodell zur Darstellung der Informationsanforderungen, Anspruchsgruppen und Informationsobjekte erarbeitet und darauf aufbauend das Erklärungsmodell beschrieben, welches die Wirkungszusammenhänge zwischen den Informationsobjekten herleitet und darstellt. Für die Einführung der Modelle in der Praxis wird ein Gestaltungsmodell erarbeitet. Um das praxisbezogene Forschungsziel der Arbeit zu erreichen, wird die Praxis intensiv in den iterativen Forschungsprozess eingebunden. Eine zusammenfassende Darstellung findet sich in Tabelle 4-2, wobei eine Unterteilung nach der Modellerarbeitung und der Validierung der Modelle stattfindet. Die Unternehmen sind mittels ihrer Branche bzw. Industrie anonymisiert, die Art der Erhebung und ihr Beitrag zum Forschungsziel ist zusätzlich dargestellt.

Tabelle 4-2: Praxisbeiträge zum Forschungsziel

Unternehmensbranche /-industrie: Art der Erhebung	**Beitrag zum Forschungsziel**
Erarbeitung der Modelle	
1. **Chemische Industrie:** 3 Experteninterviews	Beschreibungs-, Erklärungs- und Gestaltungsmodelle
2. **Baustoffindustrie:** 2 Experteninterviews & 1 -workshop	Beschreibungs-, Erklärungs- und Gestaltungsmodelle
3. **Gas- & Erdölindustrie:** 2 Experteninterviews	Beschreibungs- und Erklärungsmodelle
4. **Chemische Industrie:** 2 Experteninterviews	Beschreibungs- und Erklärungsmodelle
5. **Maschinen- und Anlagenbau:** 2 Experteninterviews	Beschreibungs- und Erklärungsmodelle
6. **Medizintechnik:** 2 Experteninterviews	Beschreibungs- und Erklärungsmodelle
7. **Stahlindustrie:** 1 Experteninterview	Vorgehensmodell
8. **Softwarebranche:** 1 Experteninterview	Erklärungsmodelle
9. **Softwarebranche:** 1 Experteninterview	Erklärungsmodelle
10. **Versicherungsbranche:** 1 Experteninterview	Beschreibungsmodelle
Validierung der Modelle	
1. **Automobilindustrie:** 2 Experteninterviews & 2 -workshops	Beschreibungs-, Erklärungs- und Gestaltungsmodelle
2. **Stahlindustrie:** 2 Experteninterviews & 1 -workshops	Beschreibungs-, Erklärungs- und Gestaltungsmodelle
3. **Chemische Industrie:** 2 Experteninterviews & 2 -workshops	Beschreibungs-, Erklärungs- und Gestaltungsmodelle

Das in Kapitel 5 zu erstellende **Beschreibungsmodell** orientiert sich am Lebenszyklusmodell der Informationswirtschaft (s. Kapitel 4.2.3). Da ein Teilziel des Werkes die Schaffung einer bedarfsgerechten Datengrundlage für die zuverlässigkeitsorientierte Instandhaltung ist, werden die Elemente vom **Informationsbedarf** bis zur **Informationsquelle** angeordnet. Zuerst werden die **Anspruchsgruppen** (s. Kapitel 5.1) identifiziert, aus deren Fragestellungen und anhand des *RCM*-Prozesses (s. Kapitel 2.1.5) wird der **Informationsbedarf** abgeleitet (s. Kapitel 5.2), das **Informationsangebot** in der Instandhaltung, welches nach KRCMAR aus der Systemwelt zum Bereitstellen der Informationen besteht, wird in Kapitel 5.3 und die **Informationsressourcen** in Kapitel 5.4 beschrieben. Die **Informationsressourcen** beschreiben aus technischer Sicht die Datenbanken und Datenverwaltung der Informationsobjekte. Die verwendeten und vorhandenen **Daten und Informationen** innerhalb der Unternehmen werden in Kapitel 5.5 beschrieben, um ein besseres Verständnis über die Möglichkeiten der Gestaltung des digitalen Schattens zu vermitteln. Die **Informationsquellen** können abschließend in Kapitel 5.6 abgeleitet werden.

Die Phase der Komplettierung (s. Kapitel 6) hat zum Ziel, die Wirkungszusammenhänge zwischen den **Informationsobjekten** und **Informationsnutzern** mit einem **Erklärungsmodell** zu verbinden. Für den Informationsfluss wird eine Ontologie für Informationsobjekte der zuverlässigkeitsorientierten Instandhaltung im *Internet of Production (IoP)* geschaffen. Die allgemeingültige **Ontologie** beschreibt die Beziehungen zwischen den einzelnen Komponenten des IoP (s. Kapitel 6.1). Diese werden nachfolgend mit den Informationsobjekten aus Kapitel 5 zu **Informationslogistikmodellen** für die datenbasierte RCM verbunden (s. Kapitel 6.2). Ziel ist dabei, Unternehmen die notwendige Informationslogistik bereitzustellen und nutzbar zu machen.

Abschließend wird in Kapitel 7.1 ein **Gestaltungsmodell** zur Anwendung der geschaffenen Modelle entwickelt. Das Modell stellt eine Anleitung zur praktischen Anwendung der Ergebnisse der vorliegenden Arbeit dar. In Kapitel 7.2 wird die Zielerreichung der Arbeit mit Experteninterviews **verifiziert** und mit den Anforderungen aus Kapitel 4.1 abgeglichen. Anschließend werden die geschaffenen Modelle in der Praxis **validiert**. Dies geschieht durch drei *Case-Studies*, welche mithilfe von Experteninterviews und in Workshops durchgeführt werden und das Ziel verfolgen, die praktische Anwendung in den spezifischen Unternehmen zu untersuchen.

5 Beschreibung der datenbasierten RCM

Ziel des vorliegenden Kapitels ist es, die Informationsobjekte der datenbasierten RCM zu beschreiben. Dafür wird das Kapitel an dem *Lebenszyklusmodell der Informationswirtschaft* nach KRCMAR orientiert (s. KRCMAR 2015a, S. 119).

5.1 Beschreibung der Anspruchsgruppen

Aus den Unternehmenszielen leitet sich eine Reihe von Aufgaben ab; diese werden verteilt und wegen der Notwendigkeit einer Arbeitsteilung in den benötigten Funktionen gebündelt (s. HADELER U. WINTER 2000, S. 1168). Nach CLAUS sind Rollen die personalen Gegenstücke von Funktionen, daher begleitet eine Rolle die Funktion innerhalb des Unternehmens (s. CLAUS 2016). Jede Rolle besitzt einen spezifischen Informationsbedarf, mit dem sie ihren Befugnissen und Pflichten gerecht werden kann (s. KRCMAR 2015a, S. 122–123). Eine Reihe von Rollen sind auf unterschiedliche Weise von Instandhaltungsaktivitäten direkt oder indirekt betroffen (s. SÖDERHOLM ET AL. 2007, S. 26; FRANCIOSI ET AL. 2021, S. 311); dies macht sie zu Anspruchsgruppen der Instandhaltung. Abbildung 5-1 gibt einen Überblick über die verschiedenen Anspruchsgruppen der Instandhaltung.

Abbildung 5-1: Anspruchsgruppen der Instandhaltung (eigene Darstellung)

Sie lassen sich in die Anspruchsgruppenkreise der Forderer, welche vorwiegend Anforderungen an die Instandhaltung stellen, und der Förderer, welche die Instandhaltung bei der Durchführung ihrer Arbeit vorwiegend unterstützen, untergliedern. Die Anspruchsgruppenkreise sind jedoch nicht trennscharf abzugrenzen, obwohl eine Seite meist überwiegt. Im Folgenden sind die Anspruchsgruppen näher beschrieben.

Mitarbeiter: Die Mitarbeiter bilden den Kern der Instandhaltung und befähigen sie durch ihre Arbeitskraft und ihr Wissen, ihrer Funktion gerecht zu werden. Jedoch kommt der Instandhaltungsabteilung auch die Sorgfaltspflicht gegenüber ihren Mitarbeitern zu, so liegt es in der Verantwortung der Abteilung, den Mitarbeitern Vertrauen und Respekt entgegenzubringen, die Mitarbeiter gleich und fair zu behandeln, sie ernst zu nehmen und positive Veränderungen anzustoßen. Dazu muss die Instandhaltung ihre interne Kultur und Prozesse verbessern, aber auch eng mit der Personalabteilung und dem Betriebsrat zusammenarbeiten.

Technik: Unter dem Begriff Technik sind verschiedene Funktionen zusammengefasst, zu denen je nach Organisationsstruktur auch die Instandhaltung selbst gezählt werden kann. Die Technik stellt in dem Modell die Infrastruktur sowie Maschinen und Anlagen für die Produktion bereit. Dadurch schließt sie Funktionen ein, wie beispielsweise die Fabrikplanung oder das produktionsseitige Technologiemanagement, und übernimmt mitunter Ausschreibungskalkulationen für Fremddienstleistungen oder die Planung und Projektsteuerung für Neuinvestitionen. Im Rahmen der Fabrikplanung finden die Planung der Wertschöpfungsverteilung in einem Produktionsnetzwerk, die Planung der eigentlichen Fabrik mit ihren verschiedenen Segmenten und die Planung von einzelnen Linien und Arbeitsplätzen statt (s. SCHUH ET AL. 2011, S. 339). In größeren Unternehmen gibt es oftmals eine eigene Fabrikplanungsabteilung, in kleineren Betrieben, in denen weniger Fabrikplanungsaufgaben anfallen, können auch einzelne Personen hierfür verantwortlich sein (s. NIENKE 2018, S. 124). So können zum Beispiel für die Erforschung von neuen Produkten neue Anlagen, Anlagenkomponenten oder auch Equipments wie z. B. Messgeräte erforderlich werden, welche ebenfalls instandgehalten werden müssen (s. WELLENSIEK ET AL. 2011, S. 149). Insbesondere in Richtung Gebäudemanagement / Facility-Management verschwimmen die Grenzen zur Instandhaltung meist, wobei durch die Unterteilung in Gewerke (beispielsweise mechanisch, elektrisch) mindestens kostenseitig eine Abgrenzung erfolgen kann.

Technischer Einkauf: Der Technische Einkauf stellt die Verbindung zu Dienstleistern und Lieferanten her. Dessen Aufgabe besteht darin, durch die optimale Beschaffung der benötigten Güter und Dienstleistungen Wettbewerbsvorteile für das Unternehmen zu generieren (s. SCHUH ET AL. 2011, S. 353). Die wichtigsten sind dabei die Anlagen- und Maschinenhersteller, Technologieanbieter, Ersatzteillieferanten und Fremddienstleistungsunternehmen, welche durch die Bereitstellung von externen Ressourcen Bedarfsspitzen abfangen können. Die enge Verzahnung von internen und externen Ressourcen nimmt dabei stetig zu. So reicht dies von der Bereitstellung von Konsignationslägern bis hin zur teilweisen Integration von Fremddienstleistern in die Informationssysteme der Instandhaltung. Neben der Bereitstellung von Ressourcen nimmt der Bedarf an methodischem oder fachlichem Wissen innerhalb der Instandhaltung zu, sodass verstärkt Beratungen in der Instandhaltung zum Einsatz kommen, welche ihr dabei helfen, sich weiterzuentwickeln.

Informationstechnologie: Die Informationstechnologie spielt eine zunehmend wichtige Rolle in Produktion und Instandhaltung. So hat die Digitalisierung zur Folge, dass Maschinen und Anlagen zunehmend Daten bereitstellen und dadurch in komplexe Netzwerkstrukturen integriert werden müssen. Dies setzt eine enge Kooperation der Instandhaltung mit der Operational-Technology (OT), welche sich vorwiegend um die produktionsnahe Netzwerkeinfrastruktur der Maschinen und Anlagen kümmert, und der Information-Technology (IT), welche für die übrige Informationstechnik zuständig ist, voraus. Die Zusammenarbeit muss daher in den Bereichen der Konnektivität und Zuverlässigkeit, aber auch der IT/OT-Sicherheit, dem Datenmanagement (teilweise mit eigenen Abteilungen: beispielsweise Master-Data-Management), Rechteverwaltung und Data-Science gewährleistet sein. Neben internen Funktionen steuert häufig die IT/OT die Koordination von IT-Dienstleistern und Softwareanbietern.

Finanzen: Die Finanzen stellen der Instandhaltung die wirtschaftlichen Voraussetzungen für die Erfüllung ihrer Funktion bereit. Dabei ist eine proaktive, datenbasierte Kommunikation unerlässlich, damit der Wertbeitrag der Instandhaltung dargestellt werden kann. Dies schließt die Gestaltung der Budgetierung, des Controllings und der Anlagenwirtschaft ein. Die Finanzabteilung stellt ggf. auch eine Verbindung zu Versicherungen und Kapitalgebern her.

Produktion: Hierbei gehen die Grundfunktion eines Unternehmens „Produktion" und die Querschnittsfunktion „Logistik" Hand in Hand (s. NIENKE 2018, S. 124). Während die Produktion Transformationsprozesse in einem Unternehmen inklusive der Planung, Überwachung und Steuerung aller erforderlichen betrieblichen Ressourcen lenkt

(s. SCHUH ET AL. 2011, S. 342), beschäftigt sich die **Logistik** mit dem Güterfluss im Unternehmen im Gesamten, Lieferanten und Kunden inbegriffen (s. SCHUH ET AL. 2011, S. 345). Ziel des Produktions- und Logistikmanagements muss es also sein, die Produkte und Dienstleistungen in der gewünschten Quantität und Qualität bereitzustellen (Ziel des Produktionsmanagements) (s. SCHUH ET AL. 2011, S. 343–344) und außerdem Lieferflexibilität, Reaktionsfähigkeit und Lieferzuverlässigkeit zu gewährleisten, um wettbewerbsfähig zu bleiben (Ziel des Logistikmanagements) (s. SCHUH ET AL. 2011, S. 346). Diese Ziele werden mit der Erwartungshaltung von leistungsfähigen und verfügbaren Objekten an die Instandhaltung weitergegeben.

Das **Qualitätsmanagement** bildet üblicherweise (je nach Unternehmensgröße) entweder eine eigene Abteilung im Unternehmen oder wird durch einen Qualitätsbeauftragten übernommen; jedoch trägt die Verantwortung für die Umsetzung die oberste Leitung des Unternehmens (s. DIN EN ISO 9001, 23–26). Aufgabe des Qualitätsmanagements ist es, dass die Stellhebel der Systemqualität (normative und strategische Ausrichtung sowie Fähigkeiten des Unternehmens), Produktqualität und Prozessqualität (erreicht durch die optimale operative Gestaltung der beiden anderen Stellhebel) eingehalten werden (s. SCHUH ET AL. 2011, S. 350). Ziel ist es, Qualitätsdefizite aufzudecken sowie die Anpassung an dynamische Qualitätsanforderungen zu meistern (s. SCHUH ET AL. 2011, S. 349). Der Zustand der von der Instandhaltung betreuten Objekte hat einen bedeutenden Einfluss auf die Qualität der Produktion, was das Qualitätsmanagement zu einer wichtigen Anspruchsgruppe der Instandhaltung macht.

Regulation: Die Regulation umfasst Funktionen, welche die Einhaltung der gesetzlichen Anforderungen sicherstellen bzw. unterstützen. Dafür hat die Instandhaltung interne Anspruchsgruppen, welche unterschiedliche Bereiche abdecken. Die Compliance- und Rechtsabteilung, die Arbeitssicherheit, der Umweltschutz und das Energiemanagement bilden dabei eine Begrenzung, innerhalb derer sich die Instandhaltung bewegen muss. Jedoch gerade im Bereich Arbeitssicherheit, Gesundheits- und Umweltschutz (engl. *Health, Safety, Environment*, kurz HSE) sind sie auch kontinuierlicher Entwicklungspartner der Instandhaltung und zeigen gemeinschaftlich mögliche Verbesserungspotenziale auf. Zusätzlich können sie bei dem Management von externen regulatorischen Anspruchsgruppen unterstützen. Dabei muss zwischen branchenunabhängigen Regulationen (DGUV A3 usw.), welche oftmals von eigenständigen Prüfgesellschaften (TÜV usw.) durchgeführt werden, und branchenspezifischen, meist dem Mitarbeiter- oder Endkundenschutz verschriebenen Regulationen (Berufsgenossenschaften, Eichamt, Gesundheitsamt usw.) unterschieden werden.

Öffentlichkeit: Die Öffentlichkeit spielt für die Wahrnehmung der Instandhaltung und des Unternehmens eine breit gefächerte Rolle. So hilft die Fachöffentlichkeit, welche zum Beispiel aus Berufsverbänden (IHK, VDI, DIN usw.), Schulen, Hochschulen, Landes- und Bundesministerien sowie Interessen- und Branchenverbänden (4.OPMC, VCI usw.) besteht, die Interessen der Instandhaltung gegenüber beispielsweise der Politik zu unterstützen, potenzielle Mitarbeiter auszubilden oder forschungsseitig Problemstellungen aufzunehmen und Lösungen zu erarbeiten. Die weitere Öffentlichkeit nimmt die Instandhaltung vor allem wahr, wenn es Probleme gibt; so haben die Anwohner, die Gesellschaft und die Medien ein berechtigtes Interesse daran, dass die HSE-Funktion der Instandhaltung vollumfänglich wahrgenommen wird. Gleichzeitig spielt die öffentliche Wahrnehmung der Instandhaltung und des Unternehmens eine Rolle bei der Anwerbung von Fachkräften.

Die Ausprägungen der unterschiedlichen Anspruchsgruppen sind je nach Industriezweig und Unternehmensgröße stark unterschiedlich. Die einzelnen Funktionen lassen sich aber in allen Unternehmen finden und Rollen zuordnen.

5.2 Beschreibung des Informationsbedarfs

Für die Definition des Informationsbedarfs haben sich *Competency Questions* bewährt, welche Fragen darstellen, die sich mit der zu erstellenden Ontologie beantworten lassen sollen. Diese Fragen stellen konkrete Anwendungsfälle dar, welche die Anspruchsgruppen der Informationen haben. (s. STUCKENSCHMIDT 2011, S. 158–160) Die jeweiligen Schritte dienen dabei der Beantwortung von Haupt- und Unterfragen. Jeder Hauptfrage stellt einen Fall und ein zu definierendes Teilmodell dar. Die verwendeten Hauptfragen bzw. *Competency Questions* leiten sich aus dem *RCM*-Ansatz von NOWLAN U. HEAP und dem weiterentwickelten *RCM Redesigned (RCM-R)*-Ansatz von SIFONTE U. REYES-PICKNELL von 2017 ab. Im Gegensatz zu SIFONTE U. REYES-PICKNELL wird jedoch keine Bestimmung der Anlagenkritikalität durchgeführt. Es ist zwar korrekt, dass sich, insbesondere bei verketteten Produktionsanlagen, die Kritikalität der Anlagen deutlich unterscheidet (s. NOWLAN U. HEAP

1978; SIFONTE U. REYES-PICKNELL 2017, S. 19), jedoch kann sich durch eine Automatisierung der RCM, welche in dieser Arbeit angestrebt wird, auf die konkreten Fehlermöglichkeiten und deren Gewichtung im Gesamtkontext der Anlage konzentriert und die Gewichtung der Anlagen zur Vorselektion ausgelassen werden. Die automatische Verarbeitung der Daten ermöglicht, dass sämtliche Fragen nicht zwangsläufig aufeinander folgen müssen, sondern parallel und iterativ ablaufen können. Die Fragen werden in den folgenden Unterkapiteln der Reihe nach vorgestellt und mit Unterfragen ergänzt.

1. **Objektleistung:** Welche Funktionen und geforderten Leistungsdaten erfüllt die Anlage im Gesamtsystem?
2. **Fehlermöglichkeit:** In welcher Form können die Funktionen gestört sein bzw. die Leistung nicht erreicht werden?
3. **Fehlerursache:** Was sind die Ursachen für den jeweiligen Fehler?
4. **Fehlerablauf:** Welche Ereignisse treten ein, wenn ein Fehler auftritt?
5. **Fehlerkonsequenz:** Wie wirkt sich der Fehler aus?
6. **Fehlervermeidung:** Was kann getan werden, um den Fehler vorherzusagen oder zu vermeiden?
7. **Störungsmitigation:** Was sollte getan werden, wenn keine passende Aktivität zur Vorhersage oder Vermeidung gefunden wird?

Im Folgenden werden die Hauptfragen bei Bedarf durch spezifizierende Unterfragen ergänzt und beschrieben. Der Aufwand für die einzelnen Schritte unterscheidet sich stark, daher unterscheidet sich auch die Anzahl der Unterfragen.

5.2.1 Objektleistung

Hauptfrage: Welche Funktionen und geforderten Leistungsdaten erfüllt das Objekt?

Die Leistung ist in der Physik als Quotient aus der verrichteten Arbeit durch die Zeitdifferenz, in der die Arbeit verrichtet wurde, definiert (s. HERING ET AL. 2017, S. 153). Welche Arbeit von dem Objekt verrichtet wird, ist davon abhängig, welche Funktion das Objekt ggf. innerhalb der Gesamtanlage besitzt. Eine Stanze hat daher andere Leistungsparameter als eine Pumpe, ein Maschinenfundament oder ein elektrischer Schalter. Zudem gibt es Abstufungen der Leistungsfähigkeit eines Objekts, welche kontext- und funktionsspezifisch sind. Abbildung 5-2 verdeutlicht den Zusammenhang zwischen Leistungsfähigkeit und Funktionalität.

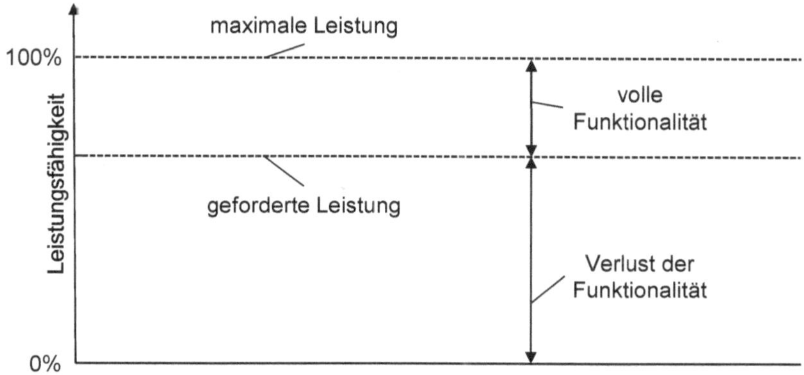

Abbildung 5-2: Darstellung der Objektleistung und Funktionalität (eigene Darstellung)

Die Leistungsfähigkeit des Objekts gibt an, inwiefern das Objekt den Anforderungen der Anspruchsgruppen gerecht werden kann. Sollte das Objekt nicht mehr in der Lage sein, die geforderte Leistung zu erbringen, dann kommt dies einem Verlust der Funktionalität gleich.

Daraus ergibt sich, dass die Frage nach der Funktion des Objekts als erstes beantwortet werden muss.

Unterfrage 1: Welche Funktion besitzt das Objekt?

Die Funktion des Objekts ist an die Art des Objekts gekoppelt. Dabei kann ein Objekt mehr als eine Funktion ausüben, also mehr als eine gestellte Anforderung erfüllen, wobei die Wichtigkeit der Funktionen und Anforderungen unterschiedlich sein kann (s. GERICKE ET AL. 2021, S. 235). Es ergeben sich dementsprechend mehrere Funktionen für ein Objekt, wobei in der Regel eine Funktion oder eine geringe Anzahl derer in ihrer Bedeutung überwiegt und die Hauptfunktion darstellt. Daneben können zusätzlich sekundäre und versteckte bzw. schützende Funktionen durch das Objekt erfüllt werden. (s. SIFONTE U. REYES-PICKNELL 2017, S. 80) Die Funktionen haben in der Regel einen direkten Einfluss auf die Verfügbarkeit, Produktivität und Qualität des Objekts bzw. der Produktionsanlage. Zusätzlich können sie einen Einfluss auf die Arbeitssicherheit (z. B. Arbeitsunfälle), die Gesundheit der Mitarbeiter (z. B. Übergewicht und daraus resultierende Erkrankungen, Haltungsschäden) oder die Umwelt (z. B. Emission) haben (s. HAJIPOUR ET AL. 2021, S. 18). Die Funktionen eines Objekts ändern sich innerhalb seines Lebenszyklus nicht und können daher als statische Information angenommen werden.

Unterfrage 2: Welche maximale Leistung besitzt das Objekt?

Die maximale Leistung des Objekts ist an dessen Funktionen gekoppelt und muss daher für jede einzelne Funktion bestimmt werden. Da aus Kosten- und Effizienzgesichtspunkten in der Regel nur Funktionen in die Objekte integriert sind, welche für die Effektivität der Produktionsanlage notwendig sind, führt der Ausfall einer Funktion in der Regel zum Verlust der Funktionsfähigkeit des Objekts oder Systems. Die maximale Leistung des Objekts kann sich im Laufe des Anlagenlebenszyklus verändern, positiv, durch Verbesserungen des Objekts (beispielsweise durch die Verwendung von leistungsfähigeren Werkstoffen für anfällige Komponenten), und negativ, durch die zunehmende Abnutzung des Objekts.

Unterfrage 3: Welche Leistung wird von dem Objekt gefordert?

Die geforderte Leistung des Objekts ist analog zu der maximalen Leistung des Objekts an die Funktion desselben geknüpft. Im Gegensatz dazu ist sie aber von dem aktuellen Betrieb bzw. angestrebten Betrieb des Objekts abhängig (s. Abbildung 5-3).

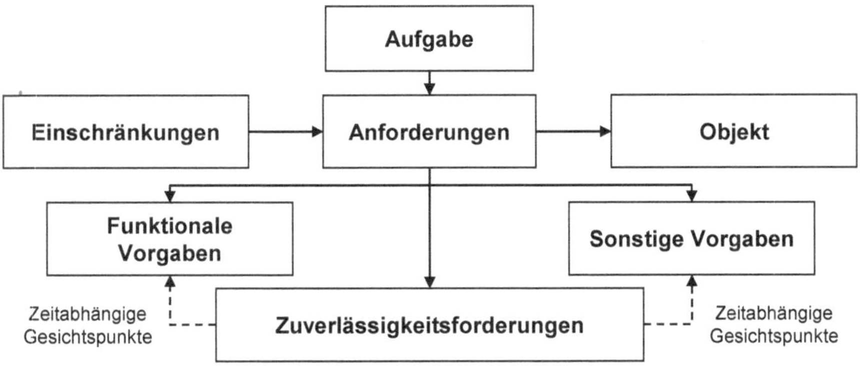

Abbildung 5-3: Beziehungen zwischen der Zuverlässigkeit und den Bedürfnissen und Anforderungen eines Objekts (eigene Darstellung, i. A. a. DIN EN 60300-1, S. 11)

Diese Anforderungen richten sich daher nach der Verknüpfung des Objekts mit vor- bzw. nachgelagerten Funktionen, welche Einschränkungen darstellen können. So richtet sich die Leistung einer Prozessanlage meist nach dem leistungsschwächsten Glied in der Kette, welches eine beispielsweise Reduzierung der Ausbringung von anderen Objekten nach sich zieht. Zusätzlich sind Produktionssysteme dynamisch und beeinflussen damit auch die geforderte Leistungsfähigkeit von Objekten (s. GOPALAKRISHNAN ET AL. 2019, S. 873), da beispielsweise eine reduzierte Kundennachfrage die Reduktion der nötigen Verfügbarkeit von Objekten nach sich ziehen kann. Über die funktionalen Vorgaben hinaus bestehen für Objekte noch weitere Vorgaben, welche sich beispielsweise aus regulativen Anforderungen ergeben können.

5.2.2 Fehlermöglichkeit

Hauptfrage: In welcher Form können die Funktionen des Objekts gestört sein bzw. die Leistung nicht erreicht werden?

Die Funktionen des Objekts können auf unterschiedliche Art und Weise gestört werden. Dies kann unterschiedliche Effekte auf die Funktionen haben (s. Abbildung 5-4). Daher ergeben sich die folgenden Unterfragen und Ebenen in der Beantwortung.

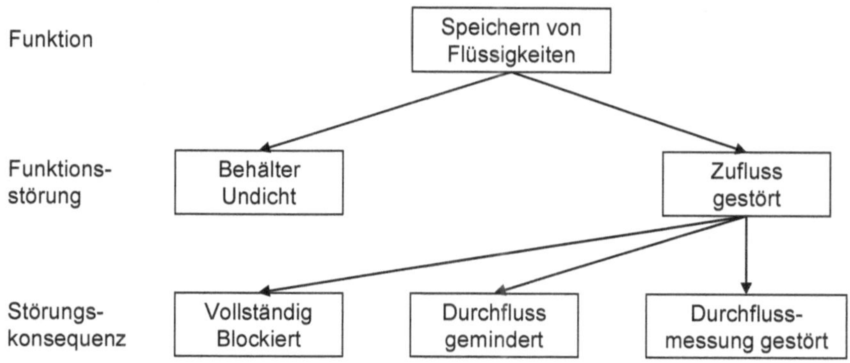

Abbildung 5-4: Zusammenhang Funktion, Fehlermöglichkeit und -konsequenz (eigene Darstellung)

Die Fehlermöglichkeiten müssen auf einer geeigneten Objektebene identifiziert werden, welche es ermöglicht, dass ein geeignetes Ausfallmanagement durchgeführt werden kann. Die Fehlermöglichkeiten sollten daher auf demselben Detaillierungsgrad behandelt werden, auf dem die Anlage oder das System instandgehalten wird. Ausfallarten, die innerhalb einer Komponente des Objekts oder Systems auftreten können, die nicht einzeln behandelt werden können, müssen nicht ausdifferenziert werden.

Wenn also beispielsweise ein Ventil immer als Baugruppe gewechselt wird, ist es nicht sinnvoll, Fehlermöglichkeiten auf der Bauteilebene (beispielsweise Dichtung) zu identifizieren. Sollte jedoch die Komponente zerlegt werden, um bestimmte interne Fehler zu beheben, müssen diese Fehlermöglichkeiten ebenfalls bestimmt werden. Die Fehlerhäufigkeiten lassen sich auf der Grundlage von historischen Daten und den Daten von Referenzanlagen abschätzen; jedoch erscheint es sinnvoller, sich auf die Wahrscheinlichkeit des Eintretens der Ursache zu konzentrieren, da die Ursachenbeseitigung einen wirkungsvolleren Hebel für die Vermeidung von Fehlern darstellt und die gleiche Ursache mehrere verschiedene Fehler nach sich ziehen kann (s. Kapitel 5.2.3).

Unterfrage 1: Wie kann die Funktion des Objekts gestört werden?

Für den Verlust bzw. die Minderung der Leistungsfähigkeit eines Objekts kann es eine Vielzahl von Gründen geben, welche auf eine Funktion einen Einfluss haben. Die FMEA-Methode stellt dabei ein Werkzeug dar, mit dem über den gesamten Lebenszyklus Fehlermöglichkeiten und ihre Effekte bestimmt werden können (s. GILCHRIST 1993, S. 23; GOO ET AL. 2019, S. 19).

Unterfrage 2: Welche Effekte ergeben sich aus der Funktionsstörung?

Der Einfluss auf die Leistungsfähigkeit des Objekts kann unterschiedliche Effekte haben. Eine kritische Störung eines Objekts führt unverzüglich zur Beendigung der Fähigkeit, wohingegen eine Störung mit Funktionsbeeinträchtigung zwar keine grundlegenden Funktionen beendet, jedoch eine oder mehrere Funktionen beeinträchtigt (s. DIN EN ISO 14224, S. 5). Zusätzlich existieren noch potentielle Fehler, welche einen identifizierbaren Zustand darstellen, welcher anzeigt, dass eine Funktionsstörung kurz bevorsteht und damit ein immanentes Risiko für das Objekt darstellt (s. SAE JA-1011, S. 6). Der Grad der störungsbedingten Funktionseinschränkung muss dementsprechend beschrieben werden, damit nachfolgend eine Abschätzung der Konsequenz möglich ist (s. Kapitel 5.2.5). In der Praxis wird daher oftmals in den Informationssystemen der Produktion oder Instandhaltung der Grad durch eine Funktionseinschränkung angezeigt, beispielsweise, ob die Anlage wegen der Funktionsstörung des Objekts abgeschaltet werden muss.

5.2.3 Fehlerursache

Hauptfrage: Was sind die Ursachen für den jeweiligen Fehler?

Um geeignete Maßnahmen gegen die bestimmten Fehlermechanismen abzuleiten, müssen die Ursachen für die Funktionsstörungen festgestellt werden. Eine häufige Methode für die Bestimmung und Identifikation von Fehlerursachen stellen die *5-Warum-Methode* (engl. *5-Why-Methode*) und die *Ishikawa-Methode* dar (s. ANDERSON 2009). Diese Methoden tragen der Tatsache Rechnung, dass Fehler meist in mehreren Ebenen entstehen und Verknüpfungen mit anderen Objekten und Knotenpunkten bilden (s. PICKARD ET AL. 2005, S. 458; FARAMONDI ET AL. 2020, S. 13). Abbildung 5-5 stellt die verschiedenen Ebenen der Fehlerentwicklung anhand einer Elektronensprühanlage aus der Automobilindustrie dar.

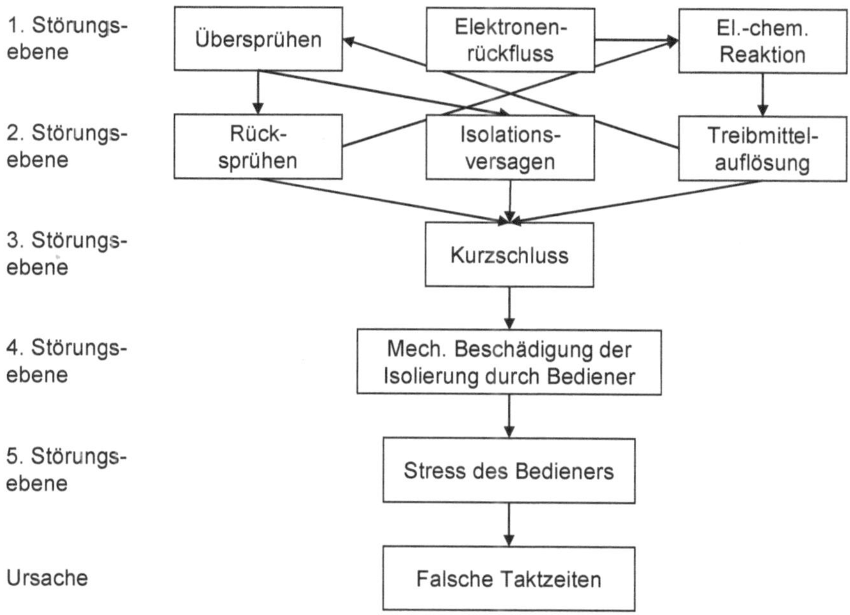

Abbildung 5-5: Zusammenhang zwischen Störung und Ursache (eigene Darstellung, i. A. a. WIRZ ET AL. 2019, S. 4)

Alle Ursachen, die mit hinreichender Wahrscheinlichkeit zu einem Fehler führen können, sind zu ermitteln. Es bietet sich an, nach dem *Pareto-Prinzip* vorzugehen, da beliebige Szenarien und Zusammenhänge gebildet werden können, ohne dass dies zu einer besseren Einschätzung des Objekts führt, da die Wahrscheinlichkeiten für ein

Eintreten sehr gering sind. Es ergeben sich daher die folgenden Unterfragen für die Identifikation der Fehlerursachen:

Unterfrage 1: Was bedingt das Eintreten des Fehlers?

In der Literatur und der Praxis lassen sich die Grundursachen in die folgenden sieben Kategorien unterteilen, auf die sich alle Fehlermechanismen zurückführen lassen (s. Childs u. Mosleh 1999, S. 23; Bloch u. Geitner 2012, S. 615; Biedermann 2015, S. 25; Sifonte u. Reyes-Picknell 2017, S. 110–111; Apel et al. 2018, S. 455):

1. Fehlerhafte Konstruktion
2. Materialfehler
3. Fabrikations- oder Verarbeitungsfehler
4. Montage- oder Installationsfehler
5. Nicht bestimmungsgemäße (beispielsweise falsche) Rohstoffeigenschaften oder unbeabsichtigte Betriebsbedingungen (beispielsweise Hochwasser)
6. Wartungs- und Inspektionsmängel (Vernachlässigung von Verfahren)
7. Unsachgemäße Bedienung

Selbstverständlich ist die Kategorisierung nicht ausreichend, um geeignete Maßnahmen ableiten zu können, sondern es bedarf dazu einer detaillierten Fehlerbeschreibung. Die Möglichkeit, Fehlerursachen zu dokumentieren, wird in den meisten untersuchten Unternehmen noch unzureichend genutzt, was zu einer unzureichenden Datenbasis führt.

Unterfrage 2: Wie wahrscheinlich ist das Auftreten der Ursache des Fehlers?

Expertenschätzungen sind immer da anzuwenden, wo für Ausfallereignisse keine historischen Daten vorliegen und subjektive qualitative Begründungen von Experten das einzige Mittel zur Bewertung ihrer Häufigkeit sind (s. Purba et al. 2017, S. 234). Meist werden für die Einordnung und Schätzung der Wahrscheinlichkeit logarithmische Skalen verwendet, oft ist die Basis 10 zu grob, praktikabler sind Skalen auf Basis 3 o. ä., um eine geeignete Auflösung zu definieren (s. Leidinger 2017, S. 30). Es bietet sich zum Beispiel an, die Skala so zu wählen, dass Abstände auf Basis 3 mit einem Startwert von 4 Stunden gewählt werden (s. Tabelle 5-1). Basis 10 führt dazu, dass die Abstände der niedrigeren Skalenwerte, welche unwahrscheinliche Fehler definieren, kaum mehr für die Mitarbeiter zu fassen sind und damit unbrauchbar für die Workshops und die Abschätzung werden.

Tabelle 5-1: Unterschiedliche Basen für die Fehlerhäufigkeit (LEIDINGER 2017, S. 30–31)

Skala	Basis 10 und Startwert 1		Basis 3 und Startwert 4	
9	1 h	0,04 Tage	4 h	0,2 Tage
8	10 h	0,4 Tage	12 h	0,5 Tage
7	100 h	0,6 Wochen	36 h	1,5 Tage
6	1.000 h	6 Wochen	108 h	4,5 Tage
5	10.000 h	13,7 Monate	324 h	1,9 Wochen
4	100.000 h	11,4 Jahre	972 h	5,8 Wochen
3	1.000.000 h	114,5 Jahre	2.916 h	ca. 4 Monate
2	10.000.000 h	1.141,5 Jahre	8.748 h	ca. 12 Monate
1	100.000.000 h	11.415,5 Jahre	26.244 h	ca. 3 Jahre

Als quantitative Datenbasis werden oft Ereignisdaten aus den Informationssystemen der Instandhaltung herangezogen, welche zu Kennzahlen verdichtet werden. Häufig kommt dafür die *Mean Time Between Failure (MTBF)* zum Einsatz (s. Abbildung 5-6).

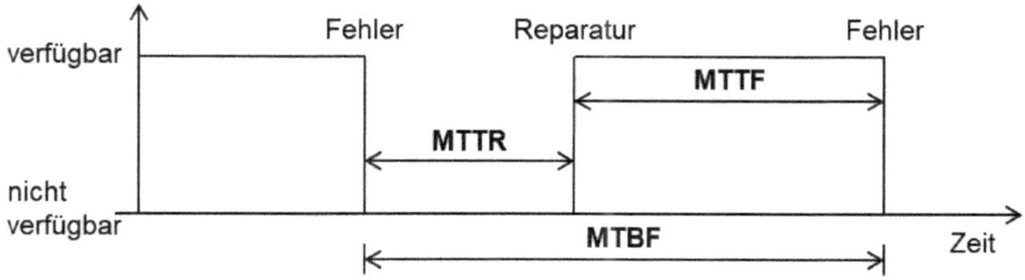

Abbildung 5-6: Kennzahlen in der Instandhaltung (eigene Darstellung)

Die *MTBF* beschreibt die mittlere Betriebsdauer zwischen zwei Fehlern. Da einige Komponenten innerhalb des Objekts verstärkt aus Alterungs- oder Verschleißgründen ausfällt, nimmt diese über den Lebenszyklus betrachtet üblicherweise ab (s. KARL 2015, S. 159). Die *MTBF* ist die Summe aus der *Mean Time to Repair (MTTR)*, also der mittleren Reparaturzeit, und der *Mean Time to Failure (MTTF)*, also der mittleren Zeit zwischen der Reparatur und dem nächsten Fehler. Dies entspricht der Zeit, in der das Objekt ordnungsgemäß funktioniert.

5.2.4 Fehlerablauf

Hauptfrage: Welche Anzeichen und Ereignisse passieren in welcher Reihenfolge, wenn der Fehler aufgetreten ist?

Komplexe industrielle Systeme arbeiten oft äußerst stabil, solange sich die Betriebsbedingungen nicht ändern, sei es durch einen neuen Betriebsmodus (z. B. ein Flugzeug, welches von der Reiseflughöhe zur Landung ansetzt) oder durch eine Änderung der Umweltbedingungen (z. B. saisonale Temperaturschwankungen) (s. MICHAU U. FINK 2021, S. 8). Das P-F-Intervall (s. Abbildung 5-7) gibt die Zeitspanne zwischen dem Punkt, an dem ein potenzieller Fehler erkennbar wird, und dem Punkt, an dem er zu einer funktionalen Störung wird, an (s. SAE JA-1011, S. 6). Die Analyseart bestimmt dabei, wie weit im Voraus der Fehler erkannt werden kann und ggf. Gegenmaßnahmen eingeleitet werden können. Das P-F-Intervall gibt daher die Fehlerentwicklung bei mechanischen Komponentenpaaren mit Relativbewegung an; eine besonders gute Übereinstimmung zeigt das Modell mit der Fehlerentwicklung bei Wälzlagern oder ganzen Getrieben.

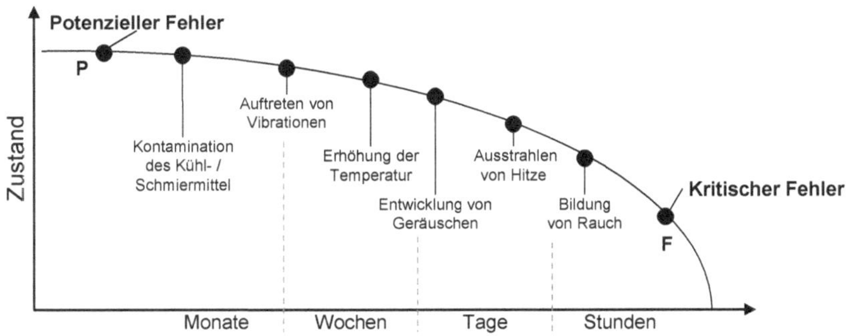

Abbildung 5-7: P-F-Diagramm (eigene Darstellung, i. A. a. SAE JA-1011, S. 6)

Zwischen dem potenziellen Fehler (P) und dem Eintreten eines kritischen Fehlers (F) liegen Symptome, welche detektiert werden können. Die Symptome sind je nach Objekt unterschiedlich ausgeprägt; so wird sich der bevorstehende Verlust der Funktionsfähigkeit eines Leistungsschalters nicht durch eine Ölanalyse oder Vibration bemerkbar machen. Jedoch wird sich die Temperatur erhöhen, sodass eine thermographische Untersuchung einen Hinweis auf den potenziellen Fehler geben kann. Bei Getrieben bietet die Ölanalyse jedoch oftmals eine gute Vorhersagbarkeit von potenziellen Fehlern, da sich der Abrieb des Getriebes als Partikel im Öl wiederfindet und über das Material der Partikel auch Rückschlüsse auf die betroffenen Komponenten gezogen werden können. Die verschiedenen Methoden bieten keine vollkommene Sicherheit und können auch nicht auf alle Fehlermöglichkeiten angewendet werden, da manche Fehler plötzlich auftreten und nicht detektiert werden können (s. OZTURK ET AL. 2018, S. 7). In der Literatur wird zudem deutlich, dass eine große Anzahl der Funktionsstörungen mit unspezifischen Fehleranzeichen einhergehen (s. BLOCH U. GEITNER 2012, S. 305; AHMAD U. KAMARUDDIN 2012, S. 140; TAZI ET AL. 2017, S. 13). Diese unspezifischen Anzeichen können nur sehr aufwendig ihren wirklichen Ursachen zugeordnet und erfasst werden, daher findet nur selten eine korrekte Zuordnung statt, was sich in einer mangelhaften Datenbasis niederschlägt.

5.2.5 Fehlerkonsequenz

Hauptfrage: Welchen Einfluss hat die Störung des Objekts auf das Gesamtsystem?

Die Fehlerkonsequenz wird bestimmt, um eine Priorisierung des Fehlers zu ermöglichen und eine Abschätzung zur Wirtschaftlichkeit ggf. gewählter Gegenmaßnahmen zu berechnen. Die Werte aus der Analyse haben sowohl für operative und strategische Maßnahmen eine Bedeutung und können genauso für die Planung von Verbesserungsprojekten (strategisch) dienen, wie in der Disposition von Instandhaltungsmitarbeitern (operativ). Wesentlich für die Bestimmung der Fehlerkonsequenz ist der Konsequenztyp, das betroffene Objekt, die geographische oder funktionale Position, in der der Fehler passiert und fehlermodusabhängig die Dauer der Störung (s. BAYBUTT 2012, S. 1001; BEHERA ET AL. 2020, S. 21). Die Typen werden in HSE-Konsequenzen, Betriebs-Konsequenzen und Objekt-Konsequenzen unterteilt. In der Abbildung 5-8 ist jedem Typ Kategorien und Beispiele zugeordnet, die die Wirkungsweise auf das Unternehmen verdeutlichen.

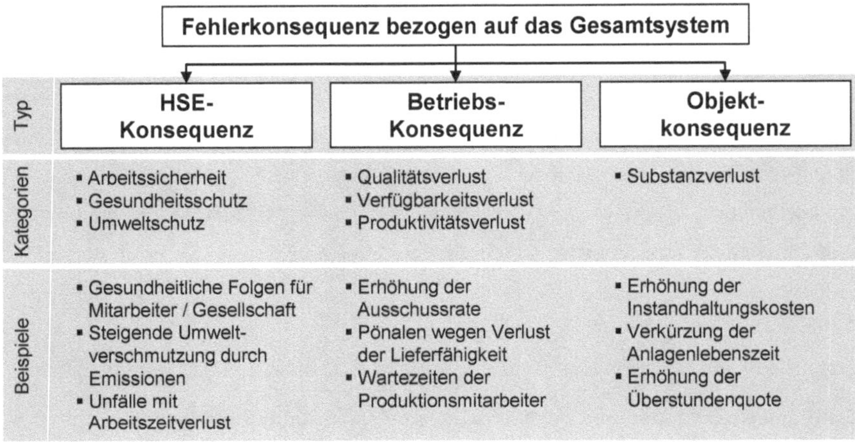

Abbildung 5-8: Konsequenzen von Störungen (eigene Darstellung, i. A. a. COCKSHOTT 2005, S. 314; BAYBUTT 2012, S. 1001; LEIDINGER 2017, S. 36; APEL ET AL. 2018, S. 455; GUGALIYA ET AL. 2019, S. 1284; JADERI ET AL. 2019, S. 321)

Die Bestimmung der Konsequenzen ist insbesondere wegen der Kopplung von Effekten kompliziert, da einzelne Ereignisse eine für das Unternehmen akzeptable Konsequenz darstellen, jedoch vom Kopplungseffekt extrem verstärkt werden können (s. BAYBUTT 2012, S. 1006; KOTZANIKOLAOU ET AL. 2013, S. 104–106). So stellt die Verletzung einer Gasleitung, welche ein CO2-Gasgemisch enthält, kein Problem in einer Außenanlage dar, in deren Umgebung daher weiterhin genug Sauerstoff vorhanden ist. In einem abgeschlossenen Laborbereich kann der gleiche Fehler zu einer lebensbedrohlichen Gefahr für die Mitarbeiter vor Ort führen. Ein Produktionsausfall kann in manchen Fällen problemlos aufgeholt werden, jedoch kann dieser bei hoher Kundennachfrage und vertraglichen Zusicherungen auch zu umfangreichen Pönalen führen, wenn die Lieferfähigkeit des Unternehmen gestört wird (s. HÖLBFER 2014, S. 29). Abbildung 5-9 verknüpft einige Fehlerkonsequenzen durch eine Ereigniskette mit monetären Konsequenzen für das Unternehmen, um die Wirkungszusammenhänge zu verdeutlichen. In der Praxis kann die Vielzahl an Einflussfaktoren und Abhängigkeiten in der Regel nicht wirtschaftlich bestimmt werden. Daher ist es sinnvoll, dass die verschiedenen Anspruchsgruppen der Instandhaltung sich auf festgelegte Ausfallfolgekosten für Objektgruppen oder Anlagen verständigen, um eine praktikable Lösung für Wirtschaftlichkeitsabschätzungen auszuarbeiten.

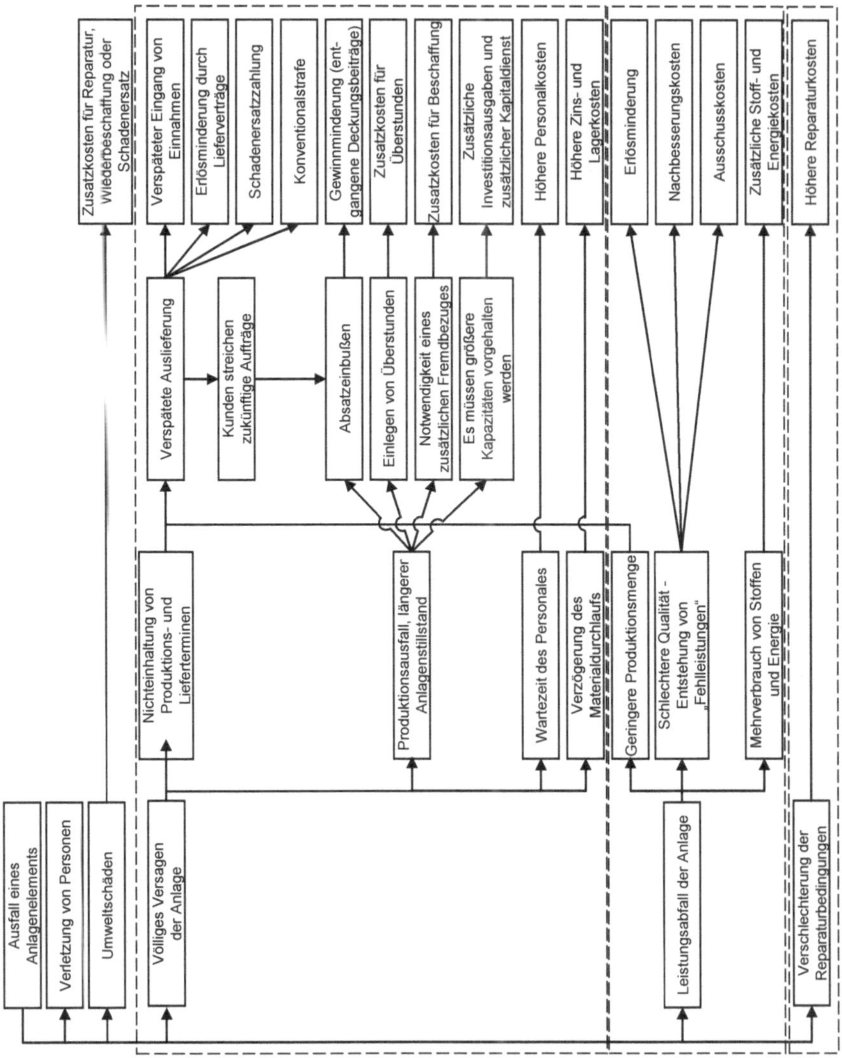

Abbildung 5-9: Wirtschaftliche Folgen eines Anlagenausfalls (eigene Darstellung, i. A. a. MÄNNEL 1992, S. 737; HÖLBFER 2014, S. 28)

Unterfrage 1: Welchen Einfluss hat die Störung des Objekts auf HSE?

Welchen Einfluss die Störung des Objekts auf die HSE besitzt, hängt in erster Linie von den Betriebsmedien des Objekts ab. So können beispielsweise explosive, ätzende und giftige Medien ein erhebliches Gefahrenpotenzial für die Mitarbeiter und die

Umwelt bedeuten. Der unmittelbarste Faktor ist meist der Faktor Arbeitssicherheit, welcher direkt an die Funktion des Objekts geknüpft ist. So führt ein defektes Schutzgitter zu einem höheren Gefahrenpotenzial, aber nicht automatisch zu einem Unfall, und ist in der Wahrnehmung der Mitarbeiter unterschiedlich risikoreich. Die Bestimmung der Akzeptanz von Arbeitssicherheitsrisiken zum Beispiel hängt laut TCHIEHE U. GAUTHIER von 8 Parametern ab: Dazu gehören **ökonomische**, **persönliche**, **kulturelle**, **politische**, **soziale**, **ethische**, **psychologische** Faktoren sowie die **Charakteristik des Risikos** selbst. (s. TCHIEHE U. GAUTHIER 2017, S. 142) Die Wahrnehmung und Gewichtung unterliegen damit gesellschaftlichen Veränderungen. Daher können Störungen gesellschaftliche Wechselwirkungen haben, wie die Reaktorkatastrophe in Fukushima gezeigt hat, die erhebliche Auswirkungen auf die Energiepolitik von Deutschland hatte (s. BMU 2021), oder wie die Ölkatastrophen von *Deepwater Horizon* (2010) und *Exxon Valdez* (1989) zeigten, die eine langfristig veränderte Wahrnehmung der Ölförderung bewirkten und in erheblich strengeren regulativen Vorgaben resultierten (s. CHUN ET AL. 2020, S. 335–336). Insbesondere bei der Betrachtung der *HSE*-Konsequenzen spielen daher indirekte Faktoren, wie die öffentliche Wahrnehmung, Klageverfahren und Compliance, eine herausragende Rolle (s. BAYBUTT 2012, S. 1001).

Unterfrage 2: Welchen Einfluss hat die Störung des Objekts auf den Betrieb der Anlage?

Für den Einfluss der Störung auf den Betrieb des Unternehmens ist in erster Linie der Erhalt der Lieferfähigkeit des Unternehmens wichtig, da der Verlust der Lieferfähigkeit weitreichende, wirtschaftliche Folgen haben kann (s. BAYBUTT 2012, S. 1001). So kann es zum Verlust von Aufträgen, welche nicht angenommen werden können bzw. bei denen der Liefertermin nicht konkurrenzfähig ist, kommen. Für bereits angenommene Aufträge ergibt sich gegebenenfalls eine Lieferverzögerung und die Notwendigkeit für die Zahlung von Pönalen oder Ersatzlieferungen (z. B. durch höherwertige oder fremdgefertigte Produkte) (s. BIEDERMANN 2008, S. 26–27). Die Produktionsplanung ist in der Regel in der Planungsdatenbank in einem Informationssystem des Unternehmens hinterlegt (s. REBSTOCK U. LIPP 2003, S. 299). Die Produktionsplandaten enthalten das Produktionsprogramm, Rezepte bzw. Stücklisten usw. (s. LÖDDING 2016, S. 108). Die Produktionsplanung stellt demnach den Anspruch der Produktion an das Objekt dar. Um die Konsequenz jedoch abschätzen zu können, muss der Lagerbestand ebenfalls beachtet werden. Die Auswirkung auf das gesamte Wertschöpfungsnetz kann natürlich beliebig erweitert werden, wie z. B. auf die Logistik, die Produktion des Kunden usw. (s. WANNENWETSCH 2014, S. 500–502; MOORE U. STARR 2006, S. 605). BIRTEL ET AL. gehen von 12 Elementen aus, welche einen mittelbaren negativen Einfluss auf den Betrieb haben: Überstunden, Sonderschichten, Verlust von Deckungsbeiträgen (Produktionsausfall), Verlust von Deckungsbeiträgen (Qualitätsverlust), (Um-)Planung des Produktionsprogramms, zusätzliche Transportkosten, Wiederinbetriebnahmekosten, Imageverlust, erhöhte Dienstleisterkosten, erhöhter Bedarf an Lagerpersonal, Vertragsstrafen und Verlust von Aufträgen/Kunden (s. BIRTEL ET AL. 2020, S. 613). Neben den Konsequenzen für die Produktion ergeben sich durch Störungen auch Konsequenzen für die Instandhaltung. Nach BIRTEL ET AL. kann dieser Einfluss in die folgenden Elemente unterteilt werden: (Um-)Planung des Instandhaltungsprogramms, Überstunden der Instandhaltung, Sonderschichten der Instandhaltung, erhöhte Ersatzteilkosten, zusätzliche Transportkosten für Ersatzteile und Zuschläge für technische Dienstleistungen (s. BIRTEL ET AL. 2020, S. 613). Der überwiegende Teil der Konsequenzen tritt auf, wenn eine Maßnahme nicht geplant durchgeführt werden kann, da eine kritische Störung unerwartet eingetreten ist und so schnell wie möglich behoben werden muss.

Unterfrage 3: Welchen Einfluss hat die Störung des Objekts auf dessen Lebenszyklus?

Störungen des Objekts können einen nachhaltig negativen Einfluss auf die Anlagenlebensdauer haben (s. BAYBUTT 2012, S. 1001) und in einem erhöhten Investitionsbedarf resultieren (s. BIEDERMANN 2008, S. 26–27). Häufiger Auslöser dafür sind Folge- bzw. Sekundärschäden, welche eintreten, wenn der Fehler eines Objekts zu einem Schaden eines anderen Objekts führt. So kann die Verletzung einer Rohrleitung, welche ein explosives Liquid transportiert, zu einer Explosion führen, welche eine Vielzahl von Objekten zerstören kann. Die Anlagensubstanz gibt an, wie sehr die Summe der Abnutzungsvorräte der einzelnen Komponenten verbraucht ist und wie nah sich das Objekt an einem Totalschaden[1] befindet (s. SPITZER U. MARWITZ 2020, S. 703).

[1] Von einem wirtschaftlichen Totalschaden spricht man, wenn die Anschaffung eines neuen Objekts geringere Aufwände verursachen würde als die Reparatur des beschädigten Objekts (s. STÜRNER 2016, S. 108).

5.2.6 Fehlervermeidung

Hauptfrage: Was kann getan werden, um den Fehler vorherzusagen oder zu vermeiden?

Für die Fehlervermeidung ergibt sich eine Reihe von Möglichkeiten, welche gegeneinander abgewogen werden und in ihrer Wirtschaftlichkeit bewertet werden müssen. Die *autonome Instandhaltung* ist eine Möglichkeit, die Bediener an den Objekten einzubinden und für visuelle, akustische u. a. Anomalien zu sensibilisieren (Säule des *TPM*, s. Kapitel 2.1.4). Zusätzlich sind die Bediener am schnellsten an der Anlage, sodass sie auch eine unmittelbare Reaktion auf Störungen einleiten und durchführen können. Die Inspektion kann Veränderungen in der Substanz oder im Komponentenverhalten aufzeigen; dafür ergibt sich eine Vielzahl an physikalischen oder chemischen Messmöglichkeiten, welche passend zum Fehlermodus im richtigen Intervall durchgeführt werden müssen, um angemessene Reaktionszeiten sicherzustellen. Durch die zunehmende Verfügbarkeit von Daten ist der Wandel von punktueller Überwachung von einzelnen Objekten in festgelegten Zyklen hin zu flächendeckender Überwachung von ganzen Anlagen möglich. Dies wird durch die automatisierte, kontinuierliche Zustandsüberwachung von Anlagen, die automatisierte Detektion von Anomalien in Zustandsdaten und eine ggf. automatisch abgeleiteten Zustandsvorhersage wirtschaftlich realisierbar. Selbiges gilt für die Wartungen, welche beispielsweise einen vorzeitigen Austausch von Komponenten zur Fehlervermeidung bewirken. Zielführend kann auch eine Anpassung der Produktion sein, wie die Reduktion des Durchsatzes oder die Umstellung auf ein anderes Produkt, um Fehlern vorzubeugen. Die Nutzung bestehender Ressourcen hat dabei vorrangige Bedeutung, um eine bestmögliche Effizienz sicherzustellen. Wie die Ressourcen bestmöglich genutzt werden können, hängt im Wesentlichen von der Art und Ursache des Fehlers ab sowie der Fehlerkonsequenz. Dabei ist die Verteilung der Fehlerursachen von der Alterung und Beanspruchung, der technologischen und konstruktiven Auslegung und der Nutzung und Instandhaltung sowie von Umwelteinflüssen auf die Objekte abhängig (s. Abbildung 5-10).

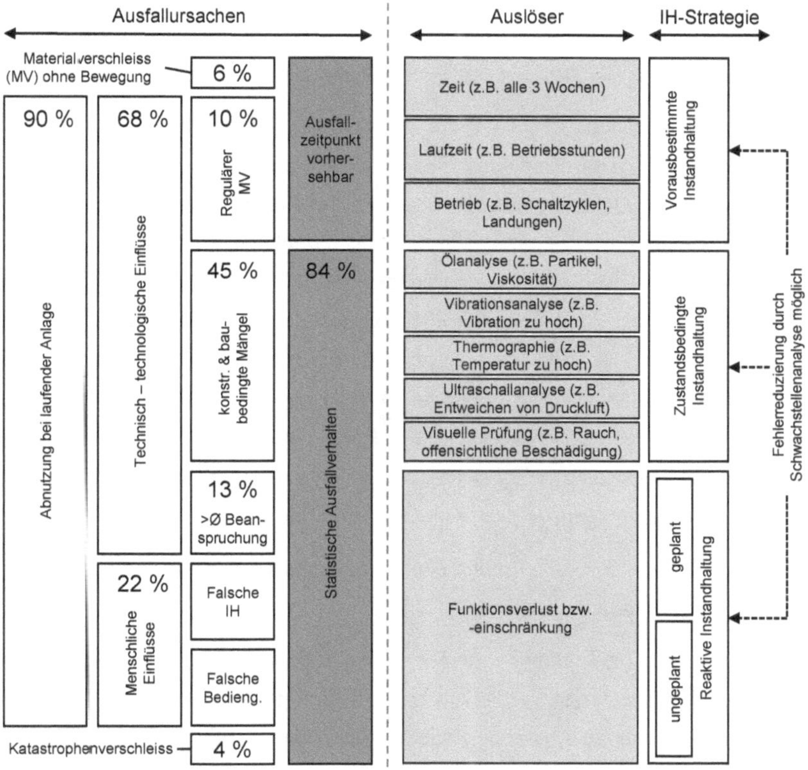

Abbildung 5-10: Ausfallursachen und Strategiekombinationen (eigene Darstellung, i. A. a. BIEDERMANN 2015, S. 25)

Die Ausfallursachen auf der linken Seite der Abbildung 5-10 stehen den Instandhaltungsstrategien auf der rechten Seite gegenüber (s. auch Kapitel 2.1.3). Die Auslöser für die Instandhaltungsmaßnahmen sind analog zu den Instandhaltungsstrategien angeordnet und lassen sich in drei Bereiche einteilen. Die vorausbestimmte Instandhaltung löst eine Instandhaltungsmaßnahme durch die vergangene Zeit, die vergangene Laufzeit oder den Betrieb bzw. die Benutzung der Objekte aus. Die zustandsbasierte Instandhaltung orientiert sich an dem Zustand der Objekte und muss daher durch eine Analyse, analog zum *P-F-Diagramm*, untersucht und bewertet werden. Die reaktive Instandhaltung nimmt als Auslöser den Funktionsverlust bzw. die Funktionseinschränkung des Objekts. Welche Strategien bzw. Maßnahmen ergriffen werden können, um den Fehler zu vermeiden, wird durch die nachfolgenden Unterfragen geklärt.

Unterfrage 1: Kann der Fehler durch den Bediener rechtzeitig erkannt werden?

Die autonome Instandhaltung dient der Reduzierung der Anzahl der Anlagenausfälle und der Reduzierung der Reaktionszeit auf Störungsereignisse (s. ARROYO-HUAYTA ET AL. 2021, S. 545). Dabei werden die Bediener der Anlagen geschult, um bestimmte Tätigkeiten selbst durchzuführen, ohne die Instandhaltung in den Prozess einbinden zu müssen. Die Auswahl der richtigen Tätigkeiten ist für die Implementierung notwendig, da das Training der Mitarbeiter in Bezug auf Inspektionen und Wartungen den Anforderungen an die Produktion angepasst sein muss (s. MCKONE U. WEIS 1998, S. 339). Zusätzlich müssen ggf. Material, Werkzeuge und Anleitung bereitgelegt und die Mitarbeiter unterwiesen werden. In der Regel sind bestimmte Tätigkeiten für die autonome Instandhaltung ausgeschlossen, da sie an regulatorische Anforderungen gekoppelt sind, welche ausgebildete Instandhalter erforderlich machen.

Unterfrage 2: Kann der Fehler durch eine kontinuierliche Zustandsüberwachung oder Inspektion vorhergesagt werden?

Inspektionen sind Maßnahmen, welche die Aufgabe haben, die Objekte auf Abweichungen zum Sollzustand zu prüfen und zu bewerten (s. DIN 31051, S. 5). Die Prüfung erfolgt in regelmäßigen Abständen, welche über verschiedene Methoden bestimmt werden können. Es existieren seit Jahrzehnten Modelle für die mathematische Bestimmung der optimalen Prüfungsintervalle (s. WAGNER ET AL. 1964). Die Weibull-Verteilung wird für die Zuverlässigkeit von Komponenten und damit für die Justierung der Inspektions- oder Wartungsintervalle in der zuverlässigkeitsorientierten Instandhaltung häufig genutzt (s. SIFONTE U. REYES-PICKNELL 2017, S. 245). Die dabei eingesetzten Methoden für eine Zustandsüberwachung sind vielseitig und müssen dem zu untersuchenden Objekt und Fehlermodus angemessen sein (s. SULLIVAN ET AL. 2010, S. 59). Visuelle Inspektionen, die Überprüfung des Schmiermittelstandes in Getrieben, Vibrationsanalysen und zerstörungsfreie Prüfverfahren wie Ultraschall und akustische Emissionen im Rahmen der planmäßigen Inspektionsintervalle sind zum Beispiel Möglichkeiten, um Anomalien zu erkennen (s. TCHAKOUA ET AL. 2014, S. 2614). Der Stellenwert der kontinuierlichen Zustandsüberwachung und der Mustererkennung wird immer präsenter in der Instandhaltung. Durch die Anomalieerkennung können Unregelmäßigkeiten und Veränderungen der Zustandsdaten der Objekte beobachtet werden. Maschinelles Lernen ermöglicht zudem, die Zustandsdaten nach Mustern zu analysieren und die Restlebensdauer des Objekts zu bestimmen, um so den wirtschaftlichsten Zeitpunkt für einen Austausch der Komponenten zu ermitteln und das Risiko für einen Anlagenausfall zu minimieren (s. MEDJAHER ET AL. 2012, S. 293; HOFFMANN ET AL. 2020, S. 2–3). Durch die Automatisierung ergeben sich Vorteile bei der Wirtschaftlichkeit der Zustandsüberwachungs- bzw. -vorhersage, jedoch darf dies nicht zum Nachteil der Zuverlässigkeit sein (s. DENKENA ET AL. 2020, S. 210). Bei komplexen industriellen Systemen sind die gesammelten Zustandsdaten oft nicht repräsentativ für alle möglichen Fehler und für alle zukünftigen Betriebszustände (s. MICHAU U. FINK 2021, S. 2). Dies führt oft zu einer falsch eingeschätzten Sicherheit, welche durch die analytische Bestimmung des Risikos überprüft werden muss.

Unterfrage 3: Kann der Fehler durch eine Wartung vermieden werden?

Wie bereits in Kapitel 2.1.5 erläutert, muss die Ursache des Fehlers für eine Wartung geeignet sein. Dies hängt damit zusammen, dass bestimmte Objekte keine Ausfallwahrscheinlichkeit aufweisen, die mit zunehmendem Objektalter zunimmt. Bei dem präventiven Tausch von Ersatzteilen wird der Abnutzungsvorrat der Komponenten nicht vollständig aufgebraucht, daher ist die Entscheidung für eine Wartung unter wirtschaftlichen Gesichtspunkten zu betrachten und mit der einer Risikoabwägung zu verknüpfen.

Unterfrage 4: Kann der Fehler durch eine Anpassung der Produktion vermieden werden?

Die Produktionsrate auf Grundlage von Zustandsdaten anzupassen kann dazu führen, dass Ausfälle vermieden werden können oder die Produktionsrate, bei gleichbleibender Ausfallwahrscheinlichkeit, erhöht werden kann. So weisen UIT HET BROEK ET AL. für eine Optimierung der Produktionsraten auf der Grundlage von Zustandsinformationen eine Reduzierung der Gesamtkosten um bis zu 50 Prozent in den betrachteten Fällen bei gleichbleibendem Ausfallrisiko nach (s. UIT HET BROEK ET AL. 2020, S. 809).

5.2.7 Störungsmitigation

Hauptfrage: Was sollte getan werden, wenn keine passende Aktivität zur Vorhersage oder Vermeidung gefunden wird?

Die Instandhaltungsmaßnahmen der Fehlervermeidung (s. Kapitel 5.2.6) zielen darauf ab, die Wahrscheinlichkeit des Eintretens einer Störung an dem bestehenden Objekt zu reduzieren (s. Abbildung 5-11, Pfeil A). In der Regel ist dies mit geringeren Aufwänden verbunden als die Reduzierung der Wahrscheinlichkeit und Konsequenz (s. Abbildung 5-11, Pfeil B), da dabei ggf. weitreichendere Maßnahmen ergriffen werden müssen, durch die auch andere Objekte oder Prozesse betroffen sind. Die Reduzierung der Konsequenz kann auf zwei verschiedene Arten erfolgen:

- **Verbesserung des Objekts:** Durch die Verbesserung des Objekts kann der Abnutzungsvorrat erhöht und so die Wahrscheinlichkeit für eine Störung bzw. für Intervalle zwischen zwei Störungen (*Mean Time Between Failure – MTBF*) reduziert werden. Es ist jedoch oft sinnvoller, die Konsequenz zu reduzieren, indem das Objekt durch eine Redundanz ergänzt wird oder ein Puffer in die Anlage eingebaut wird, der Ausfallzeiten erlaubt, ohne dass die Gesamtanlage stillsteht.
- **Entstörung beschleunigen:** Die Entstörung zu beschleunigen zielt darauf ab, die *Mean Time to Repair (MTTR)* zu reduzieren und daher die Konsequenz zu reduzieren. Dafür müssen alle notwendigen Ressourcen für eine Entstörung vorhanden sein: Personal, Werkzeug, Ersatzteile und Informationen.

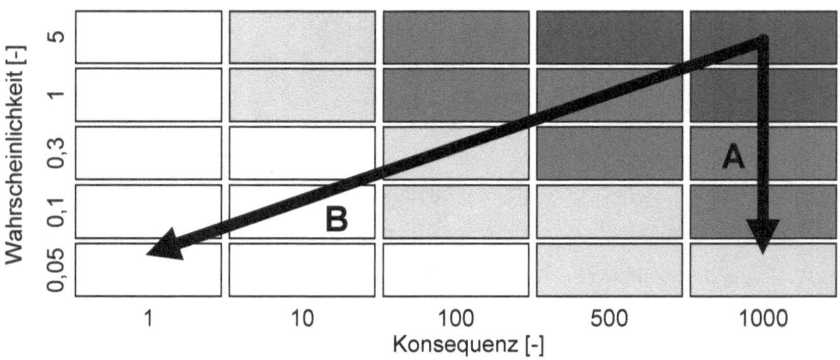

Abbildung 5-11: Kritikalitätsmatrix und Einfluss verschiedener Maßnahmen (eigene Darstellung)

Unterfrage 1: Kann durch eine Verbesserung der Anlage das Eintreten des Fehlers vermieden oder die Konsequenz des Fehlers verringert werden?

Für die Verbesserung der Zuverlässigkeit von Produktionsanlagen gibt es im Wesentlichen vier Möglichkeiten: minimale Komplexität anstreben, Redundanzen einbauen, Puffer einbauen und Objekt ersetzen (s. SMITH 2017, S. 9).

Minimale Komplexität anstreben: Je weniger Einzelteile und Materialien verwendet werden, desto größer ist im Allgemeinen die Wahrscheinlichkeit eines zuverlässigen Produktes. Je zuverlässiger das Objekt aufgrund seiner Kritikalität sein muss, desto einfacher sollte es gestaltet sein; daher sollte es auf wenige Funktion beschränkt sein, im Idealfall nur eine. (s. SMITH 2017, S. 9)

Instandhaltbarkeit: Die Instandhaltbarkeit des Objekts ist ein wesentlicher Erfolgsfaktor, um Ausfallzeiten zu reduzieren. Instandhaltbarkeit ist als die Wahrscheinlichkeit definiert, dass eine ausgefallene Komponente innerhalb einer bestimmten Zeitspanne wieder instandgesetzt werden kann (s. WIREMAN 2015, S. 9; SMITH 2017, S. 16). Die Modularisierung der Objekte ist eine Option, mit der die Instandsetzung wesentlich vereinfacht und beschleunigt werden kann. Zusätzlich können so Arbeiten ggf. auch weniger technisch qualifizierten Anlagenbedienern überlassen werden. Ein anderer Faktor, der oftmals in der Konstruktionsphase nicht ausreichend berücksichtigt wird, ist der, dass die Zugänglichkeit und Austauschbarkeit der Komponenten gewährleistet sein müssen, um die *MTTR* zu reduzieren (s. SMITH 2017, S. 9).

Redundanzen einbauen: Die Verwendung zusätzlicher, redundanter Objekte oder Komponenten, wobei ein einzelner Ausfall nicht zum Ausfall des Gesamtsystems führt, ist eine Methode, um die Zuverlässigkeit einer Anlage wesentlich zu steigern. Mit der Redundanz sind jedoch zusätzliche Investitionskosten, zusätzliches Gewicht, erhöhter Wartungsbedarf und ggf. ein erhöhter Energieverbrauch verbunden. (s. SMITH 2017, S. 9)

Puffer einbauen: Der Einbau von Puffern kann in doppelter Weise berücksichtigt werden: So können im Prozess Puffer eingebaut oder der Abnutzungsvorrat erhöht werden, indem höhere Sicherheitsfaktoren für die Konstruktion verwendet werden. So können im Prozess zusätzliche Bunker und Silos eingebaut werden, um sich Zeit für eine Instandsetzung zu sichern. Jedoch ist dies meist eine sehr kostspielige Option und manchmal aufgrund der Menge, Haltbarkeit der Produkte usw. überhaupt nicht möglich. Die Erhöhung des Abnutzungsvorrats mit dem Einbau von mehr oder festerem Material, kann zu einer erheblichen Verbesserung der Zuverlässigkeit führen.

Jedoch wirkt sich dies meist, analog zur Redundanz, auf die Investitionskosten, das Gewicht und den Energieverbrauch der Anlagen aus. (s. SMITH 2017, S. 9)

Objekt ersetzen: Für die Entscheidung, ob ein Objekt ersetzt werden muss, spielt nicht nur die technische Alterung des Objekts eine Rolle, sondern auch die strategische Alterung. Bei der technischen Alterung werden alle Kriterien berücksichtigt, die einen Alterungs- bzw. Verschleißprozess beschreiben (s. BALZER U. SCHORN 2014, S. 237). Für die strategische (bzw. „künstliche") Alterung der Objekte werden Kriterien berücksichtigt, die einen vorzeitigen Ersatz des Betriebsmittels als sinnvoll erscheinen lassen. Dies kann zum Beispiel dann geschehen, wenn die Anzahl der eingesetzten Objekte einer Objektgruppe zu gering ist, sodass sich eine Bevorratung der Ersatzteile oder Spezialwerkzeuge nicht mehr lohnt. (s. BALZER U. SCHORN 2014, S. 237) Außerdem können Faktoren, wie die bevorstehende Abkündigung des Produktes der Anlage oder wesentliche Obsoleszenzrisiken[2], ausschlaggebend sein.

Die Durchführung der genannten Maßnahmen kann mindestens theoretisch im gesamten Lebenszyklus des Objekts bzw. der Anlage stattfinden. Es ist jedoch viel schwieriger und teurer, die Zuverlässigkeit nach der Entwurfsphase zu erhöhen (s. SMITH 2017, S. 10). Im Allgemeinen muss eine genaue Abwägung erfolgen, welche der konkreten Maßnahmen angemessen und zielführend ist. Dies hängt von einer Vielzahl von Faktoren ab, beispielsweise der Dauer der Maßnahme, der Notwendigkeit zur Abschaltung der Anlage während der Maßnahme oder von der durch die Maßnahme anfallenden Personal- und Materialkosten.

Unterfrage 2: Wie kann die Entstörung der Anlage beschleunigt werden?

Für die Reduzierung der *MTTR* sind verschiedene Themenfelder relevant und müssen berücksichtigt und optimiert werden. Dazu zählen die Objekte an sich, der Instandsetzungsprozess, das Personal, Ersatzteile und Werkzeuge, sowie die Verfügbarkeit und Anwendbarkeit von Informationen.

Instandsetzungsprozess: Die schnelle Reaktion auf Störungen ist im Wesentlichen davon abhängig, wie der Instandsetzungsprozess gestaltet ist und wie klar Zuständigkeiten geklärt sind. Dazu muss der richtige Mittelweg zwischen der Gewährleistung der

---

[2] Als Obsoleszenz wird die Unfähigkeit eines Objekts bezeichnet, instandgesetzt zu werden. Dies tritt auf, wenn der Markt das dazu notwendige Material oder Personal nicht zu wirtschaftlichen Bedingungen bereitstellen kann. (s. DIN EN13306, S. 23)

Arbeitssicherheit, des Umweltschutzes und der Dokumentation sowie der Verkürzung der Entscheidungswege und der Autonomie der Mitarbeiter gewählt werden.

Personal: Verschiedene Personengruppen kommen infrage, um eine Störung zu erkennen und zu beseitigen. Der Bediener vor Ort ist am nächsten an der Anlage und kann schnell eingreifen, wenn er über die notwendigen Hilfsmittel und Informationen verfügt. Dafür bieten sich neben Schulungen und Anleitungen auch die Vorkonfektionierung der Ersatzteile bzw. Ersatzteilkitting an, um bei einer Störung schnell reagieren zu können. Die eigenen Instandhalter können über geeignete schnelle Informationen aus einer Meldung / einem Ticket zur Störung gerufen werden und im Idealfall bereits die richtigen Werkezeuge und Materialien mitbringen. Dies ist jedoch im Wesentlichen von der Informationsgüte des erstellten Tickets oder durch die Qualität der Auftragsklärung durch die Leitzentrale abhängig. Gegebenenfalls sind bei Mehrschichtsystemen Bereitschaftsdienste möglich, welche jedoch zum einen Geld kosten und zum anderen längere Reaktionszeiten zur Folge haben, als wenn der Bediener die Störungsbeseitigung eigenständig durchführt. Zusätzlich können über Fremddienstleisterverträge Reaktionszeiten mit Externen vereinbart werden, welche das Risiko eines längeren Anlagenausfalls begrenzen sollen und für spezielle Tätigkeiten oder Materialien zum Einsatz kommen. Insbesondere für den richtigen Einsatz des Personals sind ein genaues Abwägen und die sinnvolle Aufteilung zwischen den möglichen Gruppen erforderlich, um einerseits den Stress und die Ermüdung in der Instandhaltung und bei den Bedienern zu reduzieren, da dies die Arbeitsqualität negativ beeinflusst (s. SANTOS U. MELICIO 2019, S. 44), und andererseits müssen zusätzliche Informationsketten und Verantwortlichkeiten als mögliche zusätzliche Fehlerquellen kritisch geprüft und optimiert werden.

Ersatzteile und Werkzeuge: Ersatzteile sind Einzelteile, Baugruppen oder vollständige Funktionseinheiten, welche die Aufgabe haben, eine Anlagenkomponente zu ersetzen, welche teilweise oder ganz ihre Funktionsfähigkeit verloren hat (DIN 24420, S. 1). Ersatzteile können zudem noch in die Untergruppen *Kleinteile*, *Reserveteile*, *Verschleißteile*, *Sollbruchteile*, *Zeitbegrenzte Teile* unterschieden werden (s. GRAF 2005, S. 23). Für die Instandsetzung muss in der Regel eine Kombination aus den Untergruppen sowie ggf. zusätzliche Befestigungsmittel (Schrauben, Kleber usw.), Schmier- und Kühlmittel, Messmittel (beispielsweise für die Ausrichtung von Achsen) und Werkzeuge (Schraubenschlüssel, Hammer usw.) vorhanden sein. Die Definition von bedarfsgerechten Beständen ist gekoppelt an die Ausfallmechanismen der Ersatzteile, welche einer statistischen Verteilung unterliegen kann (beispielsweise Exponentialverteilung, Gammaverteilung, Weibull-Verteilung, Normalverteilung, Zusammengesetzte Verteilungen), sowie an Extremereignisse (auch *Schwarze Schwäne* genannt), welche nicht abschätzbar sind (s. BIEDERMANN 2008, S. 15–17). Jedoch sind nicht nur die richtigen Lagerbestände von Bedeutung, sondern auch die richtige Positionierung in der Nähe der Anlage und leichte Auffindbarkeit der Ersatzteile und Werkzeuge, um Lauf- und Suchzeiten zu minimieren.

Betriebsbelastung reduzieren: Die Reduzierung der Leistung des Objekts kann seine Lebensdauer und Zuverlässigkeit physisch erhöhen, indem es zu keiner Überlast bzw. langsameren Abnutzung des Abnutzungsvorrates kommt. Die Anpassung der Produktionsplanung, bei der Anlagen nicht mit nahezu 100 Prozent verplant werden, kann für Reduzierung der Kritikalität sorgen. Jedoch werden dann die Produktionsmittel des Unternehmens nicht optimal ausgenutzt.

Informationen: Insbesondere für die Identifikation der Störungsursachen ist ein tiefes Verständnis der physikalischen und teilweise chemischen Wirkungsbeziehungen des Objekts und der Gesamtanlage notwendig. Daher sind oftmals tiefergreifende Informationen notwendig, um den Fehler des Objekts zu identifizieren und zu beheben. Ein weit verbreitetes Problem in der Industrie ist die mangelnde Dokumentation und Datenqualität (s. LUKENS ET AL. 2019, S. 10). Dabei spielen viele Einflussfaktoren eine Rolle, warum Datensysteme nicht gepflegt und befüllt werden. Gründe liegen beispielsweise in der Überlastung, in einem fehlenden Verständnis für die Wichtigkeit der Informationsverfügbarkeit und hohe Fluktuation der Mitarbeiter (s. SMITH U. MOBLEY 2008, S. 255–256). Eine unzureichende Verlässlichkeit der Dokumentation und Informationen in einem Datensystem führen zu einer Ablehnung und Umgehung des Systems durch die Mitarbeiter und dadurch auch zu einer Vernachlässigung der Pflege der Informationen im System, was die Unzuverlässigkeit der Informationen weiter verstärkt (s. GUTSCHE U. EIGENSTETTER 2019, S. 519).

5.2.8 Zusammenfassung des Informationsbedarfs

In den vorangegangenen Abschnitten wurden die Fragen und Unterfragen für die Erhebung des Informationsbedarfs dargestellt und beschrieben. In Tabelle 5-2 werden diese nochmals zusammengefasst, um eine bessere Übersichtlichkeit zu gewährleisten. Jedem Schritt wurden dazu die Hauptfragen und null bis maximal vier Unterfragen zugeordnet, welche in den folgenden Abschnitten durch das Informationsangebot, -ressourcen und notwendige Daten ergänzt werden.

Tabelle 5-2: Zusammenfassung der Informationsbedarfe

Schritt	Frage / Entscheidung	Unterfrage
Objekt-leistung	Welche Funktionen und geforderten Leistungsdaten erfüllt das Objekt?	Welche Funktion besitzt das Objekt?
		Welche maximale Leistung besitzt das Objekt?
		Welche Leistung wird von dem Objekt gefordert?
Fehler-möglichkeit	In welcher Form können die Funktionen des Objekts gestört sein bzw. die Leistung nicht erreicht werden?	Wie kann die Funktion des Objekts gestört werden?
		Welchen Einfluss hat dies auf die Leistungsfähigkeit des Objekts?
Fehler-ursache	Was sind die Ursachen für den jeweiligen Fehler?	Was bedingt das Eintreten des Fehlers?
		Wie wahrscheinlich ist das Auftreten der Ursache des Fehlers?
Fehler-ablauf	Welche Anzeichen und Ereignisse passieren in welcher Reihenfolge, wenn der Fehler aufgetreten ist?	
Fehler-konsequenz	Welchen Einfluss hat die Störung des Objekts auf das Gesamtsystem?	Welchen Einfluss hat die Störung des Objekts auf HSE?
		Welchen Einfluss hat die Störung des Objekts auf den Betrieb?
		Welchen Einfluss hat die Störung des Objekts auf dessen Lebenszyklus?
Fehler-vermeidung	Was kann getan werden, um den Fehler vorherzusagen oder zu vermeiden?	Kann der Fehler durch den Bediener rechtzeitig erkannt werden?
		Kann der Fehler durch eine kontinuierliche Zustandsüberwachung oder Inspektion vorhergesagt werden?
		Kann der Fehler durch eine Wartung vermieden werden?
		Kann der Fehler durch eine Anpassung der Produktion vermieden werden?

Störungs-mitigation	Was sollte getan werden, wenn keine passende Aktivität zur Vorhersage oder Vermeidung gefunden wird?	Kann durch eine Verbesserung der Anlage das Eintreten des Fehlers vermieden oder die Konsequenz des Fehlers verringert werden?
		Wie kann die Entstörung der Anlage beschleunigt werden?

5.3 Beschreibung des Informationsangebots

Gemäß dem Vorgehen zum **Lebenszyklusmodell der Informationswirtschaft** folgt nach der Beschreibung der Informationsnachfrage, bestehend aus den Anspruchsgruppen (siehe Kapitel 5.1) und dem Informationsbedarf (siehe Kapitel 5.2), die **Identifikation des Informationsangebots**. Dieses umfasst alle verfügbaren unternehmensinternen und unternehmensexternen Informationen, welche zur Deckung des Informationsbedarfs zur Verfügung stehen (s. JUNG 2021). Konkret bezieht sich das Informationsangebot auf die (IT-)Systeme, in denen die Daten und Informationsobjekte verarbeitet und visualisiert werden können. KRCMAR unterscheidet dabei zwischen Berichtswesen und Data-Warehouse als interne Lösungen und Portale und Internetsuchdienste als externe Lösungen (s. KRCMAR 2015a, S. 149–150). Im Folgenden werden die für die zuverlässigkeitsorientierte Instandhaltung relevanten Informationssysteme beschrieben.

Instandhaltungsplanungs- und Steuerungssysteme (IPS-Systeme) unterstützen die Instandhaltung dabei, die Maßnahmen, Strategien und Konzepte der Instandhaltung effizient umzusetzen (s. REIDT 2019, S. 61; WIENKER ET AL. 2016, S. 420). Jedoch benötigt die Instandhaltung für die Erreichung ihrer Ziele eine Vielzahl von unterschiedlichen Informationen. Dies spiegelt sich auch in der Vielzahl von möglichen Informationssystemen wider, welche in der Instandhaltung genutzt werden können (s. Abbildung 5-12).

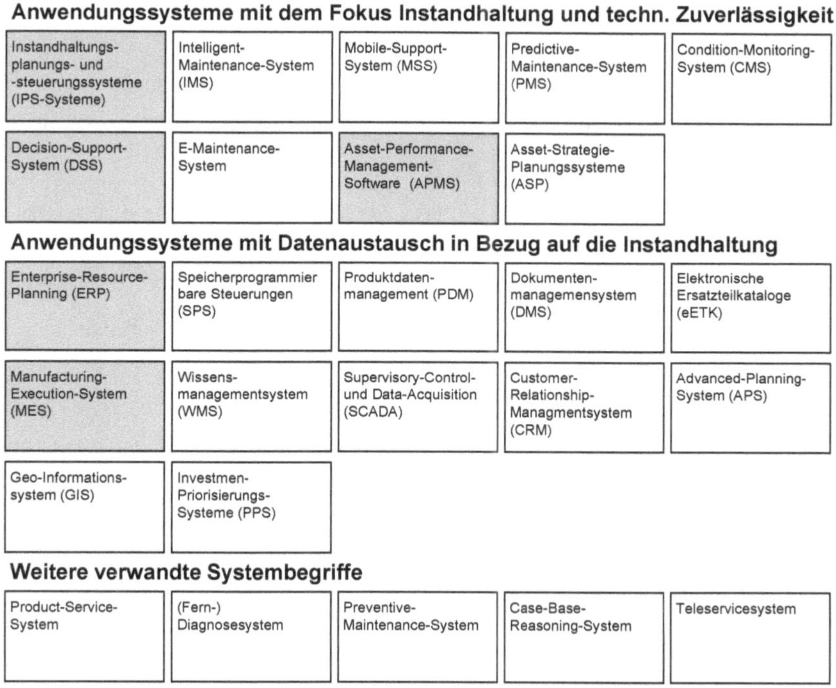

Abbildung 5-12: Mögliche Informationssysteme der Instandhaltung und Produktion (eigene Darstellung, i. A. a. Balzer u. Schorn 2014, S. 332–365; Smith 2017, S. 43; Vintr u. Vintr 2017, S. 2187–2189; Reidt et al. 2018, S. 251)

Die relevantesten Informationssysteme sind im Weiteren kurz beschrieben (grau hinterlegt in Abbildung 5-14). Einen weiterführenden, umfangreichen Überblick über die verschiedenen Informationssysteme und informationsseitigen Anforderungen in der Instandhaltung bietet Reidt (s. Reidt 2019).

IPS-Systeme: Diese Systeme fassen die Hilfsmittel der Instandhaltung zusammen, welche für die Zielerreichung notwendig sind. In der Vergangenheit wurden darunter auch Hilfsmittel verstanden, welche nicht in elektronischer Form vorlagen, wie Plantafeln, Karteikarten usw. (s. Weingärtner 1988, S. 14). In der heutigen Zeit wird darunter jedoch ein elektronisches Informationssystem verstanden, welches die Instandhaltung bei der Planung und Steuerung von Instandhaltungstätigkeiten unterstützt, sowie als Werkzeug für die Disposition, Wissensmanagement, Kritikalitätsanalyse u. v. m. fungiert (s. Reidt 2019, S. 61). Dabei werden auch im deutschsprachigen Raum englischsprachige Begriffe synonym verwendet, wie *Computerized Maintenance Management System (CMMS)* oder das *Enterprise Asset Management Systeme (EAM-Systeme)*. Letzterer Begriff soll den gestiegenen Funktionsumfang beispielsweise in Bezug auf die Abbildung aller Lebenszyklusphasen deutlich machen.

DSS-Systeme: Diese Systeme dienen dazu, Daten zu aggregieren und zu analysieren, um der entsprechenden Anspruchsgruppe eine Entscheidungsvorlage liefern zu können. **Decision-Support-Systeme (DSS)** können dafür numerische und / oder qualitative Methoden nutzen. (s. REIDT 2019, S. 64–65) Als Grundlage für Entscheidungen werden dabei mehrere Datenmodelle (z. B. bei GALAR aus der Fehlerphysik, Ereignisdaten und Zustandsdaten) berechnet und der schlechteste anzunehmende Fall für die Entscheidung verwendet (s. GALAR 2014, S. 119). Im Hinblick auf die steigende Komplexität und die zunehmende Verfügbarkeit von Daten gewinnen diese Systeme an Bedeutung (s. PASSATH U. MERTENS 2019, S. 368). Zukünftig werden DSS dabei helfen, ein zuverlässiges, proaktives Risikomanagement über das gesamte Wertschöpfungsnetzwerk abzubilden (s. IVANOV ET AL. 2019, S. 14).

Asset-Performance-Management-Software (APMS) umfasst Software, welche auf die strategische Ausrichtung der betreuten Objekte ausgerichtet ist. Dabei werden unterschiedliche Fähigkeiten vereint, wie zum Beispiel Anlagenrisikomanagement, die Fähigkeit, eine Instandhaltungsstrategie für Objekte bzw. Objektgruppen zu definieren und zu validieren, die Fähigkeit zur Schaffung einer zentralen Datengrundlage für die zuverlässigkeitsorientierte Instandhaltung und zunehmend das Thema Zustandsprognose (s. FOUST U. STEENSTRUP 2020, S. 6–7).

ERP-System: Diese Art von Systemen stellt meist die führenden Systeme in einem Unternehmen dar, welche ein sehr umfangreiches Leistungsspektrum bereitstellen. **Enterprise-Resource-Planning(ERP)-Systeme** bieten beispielsweise Module für die Bereiche Beschaffung, Produktion, Vertrieb, Anlagenwirtschaft, Personalwesen, Finanz- und Rechnungswese an. Die verschiedenen Module sind durch eine gemeinsame Datenbasis gekoppelt, dadurch kann auf die Daten von unterschiedlichen Bereichen und Anspruchsgruppen zugegriffen werden. (s. REIDT 2019, S. 58)

ME-System: Durch die direkte Anbindung an die Prozessleitsysteme dient das **Manufacturing-Execution-System (MES)** der Produktionsführung, -lenkung, -steuerung und -kontrolle in Echtzeit. Insbesondere im Hinblick auf die OEE und anderer Kennzahlen dient das MES der Instandhaltung als Informationsquelle. (s. REIDT 2019, S. 58–59)

Für die Bestimmung der Zuverlässigkeit werden zunehmend auch Referenzanlagen in Betracht gezogen. Dies hat in Industrien, welche eine relativ große Homogenität und Anzahl von Objekten aufweist, dazu geführt, dass die Fehlerraten von Komponenten bzw. Komponentenklassen gesammelt wurden und Analysen über die Zuverlässigkeit ermöglichen. Oftmals wird für diese Anwendungssysteme der Begriff Datenbank verwendet, sie verfügen jedoch in Ergänzung an die von KRCMAR definierten Aufgaben einer Datenbank (s. KRCMAR 2015a, S. 133) zusätzlich über weitere Funktionalitäten, wie beispielsweise statistische Auswertemöglichkeiten, und stellen daher Anwendungssysteme dar. Eine Auswahl an Systemen ist in Abbildung 5-13 dargestellt.

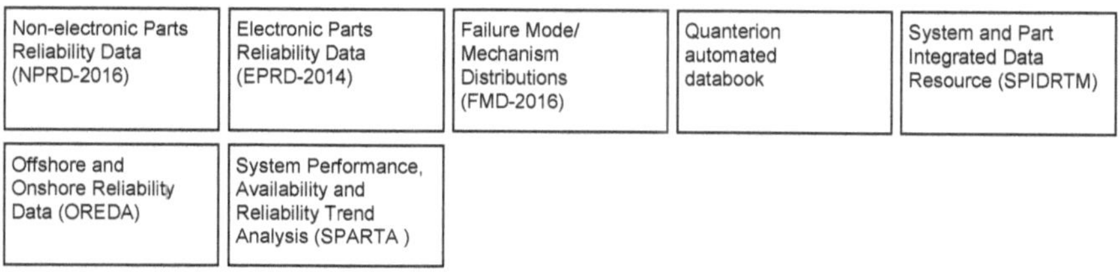

Abbildung 5-13: Datensammlungen für Daten der technischen Zuverlässigkeit (eigene Darstellung, s. SMITH 2017, S. 43; BUSINESSGREEN 2014; DEPARTMENT OF DEFENCE 1995)

Ein Beispiel für diese Systeme ist die 1981 gegründete *OREDA*[3]*-Datenbank*, welche die Fehlerrate, Fehlerursachen und Reparaturzeiten von Komponenten der Öl- und Gasindustrie den Mitgliedsunternehmen eines Konsortiums zur Verfügung stellt (s. SMITH 2017, S. 43). Weitere Beispiele sind die 2013 aufgesetzte *SPARTA*[4]*-Datenbank* für Komponenten der Windkraftindustrie (s. BUSINESSGREEN 2014) oder das für militärisch genutzte Elektronikkomponenten aufgesetzte *Electronic Parts Reliability Data* (EPRD-2014), welches aus dem *US Military Handbook 217* weiterentwickelt wurde (s. DEPARTMENT OF DEFENCE 1995). Darüber hinaus existieren firmenspezifische Anwendungssysteme, welche von großen produzierenden Unternehmen oder

[3] *Offshore & Onshore Reliability Data* (OREDA)
[4] *System Performance, Availability and Reliability Trend Analysis* (SPARTA)

Betreibern der öffentlichen Infrastruktur angelegt werden; üblicherweise ist der Zugang darauf nicht oder nur stark limitiert möglich (s. SMITH 2017, S. 43).

5.4 Beschreibung der Informationsressourcen

Im Lebenszyklusmodell der Informationswirtschaft liegen zwischen dem Informationsangebot und den Informationsquellen die Informationsressourcen. Diese werden als mehrfach genutzte Informationsquellen definiert (s. KRCMAR 2015a, S. 133; NIENKE 2018, S. 147). Die Aufgabe der Informationsquellen besteht darin, dass Informationen durch sie in einer verifizierten und strukturierten Art zugänglich gemacht und abgespeichert werden (s. KRCMAR 2015a, S. 133). Das heißt in der Praxis, dass die Informationsquellen Daten und Informationen generieren, diese in den **Datenbanken** bzw. Informationsressourcen zur Verfügung stellen und den Zugang von IT-Systemen (s. Informationsressourcen, Kapitel 5.4) ermöglichen. Die meisten Daten werden extern und über eine lange Zeit in **Datenbanksystemen** gespeichert (s. BODENDORF 2006, S. 7). Die **Datenbankensysteme** bestehen aus vielen verschiedenen Daten, die auch als eigentliche **Datenbasis** oder **Datenbank** bezeichnet werden, und besitzen eine Menge an Programmen, welche auch **Datenbankverwaltungssystem** oder **Datenbankmanagementsystem** genannt werden. Dabei gewährleisten die Programme unter anderem den Datenzugriff, die Datenspeicherung und die Modifikation der Daten. So bilden **Datenbanksysteme** oft die Basis für Softwaresysteme. (s. BODENDORF 2006, S. 7; KRCMAR 2015a, S. 181–182) Die **Datenbankarchitektur** legt fest, wie der Aufbau der Datenbank gestaltet ist und wie die einzelnen Datenelemente verknüpft und angesprochen werden können. Die folgenden vier Kategorien sind in der Regel verfügbar, geordnet sind sie von der geringsten bis zur höchsten Komplexität und Vielseitigkeit (s. DIN EN ISO 14224, S. 37)

Hierarchisches Modell: Die Datenfelder innerhalb der Datensätze sind durch eine "Stammbaum"-Beziehung miteinander verbunden. Jede Ebene steht für ein bestimmtes Attribut der Daten.

Netzwerkmodell: Dieses Modell ähnelt dem hierarchischen Modell, allerdings kann jedes Attribut mehr als ein Elternteil haben.

Relationales Modell: Relationale Datenbanken wurden bereits in den 60er Jahren entwickelt und sind sehr verbreitet. Sie basieren auf einer intuitiven Strukturierung der gespeicherten Daten in Tabellenform (s. SCHICKER 2014, S. 12–13). Die Beziehungen (Relationen) zwischen den Tabellen werden mit der Datenbankerstellung festgelegt, was den Nachteil bedeutet, dass neue Anwendungsfälle nicht optimal abgebildet werden können. Ein weiteres Manko besteht in der unzureichenden Echtzeitfähigkeit dieses Datenbanktyps (s. SCHICKER 2014, S. 13). Die Datenverwaltung (Anlage, Abfrage, Löschung) in relationalen Datenbanken findet meist in der Datenbanksprache SQL (*Structured Query Language*) statt (s. SCHICKER 2014, S. 97–98). Aufgrund der langen Historie und großen Verbreitung existiert eine Vielzahl an kommerziellen und nichtkommerziellen (*Open-Source-*)Lösungen für relationale Datenbanksysteme.

Objektmodell: Verschiedene Modelle existieren hinter einer nichtrelationalen Datenbank (beispielsweise Objektdatenbanken oder Graphdatenbanken). Diese werden größtenteils unter dem Namen *NoSQL* zusammengefasst (s. SCHICKER 2014, S. 15). Die Software wird als eine Sammlung von Objekten betrachtet, von denen jedes eine Struktur und eine Schnittstelle aufweist. Die Struktur ist in jedem Objekt fest verankert, während die Schnittstelle der sichtbare Teil ist, der die Verbindungsadresse zwischen den Objekten liefert. Die Objektmodellierung ermöglicht einen sehr flexiblen, erweiterbaren, wiederverwendbaren und leicht zu wartenden Datenbankentwurf. Weit verbreitete *NoSQL*-Systeme sind beispielsweise *MongoDB* oder *Apache Cassandra* (s. MEIER U. KAUFMANN 2016, S. 19–21). Datenbanken, basierend auf einem solchen Modell, bieten einen signifikanten Geschwindigkeitsvorteil bei einer großen Anzahl von Lese- und Schreibzugriffen und lassen sich sehr leicht auf andere Systeme übertragen gegenüber relationalen Datenbankmodellen (s. MEIER U. KAUFMANN 2016, S. 221–222). Neben der **Datenbankarchitektur** spielt für die Erstellung von **Datenbanken** ebenfalls die logische Struktur eine große Rolle (s. DIN EN ISO 14224, S. 36). Diese verknüpft die Hauptdatenkategorien miteinander und stellt somit eine anwendungsorientierte Sicht dar. Abbildung 5-14 zeigt eine typische hierarchische Struktur in Bezug auf die Instandhaltung.

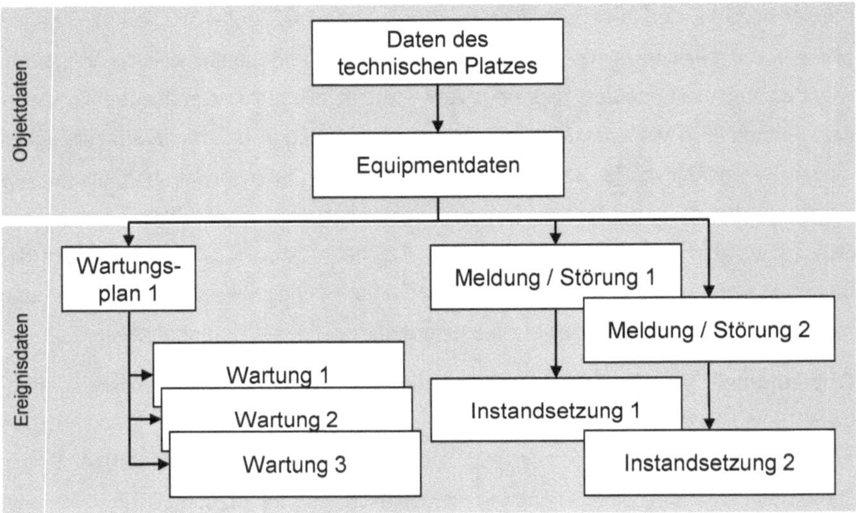

Abbildung 5-14: Logische Datenstruktur für Daten in der Instandhaltung (eigene Darstellung, i. A. a. DIN EN ISO 14224, S. 37)

Die Objektdaten bilden die Grundlage, um die Ereignisdaten einer Instandhaltungshistorie zuzuordnen. Zwischen den Objekten und Ereignisdaten entsteht daher in der Regel eine 1-zu-n-Beziehung, wobei ggf. auch Aufträge mit mehreren betroffenen Objekten möglich sind. Für geplante Wartungen wird daher dem Objekt ein Wartungsplan zugeordnet, welcher in regelmäßigen Abständen durch einen Auslöser (z. B. Betriebsstunden, Kalenderwochen oder Zustandsdaten) zu einem Wartungsauftrag führt. Analog dazu führen Meldungen bzw. Störungen zu verknüpften Instandsetzungsaufträgen, welche das Ziel haben, die volle Funktionsfähigkeit des Objekts wiederherzustellen. Jeder Datensatz (z. B. Störung) kann aus mehreren Attributen bestehen (z. B. Fehlerdatum, Fehlermodus usw.).

5.5 Beschreibung der Daten und Informationen

Die Daten und Informationen, welche für das Modell zur Verfügung stehen bzw. erhoben werden müssen, werden in dem vorliegenden Kapitel beschrieben. Diese werden aus den Informationsquellen gewonnen, welche in Kapitel 5.6 vorgestellt werden. Es gibt eine Reihe von Möglichkeiten, um Daten zu kategorisieren. So können diese nach ihrer Syntax, nach **kategorischen bzw. qualitativen Daten** (Datenfeldern, Bsp.: Lagertyp: Wälz- oder Gleitlager) und **numerischen Daten bzw. quantitativen Daten**

(Temperaturen: 1 Grad, 2 Grad usw.), oder nach ihrer Semantik, also ihrer kontextualen Bedeutung, unterteilt werden (s. AGRESTI 2019, S. 1–2). Da im Kontext des vorliegenden Werkes die Verarbeitung der Daten am relevantesten ist, werden diese nachfolgend nicht syntaktisch, sondern semantisch unterteilt (s. REICH 2017, S. 10–11). Die Daten können demnach in **Zustandsdaten** und **Abwicklungsdaten** unterteilt werden (s. Abbildung 5-15).

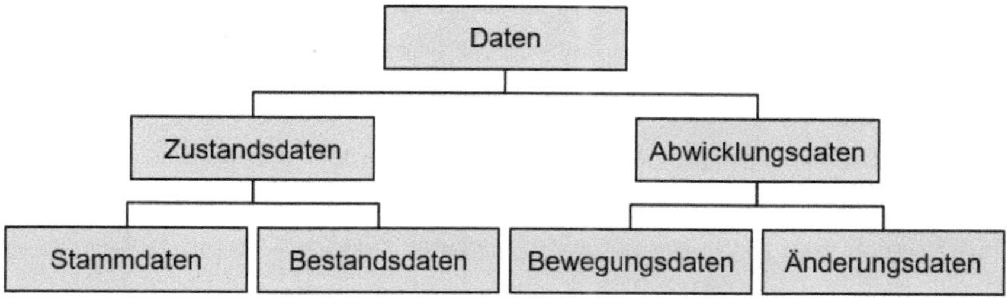

Abbildung 5-15: Datenarten (eigene Darstellung, i. A. a. SCHEMM 2009, S. 32)

Dabei beschreiben **Zustandsdaten** Eigenschaften von Objekten und können weiter in **Stamm-** und **Bestandsdaten** untergliedert werden. Zu den **Stammdaten** zählen zeitlich meist konstante Daten, die die Kernobjekte eines Unternehmens beschreiben. Dazu zählen z. B. Kunden-, Maschinen- und Produktdaten. Die **Bestandsdaten** beschreiben betriebliche Mengen- und Wertestrukturen, welche sich durch die betrieblichen Geschehen verändern können. Beispiele für **Bestandsdaten** sind Lagerbestände, Kontostände und Produktionskapazitäten. **Abwicklungsdaten** werden zum Ausführen der betrieblichen Vorgänge genutzt und werden in **Bewegungs-** und **Änderungsdaten** untergliedert. **Bewegungsdaten** stellen dabei die kontinuierliche Datenerfassung und Änderungen in den **Bestandsdaten** in Form von beispielsweisen Aufträgen und Lagerbewegungen dar. **Änderungsdaten** lösen Änderungen in den **Stammdaten** aus, z. B. durch die Änderung der Kundenadressen oder die Einführung neuer Produktverpackungen. Des Weiteren unterscheiden sich die **Änderungsdaten** von den anderen drei Datenarten dadurch, dass sie mit der Zeit kontinuierlich wachsen, während das Volumen der Daten der anderen drei Datenarten konstant bleibt. (s. SCHEMM 2009, S. 19–20; OTTO ET AL. 2009, S. 20) In der Instandhaltung hat sich jedoch eine daran angelehnte objektebezogene logische Struktur von Daten durchgesetzt, welche die Daten in die Oberkategorien: Objekt- und Ereignisdaten gliedert (s. DIN EN ISO 14224, S. 35; SIFONTE U. REYES-PICKNELL 2017; VDI 2770, S. 12):

- **Objektdaten:**
  - **A: Klassifizierungsdaten**, z. B. Branche, Anlage, Standort, System
  - **B: Objekteigenschaften**, z. B. Konstruktionsmerkmale, Ersatzteile
  - **C: Betriebsdaten**, z. B. Betriebsart, Betriebsleistung, Umgebung.
- **Ereignisdaten** und -informationen:
  - **D: Produktionsdaten**, z. B. Rezept, Lagerbestände
  - **E: Zustandsdaten**, z. B. Schwingungen, Verschleißfortschritt
  - **F: Fehlerdaten** bzw. Meldungs-/Ticketdaten, z. B. Fehlercode, Dauer
  - **G: Maßnahmendaten**, z. B. Techniker, Art des Auftrages

Wie Informationen in einer Organisation verwendet werden, kann durch ein definiertes Verhalten und definierte Werte bestimmt werden, was Unterschiede im Informationsfluss und dem Vorhandensein von Daten erklärt (s. CHOO ET AL. 2008, S. 795). Daher dienen die nachfolgend beschriebenen Daten und Informationen als Anhaltspunkt für die zu erstellenden Erklärungs- und Gestaltungsmodelle, können sich jedoch von dem individuellen Datenbestand des Unternehmens unterscheiden. Dementsprechend wird im Folgenden auch auf vorhandene Informationen eingegangen, welche ggf. nicht als Daten abgelegt wurden.

5.5.1 Objektdaten

Die Daten und Informationen, welche relevant für das Objekt sind, sind in die folgenden Kategorien unterteilt: Klassifizierungsdaten, Objekteigenschaften, Betriebsdaten:

A: Klassifizierungsdaten

Die Maschinen-/ Komponentendaten werden benötigt, um zum einen allgemeine Daten über die Maschine und ihre Bestandteile zu erhalten, und zum anderen, um auf eine Maschine bzw. bestimmte Komponenten eindeutig referenzieren zu können, z. B. über die Seriennummer, den Anlagentyp/ -klasse oder den Status (s. MOUBRAY 1997, S. 200–201; KOCH ET AL. 2018, S. 280). Zusätzlich ist es ebenfalls wichtig, zu verstehen, wo sich das Objekt in der Anlagenstruktur befindet und wie es mit anderen Komponenten und Systemen sowohl physisch als auch vom Prozessstandpunkt innerhalb der Einrichtung aus verbunden ist (s. SIFONTE U. REYES-PICKNELL 2017, S. 55–56).

Ein wesentliches Merkmal der Objekte besteht in seiner eindeutigen Identifikationsnummer (Objekt-ID) (s. REEVE U. BURLEY 2017, S. 327; DIN EN ISO 14224, S. 39) sowie die damit zusammenhängende Vernetzung und Komponentenverknüpfung, welche in der Anlagenhierarchie abgebildet wird (s. BALZER U. SCHORN 2014, S. 331; MOUBRAY 1997, S. 327–334). Es existiert keine Definition oder Festlegung, was als individuelles Objekt angelegt werden muss. Auch funktional sind dem keine Grenzen gesetzt, da dies in IPS-/EAM-Systemen beliebig definiert werden kann. Jedoch erhöht eine wachsende Detaillierung in der Praxis nicht automatisch die Übersichtlichkeit und jene ist mit einem exponentiellen Aufwand für die Datenpflege verbunden, da jede tiefere Ebene immer n-Komponenten aufweist, die abgebildet werden müssen. Mögliche Kriterien für eine Abgrenzung nach REEVE U. BURLEY sind: Equipmentwert, Wartungspläne des Equipments, sinnvolle Historie (reparierbar, nicht einfach nur austauschen, beispielsweise Schalter o. ä. nicht sinnvoll), sicherheitsrelevant, Sensor-/Zählerdaten auf Equipment, garantiefähig, Funktionsverlust führt zum Anlagenausfall u. v. m. (s. REEVE U. BURLEY 2017, S. 37–38). Für die logische Verknüpfung von Anlagen werden Strukturbäume genutzt, welche auf unterschiedlichen Merkmalsgruppen beruhen. So wird nach DIN 6779 Teil 13 in drei Hauptaspekte mit dazugehörigen Fragestellungen unterteilt (s. DIN 6779-13, S. 12; DIN EN 81346-1, S. 14):

- Welche Funktion übernimmt das Objekt? (Funktionsbezogener Aspekt)
- Aus welchen Einzelkomponenten besteht das Objekt? (Produktbezogener Aspekt)
- Wo befindet sich das Objekt? (Ortsbezogener Aspekt)

Als Aspekt wird die spezifische Betrachtungsweise eines Objekts definiert (s. DIN EN 81346-1, S. 12). Die Referenzkennzeichnung nach DIN EN 81346-1 erfolgt in der folgenden Form:

Tabelle 5-3: Referenzkennzeichnung nach DIN EN 81346-1 (s. DIN EN 81346-1, 29-30)

Nomenklatur	Aspekt
# (Nummer)	„Gemeinsame Zuordnung“
= (gleich)	funktional
- (minus)	Produktaspekt
+ (plus)	Ortsaspekt

Abbildung 5-16 zeigt auf, wie die verschiedenen Aspekte zusammenhängen. Der Ortsaspekt gibt auf der obersten Ebene an, wo sich das Objekt befindet. Der Funktionsaspekt auf der mittleren Ebene zeigt auf, was die Aufgabe des Objekts im Gesamtsystem ist und der Produktaspekt beschreibt das konkrete Objekt genauer. Die Bezeichnungen sind dabei in den verschiedenen Industrien stark unterschiedlich.

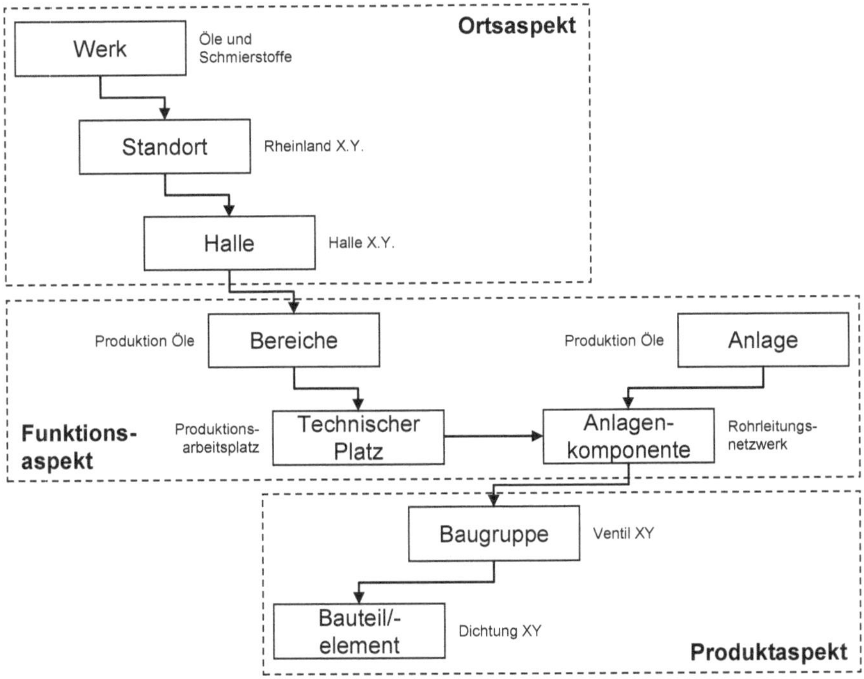

Abbildung 5-16: Verknüpfung der Anlagenstrukturen (eigene Darstellung, i. A. a. DIN EN 81346-1, S. 29–30)

Für die Abbildung des **Funktionsaspektes** können die Industrie sowie die Kategorie des Unternehmens oder der Anlage bzw. des Objekts herangezogen werden (s. DIN EN ISO 14224, S. 38). Präziser sind oftmals Angaben zum ausgeführten Prozess, z. B. als Kategorie des Vorgangs oder der Funktion (s. SIFONTE U. REYES-PICKNELL 2017, S. 83; DIN EN ISO 14224, S. 38). So könnte beispielsweise angegeben werden, dass die Pumpe XY nur für Prozesswasser genutzt wird, wohingegen eine andere Pumpe für andere Medien verwendet wird. Teilweise werden auch Bezeichnungen wie Up- oder Downstream verwendet, um Produktionsschritte z. B. in der Erdölindustrie zusammenzufassen. So handelt es sich beispielsweise bei Downstream-Prozessen um nachgelagerte, betriebswirtschaftliche Schritte der Wertschöpfungskette, welche nach dem Abschluss der Produktion durchgeführt werden. Dazu zählen beispielsweise die Veredlung, der Transport oder die Vermarktung von Erdölprodukten. (s. DIN EN ISO 14224, S. 6) Funktionale Aspekte können auch die Betriebsparameter umfassen, die für die Funktion jeder Objektklasse notwendig sind, beispielsweise die Umgebungsbedingungen (Temperatur, Luftfeuchtigkeit usw.) oder die Betriebsleistung (s. DIN EN ISO 14224).

Der **Produktaspekt** beschreibt das konkrete Objekt in seinen Bestandteilen und weist damit den höchsten Detaillierungsgrad auf, da üblicherweise viele Objekte eine Funktion erfüllen, jedoch unterschiedlich aufgebaut sind. Daher werden sie häufig in Objektklassen und -typen eingeteilt (s. BALZER U. SCHORN 2014, S. 241; DIN EN ISO 14224, S. 39). Oftmals werden der Herstellername sowie dessen Modellzeichnung erfasst, um alle Informationen parat zu haben, das Objekt ggf. nachzubestellen (s. DIN EN ISO 14224, S. 39). Zusätzlich kann das Produkt noch detaillierter beschrieben werden und es können beispielsweise Konstruktionsdaten für jede Geräteklasse und Untereinheit/Komponente, z. B. Baujahr, Kapazität, Leistung, Geschwindigkeit, Druck, Redundanz, relevante Norm(en), enthalten sein, um eine Identifikation in der Hierarchie zu vereinfachen (s. DIN EN ISO 14224, S. 39).

Die **Hierarchiedaten** bilden die Grundlage für alle weiteren Daten und Informationen, die im Lebenszyklus des Objekts angesammelt und verwaltet werden. In der Praxis wird meist nicht genug Zeit in die Ausbildung der passenden Anlagenhierarchie gesteckt, was einen negativen Einfluss auf die Qualität darauf aufbauender Informationen und Daten mit sich bringt.

B: Objekteigenschaften

Diese Art von Daten liefert dem Benutzer spezifischere Informationen, die für die Instandhaltung bzw. die Produktion benötigt werden. So gelten zum Beispiel Konstruktionsmaterial, Rohrleitungs- und Instrumentierungsdiagramme sowie Konstruktionszeichnungen als technische Daten, die Objekteigenschaften darstellen.

CAD-Pläne der Anlage geben zum Beispiel einen Einblick über die verschiedenen Medienflüsse und Komponenten (s. BALZER U. SCHORN 2014, S. 331). Dimensionale Daten sind mit Abmessungsmerkmalen verbunden, welche dem Benutzer

Informationen über Größe, Form, Gewicht usw. geben (s. SIFONTE U. REYES-PICKNELL 2017, S. 55). Technische Daten können zudem Grenzwerte, Leistungen usw. abbilden (s. BALZER U. SCHORN 2014, S. 331). Der Objekttyp kann besondere Konstruktionsmerkmale enthalten, die ebenfalls anzugeben sind (s. DIN EN ISO 14224, S. 7). Dementsprechend können einige spezifische Daten für jede Geräteklasse erforderlich sein (z. B. die Anzahl der Stufen eines Kompressors) (s. DIN EN ISO 14224). Die Angabe der verwendeten Standards sowie Genehmigungsunterlagen spielt für den Lebenslauf des Objekts eine wichtige Rolle und kann beispielsweise auditiert werden (s. BALZER U. SCHORN 2014, S. 331). Materialdaten sind wichtig für den Betrieb, die Instandhaltung und den Arbeitsschutz. Die Werkstoffe der medienberührten Teile in Pumpen sind entscheidend für Prozesse, die umweltgefährdende Flüssigkeiten betreffen. Daher müssen sowohl die metallurgischen als auch die elastomeren Eigenschaften der Komponenten richtig gewählt werden, um nicht nur Produktionsverluste, sondern auch Sicherheits- und Umweltgefahren zu vermeiden.

Abbildung 5-17 zeigt die verschiedenen Teile und ihre Quelle auf, welche für das Objekt relevant sein können.

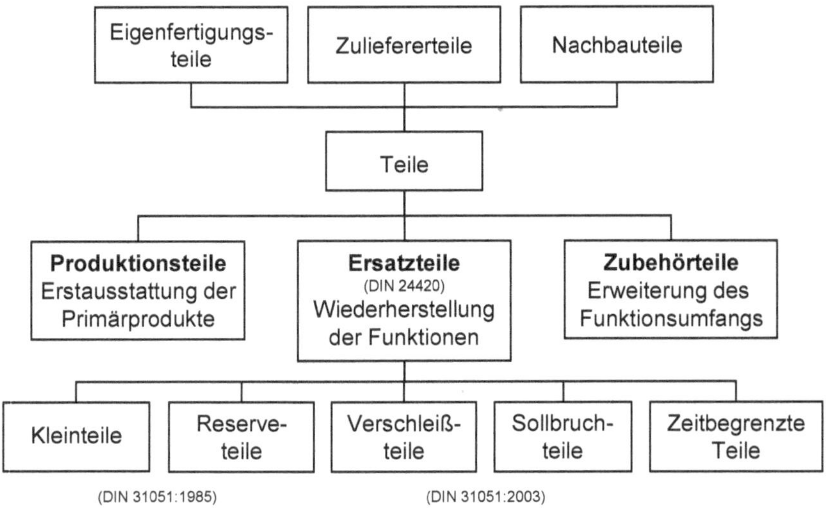

Abbildung 5-17: Klassifizierung von Ersatzteilen (eigene Darstellung, i. A. a. GRAF 2005, S. 23; DIN 31051)

Für die Instandhaltung am relevantesten sind die Ersatzteile. Zusätzlich kann es noch Zubehörteile geben, welche den Funktionsumfang des Objekts erweitern. Die Teile können über den originalen Hersteller, durch Zulieferer oder durch Nachbauten bezogen werden. Um das Ausfallverhalten von Ersatzteilen berechnen bzw. abschätzen zu können, wird eine Reihe von statistischen Verteilungen verwendet, wie beispielsweise die Weibull-Verteilung (s. BIEDERMANN 2008, S. 15; BALZER U. SCHORN 2014, S. 243). Die Beschaffungsangaben können relevant sein, wie zum Beispiel die Wiederbeschaffungszeit oder -kosten, der Hersteller und der Lieferant. Bei der Bevorratung ist zu beachten, dass die einfache und schnelle Zugänglichkeit bei einem Ausfall gewährleistet ist. Zusätzlich müssen die natürlichen Alterungsprozesse der Teile beachtet werden, um einen idealen Lagerplatz zu bestimmen; so sollten Keilriemen zum Beispiel nicht einer direkten Sonneneinstrahlung ausgesetzt sein, damit sie nicht spröde werden. Ersatzteile müssen ebenfalls überprüft werden; so müssen einige elektronische Ersatzteile (beispielsweise Formierung von Servoverstärkern und Frequenzumrichtern) auch im Lager periodisch mit Strom versorgt werden, um ihre Funktionsfähigkeit zu erhalten. Andere Teile müssen kalibriert werden, bevor sie zur Verwendung freigegeben werden. Rotierende Ersatzteile (z. B. Elektromotoren) müssen periodisch gedreht werden, damit die Lager keiner Plättung unterliegen und nicht im Betrieb unrund laufen. Daher sind ggf. Inspektionspläne für Ersatzteile anzulegen und mit den Ersatzteilen zu verknüpfen.

Zusätzlich wird die Obsoleszenz von Objekten zunehmend wichtig, da die Produktlebensdauern, insbesondere bei elektrischen Komponenten, abnehmen (s. ZHENG U. TERPENNY 2013, S. 498). Daher sind Daten zur Identifikation der Teile, aber auch von Nachfolgeteilen notwendig.

C: Betriebsdaten

Die Betriebsdaten untergliedern sich in produktionsbezogene bzw. funktionale Daten, welche angeben, wie die Leistungsfähigkeit des Objekts ist, und in Daten, welche am Lebenszyklus des Objekts orientiert sind.

Produktionsbezogenen Daten sind beispielsweise Daten, welche den normalen Betriebszustand (max. Temperatur, max. Spannung usw.) angeben (s. DIN EN ISO 14224, S. 17), die angedachte bzw. wirkliche Anlagenverfügbarkeit, -qualität und -leistungsfähigkeit (s. BALZER U. SCHORN 2014, S. 333) sowie die von der Maschine ausgeführte Aufgabe in Bezug auf die Zeit (s. NIGUSSIE U. AVVARI 2020, S. 110) ausweisen. Insbesondere für die zuverlässigkeitsorientierte Instandhaltung sind die spezifischen Betriebskosten und die Ausfallfolgekosten von Bedeutung (s. BALZER U. SCHORN 2014, S. 333), um die Wirtschaftlichkeit von Maßnahmen und Strategien zu bewerten. Diese werden meist für bestimmte Objekte gebildet, um einen Ausfall einordnen zu können. Meistens gibt es darüber hinaus Daten für die Betriebsverantwortung, einen Kostenstellenplan mit Verrechnungshierarchie sowie Informationen und Pläne zum Risikomanagement und der Krisenorganisation (s. BALZER U. SCHORN 2014, S. 331).

Der betreiberseitige Lebenszyklus der Objekte beginnt mit der Montage und Inbetriebnahme der Objekte. Das damit verbundene Engineering-Projekt ist mit spezifischen Anschaffungskosten für das Objekt verbunden (s. BALZER U. SCHORN 2014, S. 241). Aus dem Ein-/Ausbau ergibt sich das Alter der Objekte (s. BALZER U. SCHORN 2014, S. 241), wobei oftmals die angedachte objektbezogene Lebensdauer festgelegt wird (s. BALZER U. SCHORN 2014, S. 333). Über die Nutzungsdauer wird das Objekt abgeschrieben, die Abschreibungsrate ist gesetzlich festgelegt und ergibt sich aus der Anlagenlebensdauer und den Investitionskosten (s. BALZER U. SCHORN 2014, S. 242). Teilweise verwenden Unternehmen einen Prozentsatz des Wiederbeschaffungswertes (Investition und Inflationsrate (s. BALZER U. SCHORN 2014, S. 242)) als Kennzahl und Benchmarking für ihre Instandhaltungskosten. Es ergeben sich aus den durchgeführten Maßnahmen objektbezogene Instandhaltungskosten, welche über den Lebenszyklus gesammelt werden (s. BALZER U. SCHORN 2014, S. 333). Abgeleitet daraus können Rangliste für die Erneuerung der Objekte abgeleitet werden (s. BALZER U. SCHORN 2014, S. 332). Dafür werden zusätzlich oft Fehlerhäufigkeiten mit der *MTBF (Mean Time Between Failure)* und *MTTR (Mean Time to Repair)* genutzt. Teilweise wird auch eine eigene Kennzahl, die Anlagensubstanz, gebildet. Diese ist als ein dimensionsloser Wert zwischen Null und Eins definiert. Dieser Wert gibt an, wie sehr alle Anlagen verbraucht sind. Bei einem Wert von Null haben alle Anlagen ihre technische Nutzungsdauer erreicht oder überschritten. Falls alle Anlagen neu sind, hat die Anlagensubstanz einen Wert von Eins. Dabei müssen nicht zwangsläufig Zustandsdaten zum Einsatz für die Bestimmung kommen, sondern dies könnte beispielsweise auch an die Abschreibung oder die geplante Nutzungsdauer der Anlagen geknüpft sein (s. SPITZER U. MARWITZ 2020, S. 703). Allgemein bietet es sich an, für

Zuverlässigkeitsdaten Objekttypen zusammenzufassen und als statistischen Anhaltspunkt zu benutzen (s. DIN EN ISO 14224, S. 10). Durch die ermittelten Fehlerraten, abhängig vom Betriebsmittelalter bzw. Betriebsmittelzustand als Funktion der Störungsauswirkung (groß, klein), lassen sich Rückschlüsse auf zukünftige Ausfälle, den notwendigen Bestand von Ersatzteilen oder Informationen für die Neubeschaffung von Objekten ziehen (s. DIN EN ISO 14224, S. 9). Aus der Historie des Objekts lassen sich Schlüsse für den Ersatz oder die Entsorgung ableiten; so steigt im Lebenszyklus der Objekte in der Regel die Instandhaltungsintensität an, da eine Vielzahl von Bauteilen ihre Verschleißgrenze erreicht (s. NIGUSSIE U. AVVARI 2020, S. 110). Dabei kommt es zu spezifischen Entsorgungskosten, welche ebenfalls in die Lebenszykluskosten inkludiert und für eine zukünftige Neubeschaffung berücksichtigt werden sollten (s. BALZER U. SCHORN 2014, S. 242).

5.5.2 Ereignisdaten

Ereignisbezogene Informationen stehen immer mit einer Transaktion bzw. einer Veränderung in Zusammenhang. Ereignisdaten bieten das Potenzial, Rückschlüsse auf die Leistung oder das Verhalten von Mitarbeitern zu ziehen. Daher sind sie von arbeitsrechtlicher Bedeutung, da aus diesen Rückschlüssen unter Umständen Konsequenzen in Bezug auf den Inhalt und/oder den Fortbestand des Beschäftigungsverhältnisses des Mitarbeiters gezogen werden kann. (s. MÜLLER-SEUBERT 2021, S. 40) Daher ist die Erfassung der Daten frühzeitig mit dem Betriebsrat und den Beschäftigten abzuklären und ggf. zu anonymisieren.

Die Ereignisdaten werden in vier Typen unterschieden: **produktionsbezogene Daten, Zustandsdaten, Fehlerdaten und maßnahmenbezogene Daten**. Zuerst werden die produktionsbezogenen Daten fokussiert, also Daten, welche mit dem Betrieb der Anlage zu tun haben. Dazu gehören alle Daten, welche mit der Produktionsplanung, -durchführung und Produktlagerung und -auslieferung zu tun haben. Die anderen Daten betreffen den Zustand der Objekte, deren Fehler bzw. Störungen und die vier Grundmaßnahmentypen der Instandhaltung (s. Kapitel 2.1.2).

D: Produktionsbezogene Daten

Die wichtigste Zielgröße der zuverlässigkeitsbezogenen Instandhaltung stellt die *OEE* dar (s. Kapitel 2.1.1), welche durch die Produktqualität, Produktionsverfügbarkeit und Produktionsproduktivität abgebildet wird. Ein einzelner Ausfall kann weitreichende

Folgen nach sich ziehen, wie z. B. einen vermehrten Investitionsbedarf, den Verlust von Aufträgen, die nicht angenommen werden können, und die Zahlung von Pönalen durch Terminverzug (s. BIEDERMANN 2008, S. 26–27). Eine Betrachtung der Wertschöpfungskette kann jedoch Puffer offenbaren, welche von der Instandhaltung für die Störungsbeseitigung genutzt werden können (s. WANNENWETSCH 2014, S. 500–502). Die Lagerbestandsdaten beinhalten Daten über den aktuellen Lagerbestand sowie die Transport- und Lagerbuchungen und können zur Identifikation von Puffern genutzt werden (s. BISCHOFF ET AL. 2015, S. 75). Die Produktionsplandaten können zusätzlich Informationen darüber geben, wie die Auslastung und Kritikalität der Anlage ist und ob sich Zeiträume für Maßnahmen ergeben. So enthalten die Produktionsplandaten das Produktionsprogramm und den Arbeitsfortschritt der Aufträge (s. REBSTOCK U. LIPP 2003, S. 299; LÖDDING 2016, S. 108). Darüber hinaus beinhalten die Auftragsdaten z. B. Auftragsnummer, Auftraggeber, Auftragnehmer, Laufzeitbeginn, Auftragstext und ggf. Vertragsdetails (z. B. Pönalen) (s. KOCH ET AL. 2018, S. 280).

E: Zustandsdaten der Objekte

In diese Datenkategorie fallen Zahlen, die aus Messungen von Inspektionen bzw. Befunden bei Wartungen oder Instandsetzungen stammen, sowie Informationen aus der vorbeugenden Instandhaltung. Dabei werden Zustandsdaten aus verschiedenen Analyseverfahren und physikalischen und chemischen Verfahren gewonnen (s. WAKIRU ET AL. 2021, S. 213). Dabei können auch betriebliche Daten (Belastung, Temperatur usw.) genutzt werden, um eine Anomalie zu erkennen (s. BALZER U. SCHORN 2014, S. 236), Rückschlüsse auf die Abnutzung der Objekte zu ziehen und das Alterungsverhalten sowie die Zustandsentwicklung abzuleiten (s. BALZER U. SCHORN 2014, S. 333). Der Fokus liegt dabei auf der technischen Alterung der Objekte, also den Kriterien, die einen Alterungs- bzw. Verschleißprozess beschreiben (s. BALZER U. SCHORN 2014, S. 237). Viele Einflussfaktoren beeinflussen den Verschleißfortschritt und müssen daher bei der Auslegung der Anlagen sowie ggf. bei der Verbesserung der Objekte berücksichtigt werden (s. Abbildung 5-18).

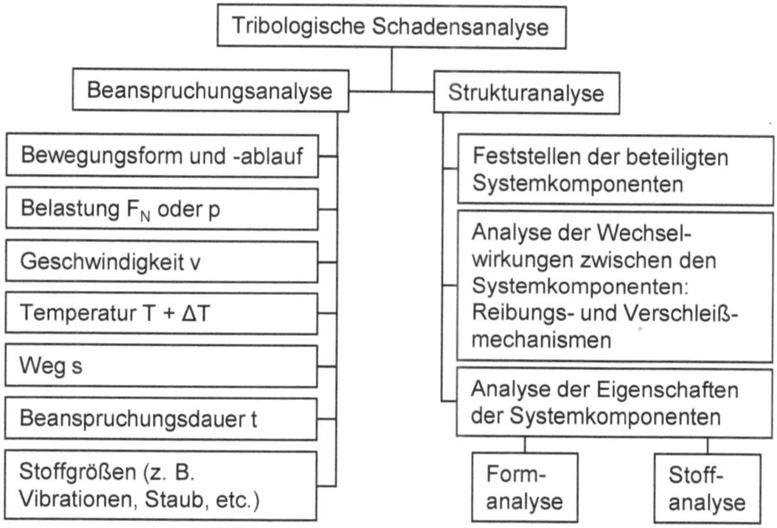

Abbildung 5-18: Einflussgrößen auf den tribologischen Verschleiß von Objektkomponenten nach ZIMMERMANN (eigene Darstellung, i. A. a. ZIMMERMANN 2020, S. 34)

Um den Zustand der Objekte zu bewerten, werden schon seit Jahrzehnten Inspektionsdaten genutzt, welche durch menschliche Erfassung bei Inspektionen generiert werden (s. SINGH ET AL. 2019, S. 182). Eine frühzeitige Fehlererkennung kann auch über Qualitätsdaten geschehen, wenn sich der Verschleiß einzelner Komponenten z. B. auf die Qualität der Produkte auswirkt und sich dadurch eine Anomalie erkennen lässt (s. RYLL U. FREUND 2010, S. 33). Der Zustand der Objekte und ihrer Komponenten kann auch von der Umgebung beeinflusst werden, weshalb auch Umgebungsdaten über z. B. Temperatur und Feuchtigkeit der Umgebung berücksichtigt werden müssen und zur Vorhersage genutzt werden können (s. BISCHOFF ET AL. 2015, S. 75). Die durch die Industrie 4.0 einfacher und preiswerter werdende kontinuierliche Überwachung (s. Kapitel 2.1.2) ermöglicht vollständigere Daten und eine automatische Erfassung von Werten. Die Zustandsdaten werden dabei systematisch von Sensoren erfasst, welche Daten über beispielsweise Vibrationen, Temperatur und Füllstände der Komponenten generieren können (s. CARDEN U. FANNING 2004, S. 355; YANG ET AL. 2010, S. 263; SOLFRID ET AL. 2018, S. 2423). Bei komplexen industriellen Systemen sind die gesammelten Zustandsdaten jedoch oft nicht repräsentativ für alle möglichen Fehler und für alle zukünftigen Betriebszustände (s. MICHAU U. FINK 2021, S. 2). Daher ist die Überführung in eine Simulation der *Remaining Useful Life* (*RUL*, dt. verbleibende

Nutzungsdauer) und eine Zustandsanalyse oftmals nicht ohne weiteres möglich. Der Verbrauch des *RUL* ist von verschiedenen Faktoren abhängig, wie z. B. von der Höhe der Belastung oder von den Betriebszuständen (s. ZHAI U. REINHART 2018, S. 299–300). Die Simulation der *RUL* hat somit die Aufgabe, den aktuellen und den zukünftigen Abnutzungsgrad zu prognostizieren. Die Zustandsanalyse liefert Informationen über die Abnutzungs- und Leistungszustände der Maschine und ihrer Komponenten (s. REDEKER U. KEUNECKE 2001, S. 244).

F: Fehlerdaten bzw. Meldungs- / Ticketdaten

Dies sind Daten darüber, was tatsächlich passiert ist, als die Anlage ausgefallen ist. Die Analyse von Ausfalldaten ist eine wichtige Komponente der zuverlässigkeitsorientierten Instandhaltung, da ihr Ergebnis die Zusammenhänge des Ausfalls aufzeigt. Eine solche Analyse ermöglicht es dem Management, entsprechende gezielte Gegenmaßnahmen zu definieren und umzusetzen. Dabei müssen eine Verbindung zum betroffenen Objekt und ein Datum gegeben sein, um Fehler lokal und zeitlich einordnen zu können. Dabei kann auch eine detaillierte Auflistung der ausgefallenen Teileinheiten und Bauteilen notwendig sein. Um die Störung in einen Betriebskontext zu stellen, können darüber hinaus Informationen zum Produktionsprogramm und zu den Betriebszuständen notwendig sein.

Die **Ausfallart** kann verschiedene Ausprägungen und Kategorien aufweisen; eine Möglichkeit ist es, danach zu unterteilen, wie Ausfälle entdeckt werden. Ein Ausfall auf Anforderung ist daher ein Ausfall, der erst dann wahrgenommen wird, wenn eine entsprechende Leistungsanforderung an das Objekt gestellt wird (s. DIN EN ISO 14224, S. 9). Dies kann zum Beispiel bei Sicherheitsfunktionen auftreten oder bei nicht kontinuierlich genutzten Objekten.

Die **Ausfallhäufigkeit** gibt die nicht an Bedingungen geknüpfte (nicht konditionale) Ausfalldichte bzw. die an Bedingungen geknüpfte (konditionale) Wahrscheinlichkeit für einen Ausfall eines Objekts innerhalb eines definierten Zeitraumes an (s. DIN EN ISO 14224, S. 8). Diese wird oftmals aus den historischen Daten von Ausfällen gebildet.

Die **Fehlerkonsequenz** bzw. Ausfallwirkung zeigt den Einfluss eines Ausfalls auf die Funktion(en) eines Objekts oder auf die Anlage an (s. DIN EN ISO 14224, S. 8; BALZER U. SCHORN 2014, S. 241). Dabei können auch HSE-relevante Konsequenzen berücksichtigt werden; angefangen von einer kleinen Verletzung, die leicht zu behandeln ist, bis hin zum Tod einer oder mehrerer Personen (s. DIN EN 60812, S. 40). Für OEE-relevante Stillstände ist zudem die Zeit des Ausfalls bzw. des Fehlers von Bedeutung, da dadurch indirekte Konsequenzen abgeleitet werden können (s. DIN EN ISO 14224, S. 6).

Der **Fehlermechanismus** ist ein physikalischer, chemischer oder logischer Prozess, oder eine Kombination daraus, welcher/welche zu einem Fehler führt (s. DIN EN ISO 14224, S. 8). Oftmals werden aus typischen Fehlern je nach Industrie und Anlagenpark **Fehlercodes** abgeleitet (s. Tabelle 5-4). Dafür werden in der Regel Fehler herangezogen, welche in der Vergangenheit bereits aufgetreten sind (s. BRINKSCHULTE U. GEIMER 2017, S. 58; SINGH ET AL. 2019, S. 182). Diese sollten durch Fehlerarten ergänzt werden, welche durch derzeit bestehende Instandhaltungsmaßnahmen verhindert werden, und Fehlerarten, die noch nicht aufgetreten sind, die aber im betrieblichen Kontext für wahrscheinlich gehalten werden (s. GUGALIYA ET AL. 2019, S. 1266). Die Fehlercodes sollten daher alle möglichen Fehler enthalten, die hinreichend wahrscheinlich sind (s. LIGGESMEYER U. TRAPP 2014, S. 442).

Tabelle 5-4: Beispiel Fehlercodes (s. SIFONTE U. REYES-PICKNELL 2017, S. 107–109)

Kategorie	Unterkategorie
Mechanisch	• **Allgemein:** Ein Ausfall, der mit einem mechanischen Defekt zusammenhängt, bei dem aber keine weiteren Details bekannt sind • **Leckage:** Externe und interne Leckagen, entweder Flüssigkeiten oder Gase • **Abnormale Vibration** • **Spiel/Ausrichtungsfehler** • **Verformung:** verformung, biegen, knicken, beulen, nachgeben, schrumpfen, blasenbildung, kriechen usw. • **Lockerheit:** Unterbrechung, lose Teile • **Verfestigung:** Festfressen, Verklemmen aus anderen Gründen als Verformung oder Spiel-/Ausrichtungsfehler
Werkstoff	• **Allgemein:** Ein Fehler, der mit einem Materialfehler zusammenhängt, aber über den keine weiteren Details bekannt sind • **Kavitation:** Relevant für Geräte wie Pumpen und Ventile • **Korrosion:** Alle Arten von Korrosion, sowohl nass (elektrochemisch) als auch trocken (chemisch)

	• **Erosion:** Erosiver Verschleiß • **Abnutzung:** Abrasive und adhäsive Abnutzung, z. B. Riefenbildung, Abrieb, Fressen und Reibung • **Bruch:** Bruch, Durchbruch und Riss • **Ermüdung** • **Überhitzung:** Materialschäden aufgrund von Überhitzung/Verbrennung
Instrumentierung	• **Allgemeines Versagen:** Im Zusammenhang mit der Instrumentierung, aber keine Details bekannt • **Ausfall der Steuerung:** Keine Regelung oder fehlerhafte Regelung • **Kein Signal/Anzeige/Alarm:** Kein Signal/Anzeige/Alarm, wenn erwartet • **Fehlerhaftes Signal/Anzeige/Alarm:** Das Signal/die Anzeige/der Alarm ist im Verhältnis zum tatsächlichen Prozess falsch. Kann fehlerhaft, intermittierend, schwankend oder willkürlich sein. • **Außerhalb der Justierung:** Kalibrierungsfehler, Parameterdrift • **Software-Fehler:** Fehlerhafte oder fehlende Steuerung/Überwachung/Betrieb aufgrund von Software • **Gemeinsame Ursache:** Mehrere Geräteelemente sind gleichzeitig ausgefallen, z. B. redundante Brand- und Gasmelder; auch Ausfälle, die auf eine gemeinsame Ursache zurückzuführen sind.
Elektrischer Ausfall	• **Allgemeine Ausfälle:** im Zusammenhang mit der Versorgung und der Übertragung von elektrischer Energie, wobei jedoch keine weiteren Einzelheiten bekannt sind • **Kurzschluss** • **Offener Stromkreis:** Unterbrechung, Unterbrechung, Draht-/Kabelbruch • **Kein Strom/Spannung:** Fehlende oder unzureichende Stromzufuhr • **Fehlerhafte Leistung/Spannung:** Fehlerhafte elektrische Stromversorgung, z. B. Überspannung • **Erd-/Isolationsfehler:** Erdschluss, niedriger elektrischer Widerstand
Externer Einfluss	• **Allgemein:** Ausfall verursacht durch einige externe Ereignisse oder Substanzen außerhalb der Begrenzung, es sind aber keine weiteren Details bekannt

	• **Blockiert/verstopft:** Durchfluss eingeschränkt/blockiert aufgrund von Verschmutzung, Kontamination, Vereisung usw. • **Verunreinigung:** Verunreinigte Flüssigkeit/Gas/Oberfläche, z. B. verunreinigtes Schmieröl • **Verschiedene äußere Einflüsse:** Fremdkörper, Stöße, Umwelteinflüsse aus benachbarten Systemen
Sonstiges	• **Allgemein:** Fehlermodus, der nicht in eine der oben genannten Kategorien fällt • **Keine Ursache gefunden:** Fehlermodus untersucht, aber Ursache nicht aufgedeckt oder zu unsicher • **Kombinierte Ursachen:** Mehrere Ursachen: Wenn es eine vorherrschende Ursache gibt, sollte diese kodiert werden. • **Andere:** Kein Code anwendbar: Freier Text verwenden

Die Fehlercodes weisen den sichtbaren Fehler aus und können in der Regel auch von Bedienern ausgefüllt bzw. durch die Maschinensteuerung automatisch erfasst werden. Die Ursachencodes erfordern meist eine tiefere Analyse der Zusammenhänge der Störung (s. Tabelle 5-5). Eine Ausfallursache kann bei Spezifikation, Konstruktion, Herstellung, Installation, Betrieb oder Instandhaltung einer Einheit auftreten. So kann zum Beispiel menschliches Versagen, also Nichtübereinstimmung zwischen der vorgenommenen oder unterlassenen Handlung und der beabsichtigten Aktion, eine Ursache für einen Fehler sein (s. DIN EN ISO 14224, S. 10). Die dem zugrundeliegende Ursache kann zum Beispiel die Ermüdung des Menschen, also der Verlust der physiologischen und psychologischen Funktion durch lange Wachsamkeitsphasen, schwere Arbeit, übermäßige Stimulation, Krankheit oder Stress sein (s. DIN EN ISO 14224, S. 10). Methoden zur Fehleranalyse (z. B. *5-Why-Methode*, *FMEA-Analyse*, *Ishikawa-Methode*) eignen sich jedoch nicht für den praktischen Einsatz bei jeder Störung, sondern sollten aufgrund ihres Aufwands gezielt bei kritischen oder wiederkehrenden Störungen eingesetzt werden. Dies führt dazu, dass Daten in der nötigen Detailtiefe nur selten vorliegen.

Tabelle 5-5: Beispiel Ursachencodes (s. SIFONTE U. REYES-PICKNELL 2017, S. 110–111)

Kategorie	Unterkategorie
Konstruktion	• **Allgemein:** Unzureichende Auslegung oder Konfiguration der Ausrüstung (Form, Größe, Technologie, Konfiguration,

	Bedienbarkeit, Wartbarkeit usw.), aber keine weiteren Einzelheiten bekannt • **Unangemessene Kapazität:** Unzureichende Dimensionierung/Kapazität • **Ungeeignetes Material:** Ungeeignete Materialauswahl
Herstellung /Montage	• **Allgemeines:** Fehler bei der Herstellung oder Installation, aber keine weiteren Details bekannt • **Fabrikationsfehler:** Fehler bei der Herstellung oder Verarbeitung • **Fehler bei der Installation:** Installations- oder Montagefehler (Montage nach der Wartung nicht eingeschlossen)
Bedienung / Instandhaltung	• **Allgemein:** Fehler im Zusammenhang mit Betrieb/Benutzung oder Wartung des Geräts, aber keine weiteren Details bekannt • **Nicht bestimmungsgemäßer Betrieb:** Nicht bestimmungsgemäße oder unbeabsichtigte Betriebsbedingungen, z. B. Kompressorbetrieb außerhalb des zulässigen Bereichs, Druck über der Spezifikation usw. • **Bedienungsfehler:** Fehler, Missbrauch, Nachlässigkeit, Übersehen usw. während des Betriebs • **Wartungsfehler:** Irrtum, Fehler, Nachlässigkeit, Übersehen usw. bei der Wartung
Organisatorisch	• **Allgemeines Versagen:** Bezieht sich auf Managementprobleme, aber keine weiteren Details bekannt • **Fehler in der Dokumentation:** Fehler in Bezug auf Verfahren, Spezifikationen, Zeichnungen, Berichte usw. • **Management-Fehler:** Fehler in Bezug auf Planung, Organisation, Qualitätssicherung usw.
Sonstiges	• **Allgemein:** Ursachen, die nicht in eine der oben genannten Kategorien fallen. • **Keine Ursache gefunden:** Fehler untersucht, aber keine spezifische Ursache gefunden. • **Kombinierte Ursachen:** Es wirken mehrere Ursachen gleichzeitig. Wenn eine Ursache vorherrschend ist, sollte diese hervorgehoben werden. • **Sonstiges:** Keiner der oben genannten Codes trifft zu. Geben Sie die Ursache als freien Text an. • **Unbekannt:** Es liegen keine Informationen über die Fehlerursache vor.

Alterung	• Das Alter ist eine sehr häufige Ursache für die Abnutzung eines Gegenstandes entsprechend seinen inhärenten Zuverlässigkeitseigenschaften. Beispiele für Ausfallarten, bei denen das Alter eine plausible Ursache ist, sind der Verschleiß von Autoreifen, die Verstopfung von Luftfiltern, der Verschleiß von Pumpenlaufrädern, Ventilsitzen usw.

Die Komplexität von Fehler- und Ursachencodes kann beliebig gewählt werden und sollte der Branche und dem Unternehmen angepasst sein. So können irrelevante Codes weggelassen und die Komplexität für eine einfachere Handhabung reduziert werden. Die Analyse der Codes, gekoppelt mit Hierarchie- und Betriebsdaten, bietet das Potenzial, störanfällige Anlagen zu identifizieren und entsprechende Maßnahmen zu initiieren.

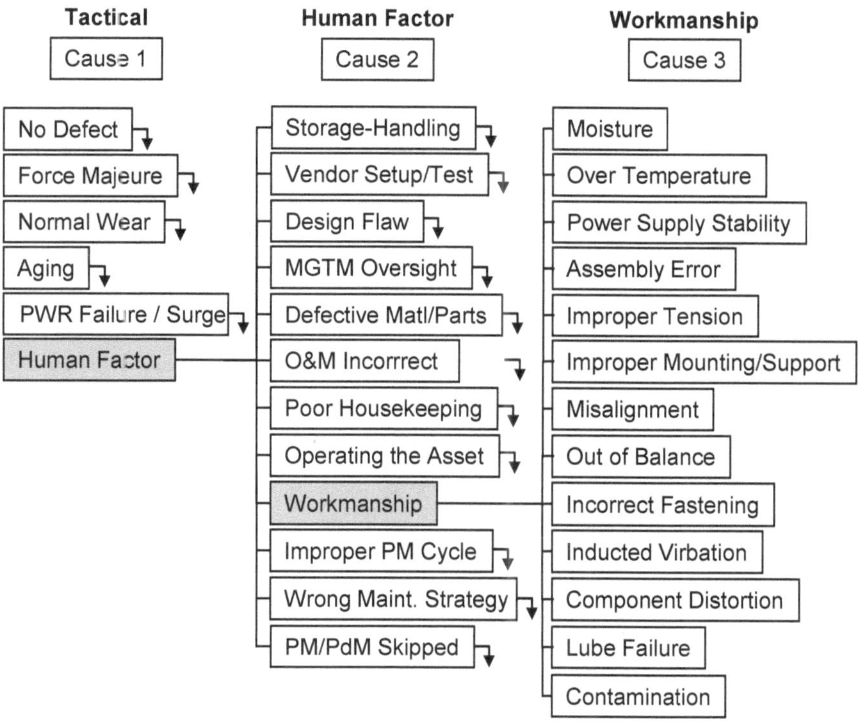

Abbildung 5-19: Verschiedene Ebenen für Ursachencodes (eigene Darstellung, i. A. a. REEVE U. BURLEY 2017, S. 66)

Um die Bedienung von Fehler- bzw. Ursachencodes zu erleichtern und damit die Qualität der Rückmeldung durch die Bediener oder Instandhalter zu verbessern, werden diese in mehreren Ebenen in IPS-/BDE-Systemen abgebildet (s. Abbildung 5-19). Die Ebenenanzahl und Komplexität sollten bei der Implementierung der Codes in die Softwarelösung abgewogen werden. Eine höhere Komplexität korreliert nicht unbedingt mit einer besseren Datenqualität und -aussagekraft, da die Bereitschaft der Mitarbeiter, sich durch *n* Ebenen zu klicken, sinkt und daher teilweise falsche Codes ausgewählt werden. Die Steigerung der Datenqualität erfordert einen kulturellen Wandel, der durch einen iterativen Genehmigungsworkflow unterstützt werden sollte. Insbesondere um Schwachstellen in der Aufbau- und Ablauforganisation zu identifizieren, bietet es sich zudem an, Informationen über den Workflow zu sammeln, um Wartezeiten usw. zu identifizieren (s. BALZER U. SCHORN 2014, S. 332).

G: Maßnahmenbezogene Daten

Für die **Durchführung** der Arbeit und der in Kapitel 2.1.2 vorgestellten Grundmaßnahmen ist ebenfalls eine Reihe von Daten zu bestimmen, welche in die Instandhaltungshistorie der Anlage mit einfließt. Die erste ist die Identifikation bzw. der Standort des Objekts, einschließlich Untereinheiten und Komponenten, die instandgehalten werden (s. SIFONTE U. REYES-PICKNELL 2017, 62-64). Für die Abwicklung und Disposition sind zudem Zeitinformationen wie Start- und Endtermine, ggf. Zyklen relevant (s. BALZER U. SCHORN 2014, S. 332; SIFONTE U. REYES-PICKNELL 2017, S. 62). Zusätzlich werden Aufträge in der Regel kategorisiert (beispielsweise korrektiv, präventiv), priorisiert (beispielsweise hohe, mittlere oder niedrige Priorität) und mit einem Status verknüpft (beispielsweise freigegeben, abgeschlossen) (s. SIFONTE U. REYES-PICKNELL 2017, 62-64; NIGUSSIE U. AVVARI 2020, S. 110). Zudem wird die Instandhaltungstätigkeit einschließlich Fehlerursache und wichtigster Erkenntnisse beschrieben (s. SIFONTE U. REYES-PICKNELL 2017, 62-64). Dabei werden systematische Fehlerinformationen und ggf. ein Arbeitsablauf, Arbeitspläne und Vorgänge hinterlegt (s. BALZER U. SCHORN 2014, S. 332). Zudem werden die Auswirkungen der Instandhaltung auf den Betrieb der Anlage (keine, teilweise oder vollständig) dargestellt, um eine Planung möglich zu machen (s. SIFONTE U. REYES-PICKNELL 2017, 62-64; NIGUSSIE U. AVVARI 2020, S. 110).

Der **Aufwand** der Maßnahme wird teilweise vorgeplant, in jedem Fall aber aufgenommen, um eine historische Auswertung zu ermöglichen. So wird der (geplante)

Ersatzteilverbrauch mit Typ, Standort und Verfügbarkeit erfasst, die Instandhaltungsarbeitsstunden pro Disziplin (mechanisch, elektrisch, Instrumente, andere), Arbeitsstunden für die Instandhaltung, Gesamtzahl der Arbeitsstunden für die Instandhaltung, eingesetzte Instandhaltungsressourcen und die Zeitdauer der aktiven Instandhaltungsarbeiten an der Ausrüstung (s. SIFONTE U. REYES-PICKNELL 2017, 62-64). Daraus können die Eigenpersonal-, Fremddienstleister- und Materialkosten der Maßnahme abgeleitet werden (s. BALZER U. SCHORN 2014, S. 242)

Für die **Auftragssteuerung** ist zu bestimmen, wie viele Personen mit welchen Qualifikationsanforderungen für die Auftragsdurchführung notwendig sind (s. NIGUSSIE U. AVVARI 2020, S. 110). Die Personalauslastung (fremd/eigen) und -verfügbarkeit sind abzuklären und für die Terminierung zu benutzen (s. BALZER U. SCHORN 2014, S. 333). Teilweise ist dafür ebenfalls Betriebs- und Bereitschaftspersonal mit zu berücksichtigen (s. BALZER U. SCHORN 2014, S. 332). Zudem sind die Notwendigkeit und Verfügbarkeit von Lagerinformationen der benötigten Teile sowie die Notwendigkeit und Verfügbarkeit der notwendigen Werkzeuge zu überprüfen (s. NIGUSSIE U. AVVARI 2020, S. 110). Dabei können Reservegeräte, Notfallmaterialien, Fertigungshilfsmittel und Betriebsausrüstung ebenfalls relevant sein (s. BALZER U. SCHORN 2014, S. 331). In einigen Fällen betrifft dies ebenfalls die Arbeitsumgebung oder den Zustand der Objekte, zum Beispiel, wenn eine Gefährdung der Mitarbeiter vorliegen könnte (s. NIGUSSIE U. AVVARI 2020, S. 110).

Für **periodische Tätigkeiten (Wartung, Inspektion)** sind zusätzliche Informationen notwendig, wie zum Beispiel die Intervalle, welche beispielsweise von einem Hersteller vorgegeben werden können (s. NIGUSSIE U. AVVARI 2020, S. 110). Dabei wird oftmals ein Zeitparameter verwendet, wie zum Beispiel alle 3 Monate usw. Der Zeitparameter kann aber auch beispielsweise in Kilometern (bei Fahrzeugen), Betriebszeit, Betriebszyklen, Starts und Stopps, Landungen, Starts, Lagerzeit usw. ausgedrückt werden (s. BALZER U. SCHORN 2014, S. 236; SIFONTE U. REYES-PICKNELL 2017, S. 249; MARQUES U. GIACOTTO 2019, S. 234). Zusätzlich muss bei der Inspektion definiert werden, welche Kenngrößen erhoben und welche Untersuchungsmethoden wie häufig angewandt werden sollen (s. SCHIEẞL U. MAYER 2009, S. 750). Dabei spielen Detektionsmodi eine entscheidende Rolle; diese geben an, wie ein möglicher Fehler identifiziert werden kann (s. HARTIG 2000, S. 13). Für die Messmethode müssen daher die Anzahl der periodischen Tests sowie die Überwachungszeit definiert sein (s. DIN

EN ISO 14224, S. 21). Ziel ist es, eine Vorwarnzeit aus den Detektionsmodi abzuleiten. Diese beschreibt die Zeit, die zwischen dem Erkennen des Fehlers und dem Zeitpunkt des Ausfalls verbleibt. Sie kann sich von Millisekunden bis zu Jahren erstrecken (s. SOMMER ET AL. 2010, S. 30). Durch das *P-F-Intervall* wird die Zeit bestimmt, die sich vom Eintritt der Phase des potenziellen Versagens (P) bis hin zum vollständigen Funktionsausfall (F) erstreckt. Der Beginn der Phase des potenziellen Versagens wird z. B. durch frühe Anzeichen von Verschleiß aufgezeigt (s. PALEM 2013, S. 25–26). Anhand der Informationen kann eine Bewertung des Zustandes der Komponenten erfolgen und eine Aufbereitung oder ein Ersatz angestoßen werden (s. Abbildung 5-20).

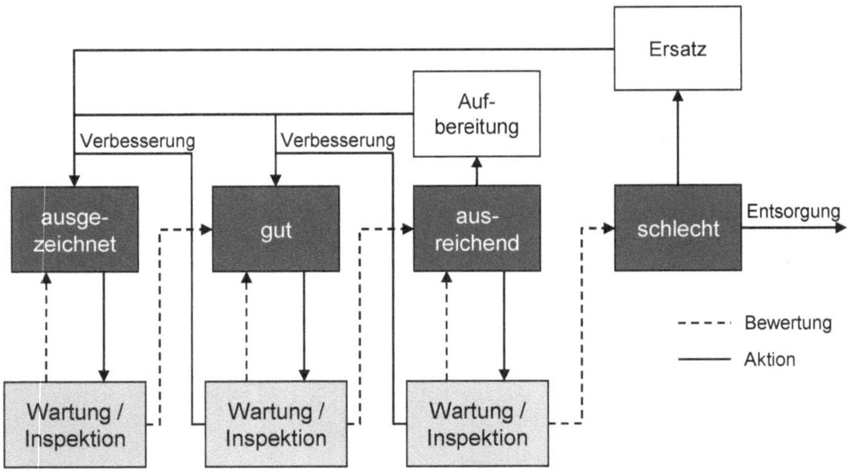

Abbildung 5-20: Iterative Bewertung des Zustands von Objektkomponenten (eigene Darstellung, i. A. a. BALZER U. SCHORN 2014, S. 239)

Zusätzlich können für Aufträge noch Daten zu externen Kontakten, wie beispielsweise Kunden, Lieferanten, wie Adressen, Verträge, Vergabetiefe, Auflagen und Festlegungen relevant sein (s. BALZER U. SCHORN 2014, S. 331). Insbesondere mit externen Kontakten sind auch Durchführungsnachweise wichtig, um die geleistete Arbeit belegen und dokumentieren zu können. Für die Auswertung und für die Ableitung von prozessualen Schwächen kann es zudem interessant sein, Wartezeiten, Verzögerungen/Probleme bei dem Auftrag zu dokumentieren und daraus Maßnahmen abzuleiten (s. SIFONTE U. REYES-PICKNELL 2017, 62-64).

5.6 Beschreibung der Informationsquellen

Die Informationsakquisition und die Informationsquellen bilden das letzte Element des **Kreislaufs der Informationswirtschaft** (siehe Kapitel 4.3). Es gibt bei den Unternehmensquellen, welche den Ursprung für Informationen darstellen, unterschiedliche Klassifizierungsmöglichkeiten. So kann beispielsweise unterschieden werden, ob sich die Quelle innerhalb oder außerhalb des Unternehmens befindet (s. KRCMAR 2015a, S. 130). Teilweise sind die Klassifizierungsmöglichkeiten bedingt durch regulatorische Vorgaben, da das Unternehmen die Sicherheit und Qualität ihrer Anlagen während des gesamten Lebenszyklus nachweisen muss.

Viele Daten werden von der Instandhaltung selbst oder von Anspruchsgruppen der Instandhaltung innerhalb des eigenen Unternehmens generiert (s. Kapitel 5.1). Jeder Datensatz, z. B. ein Ausfallereignis, wird in der Datenbank durch eine Reihe von Attributen gekennzeichnet. Jedes Attribut beschreibt eine Information, z. B. den Ausfallmodus. Üblicherweise werden über Auswahllisten kategorisierte Daten verwendet, um eine Auswertung einfacher zu machen und die Datenqualität zu verbessern. Zusätzliche Informationen können jedoch auch in freiem Text, mit Bildern, Tonaufnahmen oder Videos gegeben werden (s. DIN EN ISO 14224, S. 39). Insbesondere Bilder, beispielsweise einer Kühlstelle, die im Laufe der Zeit aufgenommen wurden, können sehr wertvoll für die Benutzer sein, um die Zustandsentwicklung zu untersuchen. So können Datenabfragen und -analysen erleichtert oder die Dateneingabe vereinfacht werden, es kann eine automatische Konsistenzprüfung bei der Eingabe erfolgen und die Datenbankgröße und Antwortzeit bei Abfragen minimiert werden. (s. DIN EN ISO 14224, S. 35–36)

Eine Unterscheidung der Eingabe kann in automatischen und manuellen Eingaben erfolgen, welche im Folgenden näher vorgestellt werden.

5.6.1 Objektdaten

Die Objektdaten beziehen sich auf bestimmte Eigenschaften der Objekte, welche über den gesamten Lebenszyklus in der Regel gleich bleiben.

Herstellerdaten: Die Hersteller der Objekte verfügen in der Regel über umfangreiche Dokumentationen, was zum einen aus der Notwendigkeit der internen Wissenssicherung und Erarbeitung herrührt, zum anderen auch aus regulatorischen Gründen erfolgt. Oftmals findet kein ausreichender Übergang von Informationen zwischen den Konstruktions- und Herstellungsphasen und der Auslieferung und dem Betrieb statt. Die Dokumentation stellt in vielen Fällen eine unliebsame Arbeit des Engineerings dar, welche oftmals als Strafaufgabe gesehen wird. Abbildung 5-21 gibt einen Überblick über die vielfältigen Informationen und Informationsebenen des Herstellers des Objekts nach VDI 2770.

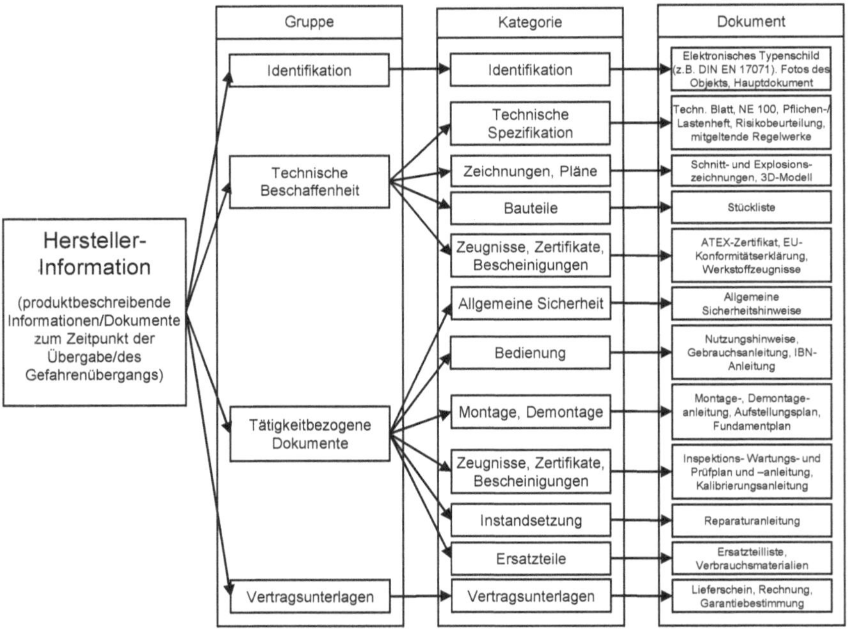

Abbildung 5-21: Übersicht über Herstellerinformationen (eigene Darstellung, i. A. a. VDI 2770, S. 12)

Oftmals liegen Betriebshandbücher, Garantiezusagen oder Vergabe- und Vertragsunterlagen in Papierform vor und sind damit nur mit Vorarbeiten für eine Analyse zu gebrauchen (s. BALZER U. SCHORN 2014, S. 331).

In einigen Fällen sitzt der Hersteller nicht außerhalb des Unternehmens, sondern ist eine interne Abteilung (z. B. Engineering, s. Kapitel 5.1). Teilweise geben Hersteller auch Ausfallraten an, die für die Bestimmung der Zuverlässigkeit von Objekten genutzt werden können. Diese lassen in der Regel jedoch auf eine niedrigere Häufigkeit schließen, als dies in der Realität der Fall ist, da der Hersteller diese häufig unter

Laborbedingungen bestimmt, Objekte unterschiedliche Qualitäten haben, bestimmte Rückkopplungen mit anderen verketteten Objekten nicht untersucht wurden und Fehlbedienungen, Installationsfehler, Wartungsfehler usw. häufig aus den Herstellerdaten ausgeschlossen wurden. Eine stärkere Partnerschaft zwischen dem Hersteller, seinem Kunden und der Lieferkette wird in Zukunft unerlässlich sein. Diese Partnerschaft muss von einer internen Organisationskultur unterstützt werden, die auf *"Engineering for Life"* und Service basiert. (s. ROY ET AL. 2016, S. 685)

Gesetze und Normen: Einige Angaben, zum Beispiel für Normteile, Sicherheits- oder Umweltvorschriften, sind Gesetzestexten oder Normen zu entnehmen. Im Gegensatz zu Gesetzestexten sind Normen nicht bindend, da sie jedoch oftmals den Stand der Technik definieren; besitzen sie eine juristische Relevanz, welche bei Verfahren ausschlaggebend sein kann. (s. BALZER U. SCHORN 2014, S. 242)

5.6.2 Ereignisdaten

Ereignisdaten beziehen sich im Kontext der zuverlässigkeitsorientierten Instandhaltung meist auf Arbeitsabläufe in der Produktion oder der Instandhaltung.

Meldung / Ticket: Die Meldung stellt in der Regel eine Bedarfsanforderung über ein Ereignis, ggf. eine Störung, an die Instandhaltungsplanung dar (s. RØDSETH ET AL. 2017, S. 306). Meldungen können beispielweise vom Maschinenbediener erstellt werden, weil die Maschine ungewöhnliche Geräusche oder Gerüche von sich gibt (s. SINGH ET AL. 2019, S. 182). Von der Qualität der Meldung hängt in erheblichem Umfang der operative Erfolg der Instandhaltung ab; so kann die Reaktionszeit verkürzt und die Fehleridentifikation vereinfacht werden.

Auftrag: Informationen aus Arbeitsaufträgen können zur Verbesserung der Zuverlässigkeit und zur Analyse von kritischen Objekten sehr wertvoll sein. Leider werden in den meisten Instandhaltungsorganisationen schlechte Daten in den Arbeitsaufträgen aufgezeichnet. Die aus diesen Daten gewonnenen Informationen sind so ungenau, dass es dem Management unmöglich ist, auf dieser Grundlage gute Entscheidungen zu treffen. (s. SIFONTE U. REYES-PICKNELL 2017, 62-64) Aus diesem Grund müssen Instandhaltungsingenieure sicherstellen, dass wichtige Fehler- und Reparaturdaten in ihren Arbeitsaufträgen für kritische Anlagen enthalten sind (s. SIFONTE U. REYES-PICKNELL 2017, S. 238).

Rückmeldungen: Rückmeldungen von Instandhaltungsaufträgen sind eine wertvolle Datenquelle für die zuverlässigkeitsorientierte Instandhaltung (s. SIFONTE U. REYES-PICKNELL 2017, 62). In den Rückmeldungen werden die Tätigkeiten während der Instandhaltungsmaßnahme des Mitarbeiters erläutert. Bei Instandsetzungen können hierbei beispielsweise Hinweise für die Fehlersuche und -behebung enthalten sein, bei Wartungen und Inspektionen beispielsweise Hinweise für die Ausführung oder Befunde zum Zustand des Objekts. In den Rückmeldungen sind überdies auch die entstandenen Aufwände enthalten; so werden Kosten für Arbeitsstunden, Materialien und Betriebsmittel in der Rückmeldung angegeben.

Sensorik: Durch Sensoren, welche beispielsweise Zustandsdaten, wie Vibrationen, Temperatur und Füllstände der Objekte, beschreiben können, werden automatisiert Daten erzeugt (s. CARDEN U. FANNING 2004, S. 355; YANG ET AL. 2010, S. 263; SOLFRID ET AL. 2018, S. 2423).

Anwendungssysteme: Durch automatisierte Abläufe innerhalb der Anwendungssysteme wird beispielsweise eine Historie der Abläufe automatisiert aufgebaut.

Maschinensteuerungen: Durch die Maschinensteuerung können Daten generiert werden, beispielsweise können Fehlercodes durch die Maschine erzeugt werden, welche automatisiert ein Ticket bzw. eine Meldung anstoßen. Aber auch Informationen zum Produktionsablauf, der Betätigung von Bedienelementen, wie Schaltern und Hebeln durch den Bediener, können protokolliert und beispielsweise zur Fehleridentifikation benutzt werden.

Änderungsdaten: Bei Änderungen von Objekten sind diese Änderungen für beispielsweise die erneute CE-Zertifizierung nach Maschinenrichtlinie notwendig. Die Änderungen konsequent nachzupflegen ist oftmals mit einem hohen Aufwand verbunden, dadurch wird dies in manchen Unternehmen nicht mit der notwendigen Sorgfalt durchgeführt. Dies kann, insbesondere bei der Ursachenforschung und für die Neubestellung von Anlagenteilen, zu einem erhöhten Aufwand führen.

Öffentliche Informations- und Datenquellen: Einige noch aktuell wenig genutzte Daten sind öffentlich verfügbar und können für die Bestimmung der Zuverlässigkeit herangezogen werden. Dazu gehören beispielsweise Wetterdaten, Hochwasserkarten für bestimmte Gebiete usw. Im Übrigen können auch regulatorische Vorgaben als

Informationsquelle für die Bestimmung der Zuverlässigkeit dienen (s. BALZER U. SCHORN 2014, S. 242).

Probleme mit der **Datenqualität** sind weit verbreitet in der Industrie, dies kann im schlimmsten Fall dazu führen, dass die Daten und Informationen wertlos werden, da keine oder die falsche Entscheidung von ihnen abgeleitet werden kann (s. LUKENS ET AL. 2019, S. 10). Die Datenqualität hängt in erster Linie von der Datenquelle ab (s. UNSWORTH ET AL. 2011, S. 1480), daher ist es wichtig, die Glaubwürdigkeit der Quelle zu bewerten. Dies kann zum Beispiel durch eine Kalibrierung oder Eichung für automatisierte Datenquellen wie Sensoren geschehen. Für manuell erfasste Daten muss ein Bewusstsein für Datenqualität geschaffen werden. Die Schaffung eines Bewusstseins für die Datenqualität und was der Nutzen aus den Daten ist bzw. sein soll, muss mit kontinuierlichem Feedback, Schulungen, durch Nachdruck und Kommunikation des Managements geschaffen werden (s. UNSWORTH ET AL. 2011, S. 1480). Gleichzeitig lassen sich auch prozessuale Maßnahmen ergreifen, um die Datenqualität zu verbessern, indem Verantwortlichkeiten geklärt und Workflows oder Qualitätsprüfungen geschaffen werden. Systemische Anpassungen, wie die Festlegung von Pflichtfeldern, eine Mindestzeichenanzahl oder ähnliches, lassen sich in der Regel leicht umgehen. Möglichkeiten bestehen in der Verknüpfung mit *Künstlicher Intelligenz*, um mehrere Kriterien automatisiert überprüfen zu können und teilweise sogar Werte zu ergänzen (s. SHI ET AL. 2015, S. 422; ANDRIANOVA ET AL. 2018, S. 13).

5.7 Zusammenfassung der Anforderungen

Dieses Kapitel diente der Identifikation und Beschreibung der für die nachfolgenden Erklärungs- und Gestaltungsmodelle notwendigen Elemente: *Anspruchsgruppen*, *Informationsbedarfe*, *Informationsangebote*, *Informationsressourcen*, *Daten und Informationen* sowie die *Informationsquellen*. Entsprechend wurden in Kapitel 5.1 die für die Instandhaltung relevanten **Anspruchsgruppen** analysiert und bestimmt. In Kapitel 5.2 wurde der **Informationsbedarf** anhand der sieben Schritte der RCM abgeleitet und mit Unterfragen ergänzt. Durch Kapitel 5.3 wurde das in der Instandhaltung übliche **Informationsangebot** sowie in Kapitel 5.4 die **Informationsressourcen** beschrieben. Das Informationsangebot und die Informationsressourcen geben dabei nur einen Überblick über die Möglichkeiten, sind jedoch in ihrer Ausprägung weitestgehend unternehmensspezifisch und daher für die weitere Modellbildung sekundär.

Die in Kapitel 5.5 erläuterten **Daten und Informationen** geben einen Überblick über die bereits erfassten bzw. möglicherweise zu erfassenden Informationen in der Instandhaltung, welche für die Informationslogistik genutzt werden können. In Kapitel 5.6 wurde beschrieben, welche **Informationsquellen** in der Instandhaltung vorliegen.

Wie in Kapitel 4.3 dargestellt, folgt das Vorgehen dem Lebenszyklusmodell der Informationswirtschaft nach KRCMAR. In Kapitel 6 wird das erarbeitete **Beschreibungsmodell** mit den vorherrschenden Wirkungszusammenhängen zu dem **Erklärungsmodell** verknüpft.

6 Entwicklung einer ontologiebasierten RCM

Folgend auf die Beschreibungsmodelle in Kapitel 5 werden nun die Zusammenhänge zwischen dem Informationsbedarf und dem Informationsangebot erklärt. Dazu wird im ersten Schritt eine **Ontologie** nach dem Vorgehen aus Kapitel 4.2.1 entwickelt, um den Informations- und Datenfluss im IoP (s. Kapitel 4.2.6) einzuordnen. FERREIRA ET AL. identifizieren für die Erstellung einer Ontologie drei wesentliche Risikofaktoren (FERREIRA ET AL. 2007, S. 532): *fehlende Domänenexperten*, *komplexe Domäne*, *unerfahrenes Team*. Um diesen Punkten zu begegnen, wurden Domänenexperten mittels Interviews und Workshops in die Erstellung der Modelle einbezogen und die Ontologien anschließend über Fallstudien validiert, sinnvolle Vereinfachungen getroffen und sich über Literaturrecherche und Industrie- und Forschungsprojekte intensiv mit der Domäne und der Methodik auseinandergesetzt.

Um die vorliegenden Informationen und Daten an den spezifischen Informationsbedarf (s. Kapitel 5.2) anzupassen, kommen **Informationslogistikmodelle** zum Einsatz. Sie beschreiben die Struktur, in der die Daten vorliegen, auf konzeptionelle, implementierungsunabhängige und semantische Weise und bilden den Informationsfluss ab.

6.1 Entwicklung der Ontologie

Für die Entwicklung der Ontologie wurde sich an dem Vorgehen von STUCKENSCHMIDT orientiert, welches in Kapitel 4.2.1 beschrieben wurde (s. STUCKENSCHMIDT 2011, S. 158–172). Demgemäß leiten sich die folgenden Kapitel ab. In Kapitel 6.1.1 wird der Anwendungsbereich fokussiert und die Architektur mit dem IoP (s. Kapitel 4.2.6) verknüpft. Darauf aufbauend werden die relevanten Begriffe der Ontologie identifiziert und hierarchisch eingeordnet (s. Kapitel 6.1.2). Abschließend werden die Relationen zwischen den Begriffen hergestellt und die zusammengefasste Ontologie dargestellt (s. Kapitel 6.1.3). Die so entwickelte Ontologie zeigen die Zusammenhänge der einzelnen Komponenten und Informationsobjekte in einer grundlegenden Form auf. Die Entwicklung der Ontologie und die Anwendung der Beispiele wurden entsprechend in Experteninterviews und Diskussionsrunden im Rahmen von Arbeitskreisen erarbeitet und präzisiert.

6.1.1 Architektur der Ontologie

Für die Erstellung einer Ontologie für die zuverlässigkeitsorientierte Instandhaltung von Produktionsanlagen muss der Anwendungsbereich der Ontologie begrenzt werden. Für den strukturellen Rahmen wird sich an dem Internet of Production (IoP) orientiert (s. SCHUH ET AL. 2017b, S. 120–121). Jener basiert, wie in Kapitel 4.2.6 beschrieben, auf vier aufeinander aufbauenden Schichten, welche sich wie folgt gliedern: **Applikationssoftware und Rohdaten, Middleware+, Smart Data und Smart Expert** (s. SCHUH ET AL. 2017b, S. 121). Die verschiedenen Schichten und ihre Funktionen innerhalb des Kontextes der Ontologie für die zuverlässigkeitsorientierte Instandhaltung werden im Folgenden genauer erläutert (s. Abbildung 6-1).

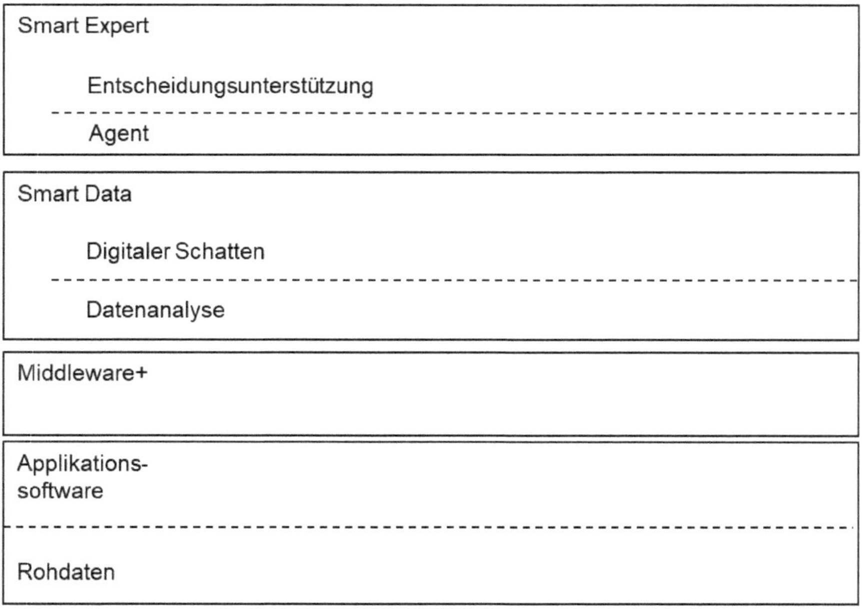

Abbildung 6-1 Architektur der Ontologie (eigene Darstellung, i. A. a. SCHUH ET AL. 2017b, S. 121)

In Abbildung 6-1 sind die verschiedenen Schichten und ihre Bezeichnungen dargestellt. Die Schichten stellen jedoch lediglich das Grundgerüst für die Zuordnung der relevanten Begriffe (s. Kapitel 6.1.2) und Relationen (s. Kapitel 6.1.3) dar, nicht die Hierarchie der Ontologie.

Die unterste Schicht der Ontologie bildet die **Applikationssoftware** mit den dazugehörigen **Rohdaten**. Der Hauptzweck dieser Schicht ist es, Daten zu generieren, zu speichern und anzubieten. Diese können z. B. aus Sensoren von Anlagen, aus externen Quellen oder von den betrieblichen Anwendungssystemen (z. B. IPS-System) stammen. SCHMITT ET AL. stellen fest, dass zum Beispiel für das Qualitätsmanagement „[...] nicht nur Qualitätsdaten, sondern auch Prozess- bzw. Sensordaten aus der jeweiligen Produktionseinheit sowie Produkt- und Auftragsdaten" benötigt werden (s. SCHMITT ET AL. 2020, S. 490). Daraus ergibt sich, dass eine Vielzahl von Informationen und Daten in Frage kommt, um betriebliche Fragestellungen beantworten zu können. Hinzu kommt, dass diese Vielzahl von Daten auf unterschiedliche Weisen generiert wird, was sich auf die Qualität der Daten und damit auf ihre Aussagefähigkeit auswirkt (s. HARLAND 2019, S. 94; SCHUH ET AL. 2020b, S. 469).

Damit diese Daten verarbeitet werden können, muss ein Zugang zu der Applikationssoftware geschaffen werden, da die Daten in der untersten Schicht siloartig vorliegen und für die weiterführende Verarbeitung verknüpft werden müssen (s. SCHUH ET AL. 2017b, S. 120). Dies erfolgt im IoP in der Schicht der **Middleware+**; dabei werden die Daten anwendungsbezogen gefiltert und aggregiert. Hier kommt es zu einer Transformation der Daten zu Informationsobjekten. Dieser Vorgang sollte vollständig automatisiert stattfinden, da eine manuelle Aufbereitung der Daten zu hohen Aufwänden führt (s. SCHUH ET AL. 2020b, S. 470).

Die **Smart-Data-Schicht** unterteilt sich in die **Datenanalyse** und den **digitalen Schatten**; die Hauptfunktion dieser Schicht ist die Strukturierung der Daten. Im digitalen Schatten werden große Datenmengen auf strukturierte Art und Weise abgelegt und systemübergreifende Zusammenhänge durch Datenmodelle beschrieben (s. SCHUH ET AL. 2017b, S. 120; HARLAND 2019, S. 95–96). In der Datenanalyse werden diese Informationen für die höchste Schicht des IoP aggregiert und ausgewertet.

Über die Schicht des **Smart Expert** werden die Informationen anwendungsbezogen zur Verfügung gestellt. Diese unterstützen die Entscheidungsträger in der Steuerung und Kontrolle der einzelnen Geschäftsprozesse (s. HARLAND 2019, S. 96–97). Dabei werden entweder in Form einer **Entscheidungsunterstützung**, durch die Aufbereitung der relevanten Daten aus dem digitalen Schatten, Informationen für einen menschlichen Anwender verwertbar gemacht (s. HARLAND 2019, S. 96) oder eine selbständige Entscheidung durch das System getroffen (s. SCHUH ET AL. 2017b, S. 120–121).

Die dargestellte Systemarchitektur bietet im Folgenden das Grundgerüst für die Einordnung der relevanten Begriffe und Relationen der Ontologien.

6.1.2 Identifikation der Begriffshierarchie

Auf die **Fokussierung des Anwendungsgebiets** folgt nach STUCKENSCHMIDT der Schritt der **Wiederverwendung bestehender Ontologien**. In Kapitel 3 wurden verschiedene ontologiebasierte Ansätze betrachtet, welche jedoch der in Kapitel 1.2 gesetzten Zielsetzung der vorliegenden Arbeit nicht gerecht werden. In Kapitel 4.2.1 wurde bereits dargestellt, dass es in den meisten Fällen nicht sinnvoll ist, eine bestehende Ontologie zu erweitern oder abzuändern, da der Aufwand deutlich den Nutzen übersteigt (s. STUCKENSCHMIDT 2011, S. 160–161). Daher werden in der vorliegenden Arbeit keine vollständigen Ontologien wiederverwendet; dennoch werden Begriffe und Relationen aufgegriffen und in die zu erstellende Ontologie eingefügt.

Zunächst werden die relevanten Begriffe identifiziert und die **Klassenhierarchie** festgelegt (s. STUCKENSCHMIDT 2011, S. 162–165). Bei diesen Schritten werden die identifizierten Begriffe vorgestellt und in die bestehende Architektur der Ontologie eingeordnet, wie in Abbildung 6-2 dargestellt. Dabei werden die Begriffe Klassen zugeordnet, wodurch eine **Konzepthierarchie** entsteht, welche die Vererbungsbeziehungen abbildet. Die Begriffe leiten sich aus den Bestandteilen des IoP (s. Kapitel 4.2.6) und den in Kapitel 5 identifizierten spezifischen Begriffen der zuverlässigkeitsorientierten Instandhaltung ab. Für eine bessere Lesbarkeit und Übersichtlichkeit wurden lediglich beispielhafte Begriffe der Klassen dargestellt.

Die Darstellung der zu entwickelnden **Ontologie** orientiert sich an der **Notation** von MILVICH (s. MILVICH 2005, S. 20–23). So werden die Klassen durch dunkelgraue und die Begriffe durch hellgraue Ellipsen dargestellt. Die Begriffe sind durch schwarze Pfeile mit der dazugehörigen Klasse verbunden und erben deren Eigenschaften und Relationen (s. MILVICH 2005, S. 22–23). Die Eigenschaften einer Klasse werden mit Informationscontainern abgebildet, welche durch gestrichelte Pfeile mit den Klassen verbunden sind.

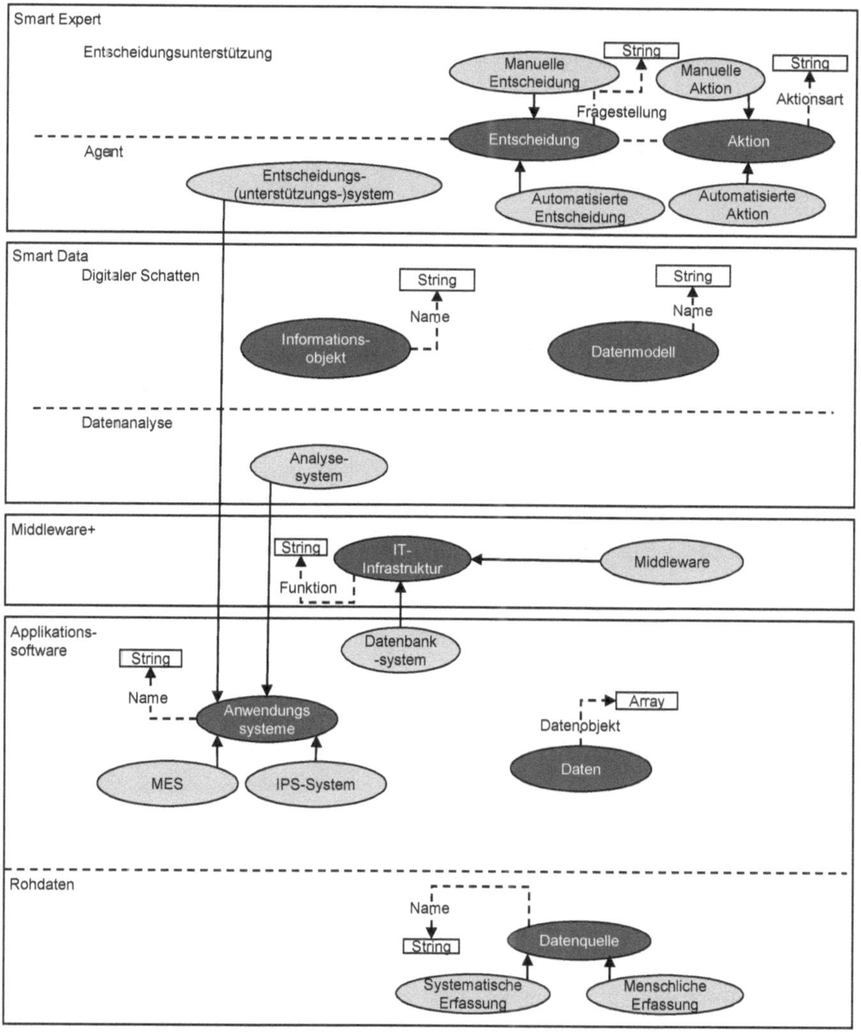

Abbildung 6-2: Einordnung der Begriffe in die Architektur der Ontologie (eigene Darstellung)

In der Schicht der **Rohdaten** existiert die Klasse der **Datenquellen**. Datenquellen werden durch ihren Namen eindeutig identifiziert und sind im String-Format angegeben. Die Klasse wird in die systematische und in die menschliche Erfassung unterteilt. Bei der systematischen Erfassung werden Daten automatisch, z. B. durch Sensoren, welche an Produktionsobjekten angebracht sind, erfasst (s. STEINBERGER ET AL. 2005,

S. 371). Im Gegensatz dazu werden bei der menschlichen Erfassung die einzelnen Messwerte manuell eingetragen (s. NIENKE 2018, S. 154). Eine detailliertere Beschreibung erfolgte bereits in Kapitel 5.5.

Die **Applikationssoftwareschicht** umfasst die Klassen **Daten** und **Anwendungssysteme**. Die Anwendungssysteme werden über ihren Namen eindeutig identifiziert und sind im String-Format angegeben. Es existiert eine Vielzahl an Anwendungssystemen, welche in Kapitel 5.3 beschrieben werden. Die Klassen der Daten können jeweils über einen Array von Daten(-reihen) beschrieben und identifiziert werden.

In der Schicht der **Middleware+** befindet sich die Klasse der **IT-Infrastruktur**. Die IT-Infrastruktur umfasst dabei alle Hard- und Softwareanwendungen, die zur Verarbeitung, Speicherung und Kommunikation von Prozessinformationen und -daten genutzt werden (s. KRCMAR 2005, S. 211). Dementsprechend werden der Klasse der IT-Infrastrukturen viele verschiedene Begriffe in unterschiedlichen Schichten zugeordnet. In einem Datenbanksystem werden die vorhandenen Daten je nach Anwendungsgebiet gespeichert und verwaltet, wobei es unterschiedliche Datenbanksysteme je nach Aufgabenbereich gibt. In der gleichen Schicht wie die Klasse *IT-Infrastruktur* befindet sich auch die *Middleware*, welcher die Kommunikation mit der *Applikationssoftware* ermöglicht und die Daten filtert und aggregiert. In der darüber liegenden Schicht der *Smart Data* wird das *Analysetool* der *IT-Infrastruktur* zugeordnet. Dabei verarbeiten unterschiedlichste Analysetools Daten zu *Smart Data*. Auch in der Schicht des *Smart Experts* befindet sich ein Begriff, der zur IT-Infrastruktur zählt. Dieser Begriff lautet *Entscheidungsunterstützungssystem* und stellt die Daten und Informationen des digitalen Schattens in einer anwenderfreundlichen Form dar. Die einzelnen IT-Infrastrukturen werden über ihre Funktion identifiziert, welche als String angeben wird.

Die **Smart-Data-Schicht** wird in die **Datenanalyse** und den **digitalen Schatten** unterteilt. In dem Abschnitt der Datenanalyse ist keine eigene Klasse vorhanden, sondern der Begriff Analysesystem, welches ein Begriff der Anwendungssysteme ist. Im Abschnitt des digitalen Schattens liegen die Klassen ***Datenmodell*** und ***Informationsobjekt***. Sowohl die Klasse der Datenmodelle als auch die der Informationsobjekte werden durch einen Namen eindeutig beschrieben.

Die Schicht des **Smart Experts** gliedert sich in die Abschnitte *Entscheidungsunterstützung* und *Agent*. Die Klasse der **Entscheidung** und der **Aktion** ist zwischen diesen verortet, da diese nicht eindeutig den Abschnitten zugeordnet werden können. So haben beide Klassen je einen Begriff in der Schicht des *Smart Experts* wie auch in der Schicht der *Stakeholder*. Die Entscheidung wird entweder manuell durch die *Stakeholder* oder automatisch durch den sogenannten *Agenten* getroffen. Dabei ist zu beachten, dass die Informationen für die manuelle Entscheidung visuell aufbereitet werden müssen, was bei der automatisierten Entscheidung entfällt. Entscheidungen werden durch Fragestellungen im String-Format abgebildet. Auch die Aktionen werden in manuelle und automatisierte Aktionen unterteilt. Die manuellen Aktionen befinden sich dabei im Abschnitt der Entscheidungsunterstützung, da der menschliche Smart Expert die Aktion ausführt oder veranlasst. Die automatisierte Aktion dagegen ist im Abschnitt des Agenten platziert. Der Agent führt dabei auf Basis der getroffenen Entscheidung automatisch eine Aktion aus. Die Aktionen werden durch ihre Aktionsart im String-Format definiert.

6.1.3 Relationen der Ontologie

Die Klassen und Begriffe werden nun in einen Zusammenhang gestellt. Wie in Abbildung 6-3 zu erkennen ist, werden die Relationen durch gerichtete graue Pfeile dargestellt, diese können auch beidseitig sein (s. MILVICH 2005, S. 22). So generieren Datenquellen Daten und Daten werden durch Datenquellen erzeugt, daher können beide Relationen dargestellt werden. Jedoch bietet die beidseitige Darstellung der Relationen keinen zusätzlichen Nutzen und schadet der Übersichtlichkeit der Ontologie. Daher beschränkt sich die nachfolgende Ontologiedarstellung auf einseitige Relationen, um die Lesbarkeit sicherzustellen.

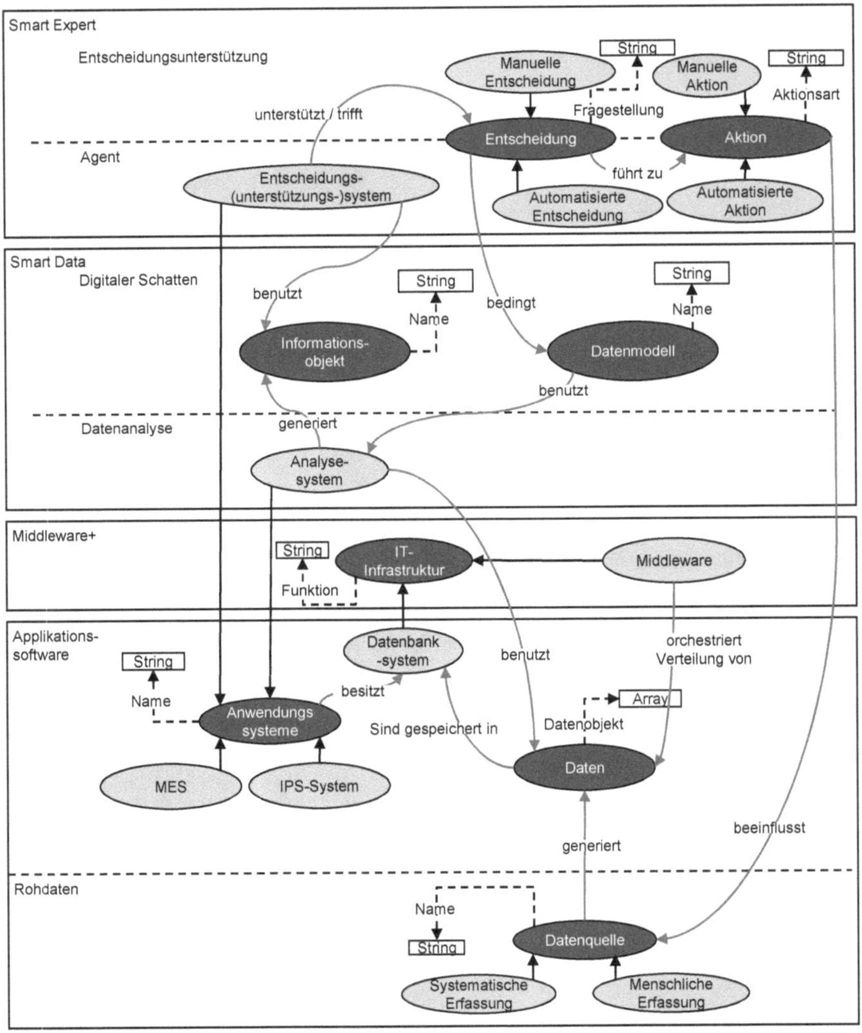

Abbildung 6-3: Ergänzung der Relationen zur Vervollständigung der Ontologie (eigene Darstellung)

Abbildung 6-3 zeigt die vollständige Ontologie für die Entwicklung eines ontologiebasierten Modells für die zuverlässigkeitsorientierte Instandhaltung auf. Aus den Datenquellen werden Daten generiert, die in Datenbanksystemen gespeichert sind. Dies ermöglicht den Zugriff von verschiedenen Anwendungssystemen auf die Daten, welche die Datenbanken beeinhalten. Die Middleware dient dazu, dass die Daten aus den Datenbanken und -quellen zielgerichtet zur Verfügung gestellt werden können und die Analysetools für die Aggregierung und Auswertung darauf zugreifen können. Um die Daten verarbeiten zu können, werden Datenmodelle genutzt, welche sich aus der zu treffenden Entscheidung ableiten. Daher erfordert jede Entscheidung ein eigenes Datenmodell, wobei sich Überschneidungen ergeben, wenn Daten für mehrere Entscheidungen benötigt werden. Das Ergebnis sind Informationsobjekte, welche dem Entscheidungs(-unterstützungs-)system zur Verfügung stehen, um eine Entscheidung zu treffen bzw. eine Entscheidungsvorlage zu bilden. Die getroffene Entscheidung führt zu einer Aktion, welche eine Auswirkung auf die Datenquellen hat.

6.2 Erstellung der IL-Modelle für die RCM

Für die Erstellung der Informationslogistikmodelle werden in Kapitel 6.2.1 die Elemente und die Darstellung des Informationslogistikmodells erläutert. In 6.2.2 werden die Elemente mit der in 6.1 entwickelten Ontologie zusammengeführt. Die Ausdetaillierung der Modelle findet in 6.2.3 anhand des in 5.2 definierten Informationsbedarfs statt.

6.2.1 Darstellung von IL-Modellen

Um die Aufgaben der Informationslogistik (s. Kapitel 2.3.4) zu lösen, bedarf es Informationslogistikmodellen (IL-Modell), welche mit der Darstellung der Informationsflüsse helfen, den Weg zwischen Informationsquellen und Entscheidungen darzustellen. Die dargestellten Informationslogistikmodelle können dabei sowohl einen Zielzustand als auch eine aktuelle Beschreibung der Situation abbilden. Sie können damit Unternehmen dienen, um Informationsflüsse aufzunehmen und weiterzuentwickeln.

Eine einheitliche Darstellung von Informationsflüssen hat sich bisher noch nicht in der Literatur etabliert (s. KRCMAR 2015b, S. 31–82). Daher wird im Folgenden die für diese Arbeit verwendete Notation in Anlehnung an NIENKE vorgestellt und erläutert (s. NIENKE 2018, S. 165–168).

Komponenten der IL-Notation

Die zentralen Objekte stellen in einem IL-Modell die **Anspruchsgruppen** dar. Durch den Einfluss der *Industrie 4.0* sind Rollen jedoch nicht nur auf Menschen limitiert, sondern können auch Maschinen und Anlagen zugeordnet sein. Wie im linken Teil von Abbildung 6-4 dargestellt, wird eine Rolle durch eine ovale Form visualisiert. Jede Rolle verfügt dabei über die Fähigkeit, Informationen zu generieren (Quelle) sowie

Informationen zu nutzen (Senke). Um die Teile abzugrenzen, sind diese durch einen senkrechten schwarzen Strich getrennt. Der Fokus der Informationslogistikmodelle dieser Arbeit liegt auf der Entscheidung, welche durch eine Entscheidungsfrage charakterisiert wird (s. Hauptfragen in Kapitel 5.2) und durch ihre untergeordnete Informationsobjekte beschrieben wird (s. Abbildung 6-4, rechts). Die der Entscheidung direkt untergeordneten Informationsobjekte werden über die in Kapitel 5.2 definierten Unterfragen definiert. Die Entscheidung ist durch eine ovale Form mit einem durchgezogenen Rand gekennzeichnet. Die entsprechende Entscheidungsfrage ist über dem Oval vermerkt. Die Entscheidung kann dabei sowohl durch einen Menschen als auch durch ein System getroffen und in eine Aktion überführt werden. Dabei ist sowohl denkbar, dass eine Maschine eine menschliche Entscheidung, als auch, dass ein Mensch eine systemische Entscheidung ausführt.

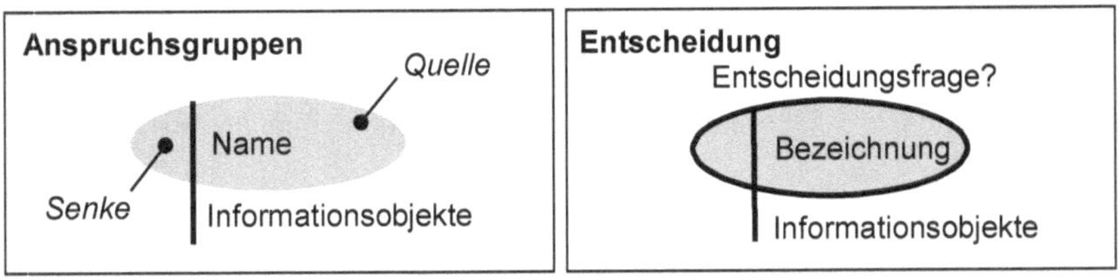

Abbildung 6-4: Symbole für eine Rolle und eine Entscheidungsrolle mit Entscheidungsfrage (eigene Darstellung)

Die Systeme werden in zwei Kategorien unterschieden: Es existieren Datenbanksysteme zum Speichern von Daten und Informationen (s. Abbildung 6-5, links) und Verarbeitungssysteme zur Aggregation, Analyse und Transformation von Informationsobjekten in neue Informationsobjekte (s. Abbildung 6-5, rechts). Systeme werden durch Rechtecke dargestellt, bezeichnet und für die einfachere Einordnung mit einem Datenbank- und Analysesymbol kenntlich gemacht. Da sowohl Datenbank- als auch Verarbeitungssysteme als Informationsquellen und -senken fungieren können, wird eine Abgrenzung durch einen schwarzen senkrechten Strich symbolisiert. Datenbanksysteme können im Unterschied zu einer Rolle Reihen von Daten speichern und somit z. B. Zugriff auf historische Daten ermöglichen. Ein Verarbeitungssystem dagegen kann komplexe Datenverarbeitungen wie beispielsweise Analysen durchführen.

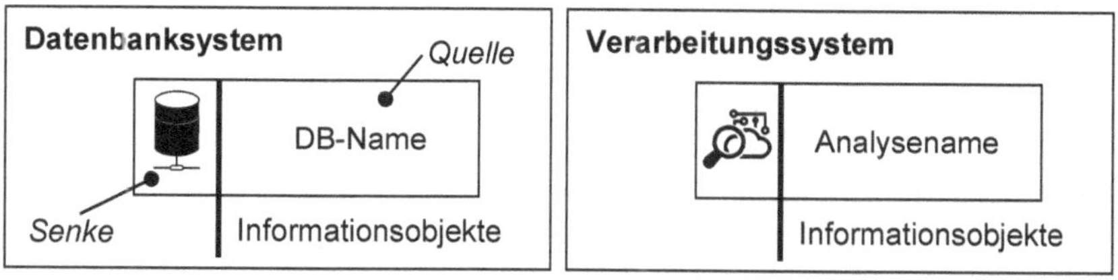

Abbildung 6-5: Symbole für ein Datenbanksystem und ein Verarbeitungssystem (eigene Darstellung)

Die Rollen und Systeme tauschen Informationsobjekte über Informationsflüsse aus. Die Informationsobjekte werden wie in Abbildung 6-6 dargestellt, daher werden Informationsobjekte, welche einer Rolle oder einem System zugeordnet sind, unter dem entsprechenden Element vermerkt. Dabei stehen die Informationsobjekte auf der Quellenseite des Elements und der Informationsfluss ist mit der Senkenseite des verbundenen Elements verknüpft. Da die Zielstellung dieses Werkes ein datenbasiertes Modell für die zuverlässigkeitsorientierte Instandhaltung ist, sind alle Informationsflüsse als Informations-Push zu verstehen. Das bedeutet, dass bei einer Änderung in der Quelle automatisch eine Weitergabe an das Senkenelement erfolgt und dieses eine Weiterverarbeitung auslöst.

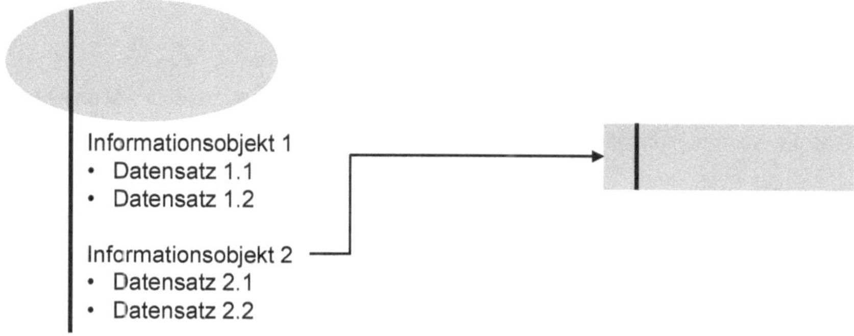

Abbildung 6-6: Darstellung der Informationsobjekte und des Informationsflusses (eigene Darstellung)

Neben den beschriebenen Grundelementen für die Abbildung des Informationsflusses kann auch die Darstellung je nach Anwendung optional erweitert werden. Über ODER-Verknüpfungen können alternative oder redundante Informationsquellen abgebildet werden. Dies bietet Nutzern beispielsweise die Möglichkeit, einen Informationsanbieter zu wählen oder aus Sicherheitsgründen die Bereitstellung redundanter

Informationen bewusst zu erzwingen. Wie in Abbildung 6-7 dargestellt, wird eine solche Verzweigung durch einen gefüllten Kreis, der ein mittig platziertes „X “ beinhaltet, abgebildet. In einer ODER-Verbindung können beliebig viele Informationsflüsse eingehen, solange die gleiche Information bereitgestellt wird. Zusätzlich kann die Informationen über eine Gewichtung und die genutzte Übertragungstechnologie (z. B. Funkprotokoll, Kabelgebunden etc.) am Informationsfluss vermerkt werden. Eine Gewichtung bietet sich an, falls Informationsflüsse priorisiert werden müssen und dem Informationssystem zeitweise limitierende Ressourcen zur Verfügung stehen. Zudem bildet die Priorisierung der Informationsflüsse die Basis zur mathematischen Optimierung eines IL-Modells. Die Abbildung der Übertragungstechnologie dient insbesondere bei der Planung und der operativen Umsetzung als Hilfestellung.

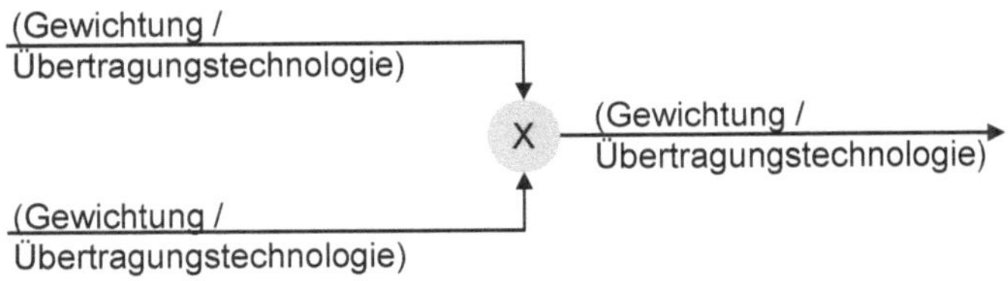

Abbildung 6-7: Darstellung der ODER-Verbindung, Gewichtung und Übertragungstechnologie (eigene Darstellung)

Regeln und Vorgehen zur Abbildung eines Informationsflusses

Um einen Informationsfluss mit der vorgestellten IL-Notation abzubilden, ist es sinnvoll, dass die Ausgangssituation ein Informationsbedarf ist, der aus einer zu treffenden Entscheidung resultiert. Ausgehend von dieser Ausgangssituation kann der Informationsfluss entlang der Systeme bis zur ursprünglichen Informationsquelle dargestellt werden. Wie im Beispiel in Abbildung 6-8 gezeigt, wird das benötigte Informationsobjekt von einem Analysesystem bereitgestellt.

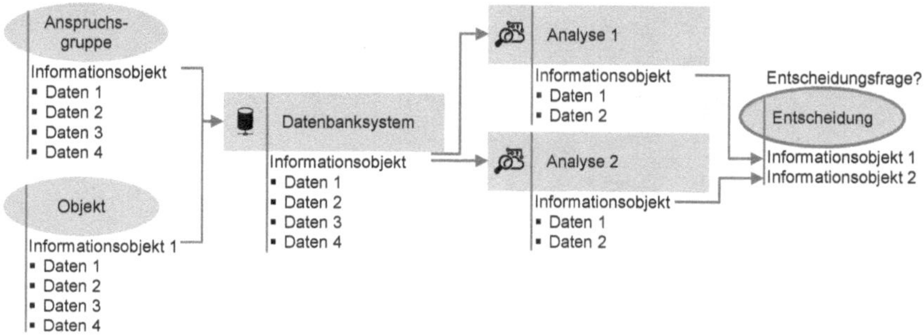

Abbildung 6-8: Beispieldarstellung eines IL-Modells (eigene Darstellung)

Der Pfeil zur Darstellung des Informationsflusses geht immer vom Informationsfluss selbst in die Senke der nachfolgenden Rolle bzw. des nachfolgenden Systems. Die verfügbaren Informationsobjekte sind unter dem Symbol für die Rolle bzw. das System auf der Quellenseite aufgeführt. Dementsprechend müssen bei der Implementierung Schnittstellen zu den externen und internen Informationsquellen vorgesehen werden. Externe Informationsquellen werden in der Visualisierung durch einen gestichelten Rahmen umschlossen.

6.2.2 Identifikation der notwendigen IL-Komponenten

Aus der in Kapitel 6.1 entwickelten Ontologie lassen sich die notwendigen Komponenten und Zusammenhänge für die Informationslogistikmodelle ableiten. Demgemäß wird im Folgenden die IL-Notation mit der entwickelten Ontologie abgeglichen und verknüpft. Die Konkretisierung der einzelnen Komponenten im Rahmen der IL-Darstellung je Entscheidungsfrage folgt im anschließenden Kapitel 6.2.3. In Abbildung 6-9 werden die Klassen und Begriffe der Ontologie auf der linken Seite den Komponenten der IL-Notation auf der rechten Seite zugeordnet.

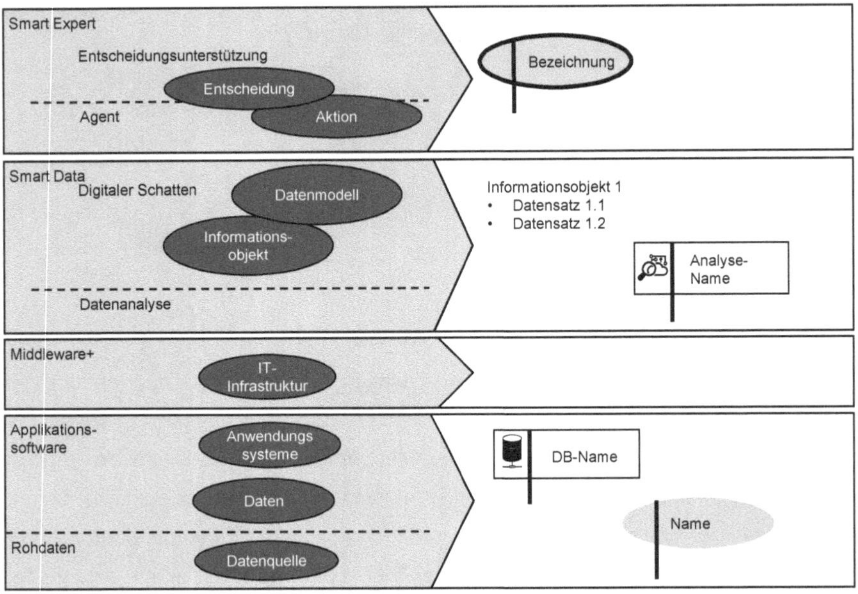

Abbildung 6-9: Überführung der Ontologieklassen in die IL-Notation (eigene Darstellung)

Im Rahmen der entwickelten Ontologie wurden die Klassen *Entscheidung*, *Aktion*, *Datenmodell*, *Informationsobjekt*, *Analysesystem*, *IT-Infrastruktur*, *Anwendungssystem*, *Daten* und *Datenquelle* identifiziert. Die Entscheidung in der IL-Notation repräsentiert dabei einen Menschen oder ein System, welcher/welches die Entscheidungen trifft und eine Aktion ableitet. Das Informationsobjekt ist mit dem Informationsobjekt der IL-Notation identisch. Das Datenmodell der Ontologie lässt sich auf das Analysesystem der IL-Notation übertragen. IT-Infrastruktur, Anwendungssystem und Daten sind mit der Datenbank der IL-Notation und die Datenquelle mit einer Rolle vergleichbar. Aus den Punkten lässt sich ableiten, dass mithilfe der IL-Notation die Informationslogistik für alle relevanten Komponenten beschrieben werden kann. Demnach kann im nachfolgenden Kapitel die Spezifizierung der IL-Modelle durchgeführt werden.

6.2.3 Darstellung der IL-Modelle der Anwendungsfalltypen

Gemäß der in Kapitel 6.2.1 und Kapitel 6.2.2 dargestellten Notation und den in Kapitel 5 identifizierten Anwendungsfällen, Anspruchsgruppen, Informationsbedarfen und Informationsobjekten werden nachfolgend die IL-Modelle erarbeitet. Die Modelle stellen idealtypische Informationslogistikmodelle dar, welche zwei Zielstellungen verfolgen: Zum einen sollen die Zusammenhänge der Ontologie auf die konkreten Fragestellungen angewendet und erklärt werden, zum anderen sollen die Modelle eine idealtypische Datengrundlage darstellen, welche als Gestaltungsmodell für die individuelle Praxis dienen. Für die praktische Anwendung wird es notwendig sein, dass entweder eine Fokussierung bestimmter Objekttypen oder Anlagenteile oder eine Kaskadierung der Modelle in verschiedenen Betrachtungsebenen stattfindet (s. KOTZANIKOLAOU ET AL. 2013, S. 104–106). Ein Vorgehensmodell für die unternehmensspezifische Anwendung wird in Kapitel 7.1 erstellt und erläutert.

Analog zu den Entscheidungsfragen des Informationsbedarfs werden die IL-Modelle im Folgenden hergeleitet. Die formulierten Unterfragen stellen nur eine Hilfestellung für die logische Verknüpfung der Informationsobjekte dar; daher werden die Ergebnisse bzw. die Beantwortung der Fragen unter die Entscheidungsfrage ergänzt. Die Beantwortung der Informationsobjekte löst den gesamten Schritt.

Objektleistung

Hauptfrage: Welche Funktionen und geforderten Leistungsdaten erfüllt die Anlage im Gesamtsystem?

Die Funktionalität und die geforderte Leistung werden statisch bereits in der Auslegungs- und Konstruktionsphase des Objekts festgelegt (s. DIN EN 60300-1, S. 36). Abbildung 6-10 zeigt eine Anforderungsanalyse nach DIN EN 60300-1; dabei wird die Aufgabe des Objekts spezifiziert und mit weiteren Angaben, wie Informationen über die Umgebung, Informationen der Medien, Sicherheitsaspekte usw., erläutert. Für die meisten Objekte ergibt sich eine primäre Funktion, welche einen direkten Einfluss auf die Leistungsfähigkeit der Produktion hat. Jedoch muss jedes Objekt auch HSE-relevante Funktionen erfüllen, welche bei einer Funktionsstörung einen signifikanten Einfluss auf die Umwelt oder die Mitarbeiter und dadurch indirekt auf die OEE der Anlage haben können.

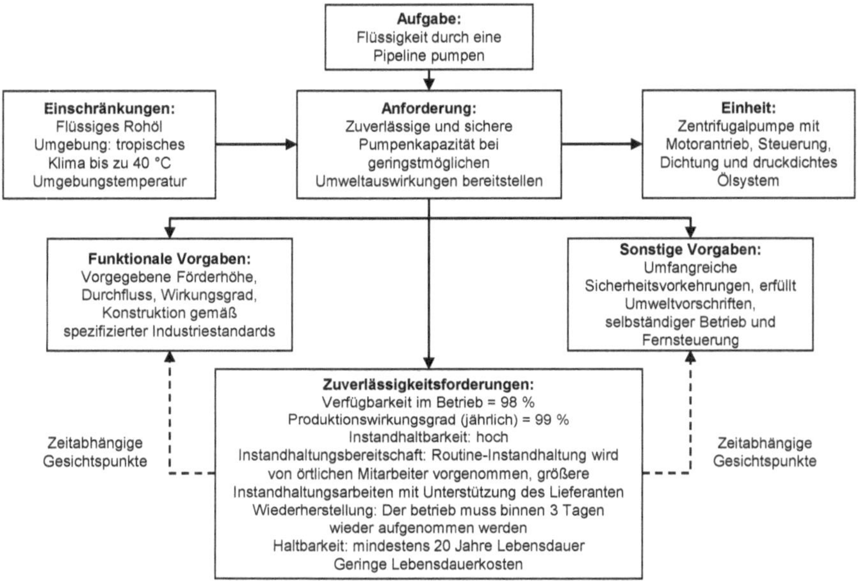

Abbildung 6-10: Anforderungsanalyse nach DIN EN 60300-1 (eigene Darstellung, i. A. a. DIN EN 60300-1, S. 36)

Die Funktion ist direkt mit der Leistungsfähigkeit des Objekts verbunden und über längere Zeitperioden statisch, daher müssen die Unterfrage 1 und 2 (s. Kapitel 5.2.8) zusammen beantwortet werden. Die Funktion bleibt üblicherweise innerhalb des Objektlebenszyklus unverändert, jedoch kann sich die Leistungsfähigkeit des Objekts (s. Leistungsfähigkeit_Auslegung) durch Umbauten und Optimierungen bis zur Abkündigung und Verschrottung des Objekts verändern (s. Leistungsfähigkeit_Änderung). Wegen der Abweichungen von der ausgelegten Leistungsfähigkeit (beispielsweise durch Sicherheitsfaktoren oder Abnutzung) über- oder untertrifft die reale Leistungsfähigkeit die Auslegung und kann daher über die historische Leistungsfähigkeit bewertet werden (s. Leistungsfähigkeit_Historisch). Dies ist insbesondere für verfahrenstechnische Anlagen von Relevanz, welche üblicherweise in geringen Stückzahlen mit relativ hohen Sicherheitsfaktoren gefertigt werden.

Tabelle 6-1: Informationsobjekte für die Funktion und Leistungsfähigkeit des Objekts

Quelle	Daten / Informationen	Analyse
Engineering / OEM: • Objektdaten • Funktionsdaten Produktion • Produktionsdaten	Objektdaten: • Objekt_ID • Objekt_Typ Funktionsdaten: • Funktion_ID • Leistungsfähigkeit_Auslegung • Leistungsfähigkeit_Änderung • Leistungsfähigkeit_Historisch	Leistungsfähigkeit • Funktion_ID • Leistung_Max

Als Ergebnis kann die **Funktion bzw. Funktionen (Funktion_ID)** identifiziert und mit einer **maximalen Leistungsfähigkeit (Leistung_Max)** verknüpft werden. Die Leistungsfähigkeit kann dabei viele Formen annehmen, daher könnte beispielsweise eine quantitative Aussage zu einem Durchsatz, Geschwindigkeit usw. angegeben sein. Insbesondere für HSE-relevante Funktionen kann meist nur eine qualitative Aussage getroffen werden, ob die Funktion funktionsfähig ist oder nicht. Abstufungen können dabei vorkommen; sie beziehen sich dann aber auf spezifische Fälle und sind teilweise an Wenn-Dann-Verknüpfungen gebunden.

Die Bestimmung der **geforderten Leistung** ist stark dynamisch und hängt in erster Linie von der Kundennachfrage (s. Vertriebsdaten) und der Produktvorrätigkeit im Lager ab (s. Produktdaten), welche zur **Produktionsnotwendigkeit** zusammengefasst wird. Durch eine Kundennachfrage und den Mangel an geforderten Produkten im Lager ergibt sich demnach eine Anforderung an die Produktion. Um zu bestimmen, ob eine **Produktionsfähigkeit** vorliegt, muss klar sein, was (s. Produkt_ID) wie (je nach Industrie: Produkt_Stückliste / Produkt_Rezept / Produkt_Arbeitsplan) bis wann (Produkt_Lieferdatum) gefertigt werden soll. Außerdem muss gewährleistet sein, dass das direkte Material (Material_ID) vorrätig ist bzw. rechtzeitig beschafft (Bestelldaten) werden kann. Weitere Voraussetzungen für die Herstellung der Produktionsfähigkeit könnten zusätzlich sein, dass beispielsweise auch Anlagenbediener, Strom, Prozessmedien usw. vorhanden sind, jedoch liegt diese Thematik nicht im Fokus dieser Forschungsarbeit.

Tabelle 6-2: Informationsobjekte für die geforderte Leistungsfähigkeit des Objekts

Quelle	Daten / Informationen	Analyse
Produktion • Produktionsdaten Einkauf • Bestelldaten Lager • Produktdaten • Materialdaten Kunde • Vertriebsdaten	Produktionsdaten: • Produkt_ID • Produkt_Stückliste / Produkt_Rezept / Produkt_Arbeitsplan • Produkt_Menge • Anlagenzeit_verfügbar Produktdaten • Produkt_ID • Lagerbestand_frei • Lagerbestand_ reserviert Materialdaten • Material_ID • Lagerbestand_frei • Lagerbestand_ reserviert Bestelldaten • Material_ID • Material_Menge • Material_Lieferdatum • Lieferant_Konditionen Vertriebsdaten • Kunde_ID • Produkt_ID • Produkt_Lieferdatum • Produkt_Menge • Kunde_Konditionen	Anforderungsdaten • Produktionsprogramm • Lagerbestand • Engpassanlage • Ausfallfolgekosten

Die Funktionen haben in der Regel einen direkten Einfluss auf die Verfügbarkeit, Produktivität und Qualität des Objekts bzw. der Produktionsanlage. Zusätzlich können sie einen Einfluss auf die Arbeitssicherheit (z.B. im Hinblick auf Arbeitsunfälle), die Gesundheit der Mitarbeiter (z. B. in Form von Übergewicht, Haltungsschäden) oder die Umwelt (z. B. als Emission) haben (s. HAJIPOUR ET AL. 2021, S. 18). In vielen Unternehmen und Produktionslinien wurde in den vergangenen Jahrzehnten im Rahmen der Automatisierung umfangreiche Sensorik installiert, um eine Vielzahl von Produktionsdaten zu erfassen; dies umfasst beispielsweise den Status (beispielsweise: *anhalten*, *arbeiten*), Fehlercodes (beispielsweise: *blockieren*, *Materialmangel*, *Ausschuss*). Daher ist es möglich, dass Informationen über Verstopfung und

Materialunterversorgung zur Online-Erkennung von Engpässen genutzt werden. (s. LANGER ET AL. 2010, S. 1751) Insbesondere in der Prozessindustrie sind die Abhängigkeiten deutlich ausgeprägter als in der diskreten Fertigung. Dadurch bekommen die Abhängigkeiten und Verkettungen der Objekte eine herausragende Bedeutung, sodass die Identifikation der **Engpassanlage** auf einer strategischen Ebene das wichtigste Ziel darstellt, da dieser „Flaschenhals" die Basis für die geforderte Leistung der gesamten Anlage legt. Möglichkeiten, Engpässe aufzulösen, liegen in der Schaffung von Puffern oder der Erhöhung der Kapazität durch Anpassung des Objekts oder der Schaffung von Redundanzen. Die Simulation von Produktionsszenarien kann zu einer zuverlässigen Vorhersage von Engpassanlagen und der passenden Instandhaltungsintensität führen (s. ZHOU ET AL. 2015, S. 86). Durch die bessere Verfügbarkeit von Daten sind zudem autonome Entscheidungen möglich, welche durch maschinelles Lernen die Produktionsplanung wesentlich verbessern können (s. FELDT ET AL. 2019, S. 50–51).

Für die Betrachtung der **geforderten Leistung** auf einer operativen Ebene ist zu analysieren, ob eine Kundennachfrage besteht, die nicht durch das Produktlager befriedigt werden kann. Dafür werden Vertriebs-, Produkt-, Funktions- und Produktionsdaten analysiert. Diese Abwägung ist insbesondere von der Funktion abhängig und gilt beispielsweise nicht für sicherheitsrelevante Funktionen; jedoch können da andere Abhängigkeiten vorhanden sein, welche eine Analyse der geforderten Leistung notwendig machen. Sollte eine Rohrleitung beispielsweise ein giftiges Medium transportieren, sind die Anforderungen an Dichtigkeit und Zuverlässigkeit ungleich höher als bei einer Rohrleitung, welche Wasser transportiert. Die Produktionsnotwendigkeit in Bezug auf die Herstellung von Produkten oder Zwischenprodukten ist im Regelfall jedoch die dynamischere und wichtigere Analyse. Diese kann einen guten Überblick über die aktuelle Kritikalität von Anlagen liefern und für die operative Priorisierung von Maßnahmen verwendet werden.

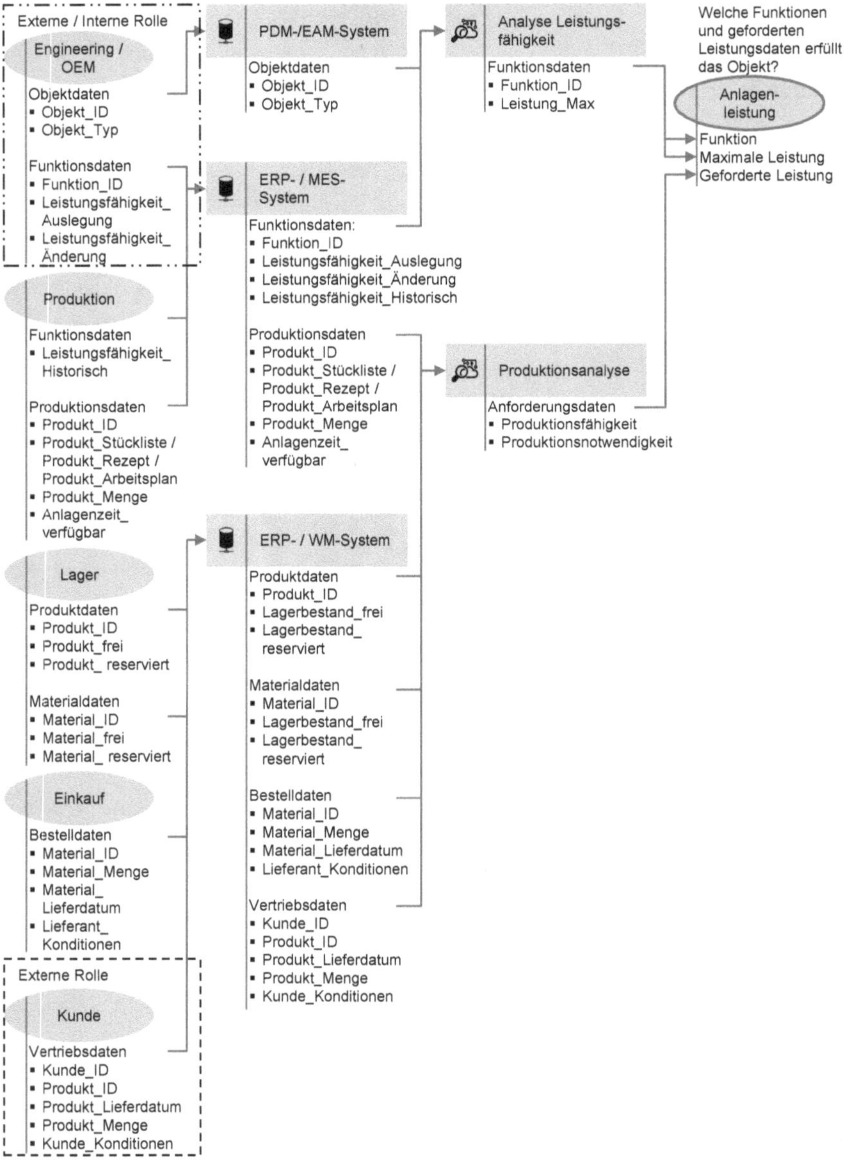

Abbildung 6-11: IL-Modell für die Objektleistung (eigene Darstellung)

Fehlermöglichkeit

Hauptfrage: In welcher Form können die Funktionen gestört sein bzw. die Leistung nicht erreicht werden?

Für die Analyse von Fehlermöglichkeiten gibt es zwei relevante datenbasierte Möglichkeiten:

1. Die einfachste Möglichkeit besteht darin, zu untersuchen, welche Fehler bereits bei der Anlage aufgetreten sind und daher wieder auftreten könnten.
2. Die zweite Möglichkeit sieht die Analyse von Referenzanlagen vor, welche ähnliche Fehlermuster beisitzen könnten.

Im Gegensatz zu den Fehlerursachen ist eine **Simulation** von neuen, unbekannten Fehlern unrealistisch, da die Simulation Zusammenhänge zwar offenlegen, sehr unwahrscheinlich jedoch neue Fehlermöglichkeiten aufdecken kann, wenn diese noch nie bei ähnlichen Objekten beobachtet wurden. So werden die sogenannten „Unknown-Unknowns", also Risiken, welche weder uns noch jemand anderem bekannt sind, auch weiterhin für Überraschungen in den Anlagen sorgen; eine hundertprozentige Sicherheit ist unrealistisch.

Tabelle 6-3: Informationsobjekte für historische Fehlermöglichkeiten des Objekts

Quelle	Daten / Informationen	Analyse
Engineering / OEM: • Fehlerdaten Objekt • Objektdaten • Zustandsdaten Instandhaltung • Meldungsdaten • Auftragsdaten Produktion • Meldungsdaten	Objektdaten Objekt_ID • Objekt_Typ • Funktion_ID • Leistung_Max Fehlerdaten • Fehler_ID • Fehler_Häufigkeit Meldungsdaten • Meldung_ID • Meldung_Erstellzeit • Fehler_ID • Priorität Auftragsdaten • Auftrag_ID • Endrückmeldung_Text • Endrückmeldung_Erstellzeit	Fehlerdaten • Fehler_ID • Einfluss_Leistung

Die Fehler_ID beinhaltet den Fehlercode für die identifizierten Fehlermöglichkeiten und gibt damit an, welche Fehler bei dem Objekt aufgetreten sind (s. LIGGESMEYER U. TRAPP 2014, S. 442; GUGALIYA ET AL. 2019, S. 1266). Meldungs- bzw. Auftragsbeschreibung können durch Text, Sprache, Foto und Videos Informationen für die Bestimmung der Fehlermöglichkeit enthalten. Dies erfordert jedoch eine Auswertung mit Bild-, Text oder Spracherkennung, was aktuell noch eine Herausforderung darstellt (s. STENSTRÖM ET AL. 2015, S. 33–34; BRUNDAGE ET AL. 2021, S. 42–43). Daher bietet es sich an, aussagekräftige Fehlercodes zu verwenden, die einfach ausgewertet werden können und aus denen sich Häufigkeiten und Auswirkungen ableiten lassen. Neben den eigenen Fehlerdaten, welche im Laufe der Zeit zu dem Objekt erstellt werden und die Ereignisgeschichte des Objekts darstellen, sind zusätzlich Informationen des Herstellers nutzbar. Oftmals liegen Betriebshandbücher, Garantiezusagen oder Vergabe- und Vertragsunterlagen jedoch nur in Papierform vor und sind damit nur mit Vorarbeiten für eine Analyse zu gebrauchen (s. BALZER U. SCHORN 2014, S. 331).

Die Daten werden für eine datenbasierte *FMEA* herangezogen und ausgewertet. Die *FMEA-Methode* (s. Kapitel 2.1.5) stellt dabei ein Werkzeug dar, mit dem über den gesamten Lebenszyklus Fehlermöglichkeiten und ihre Effekte bestimmt werden können (s. GILCHRIST 1993, S. 23; GOO ET AL. 2019, S. 19). Die datenbasierte *FMEA* kann durch das Erfahrungswissen der Mitarbeiter ergänzt werden (s. Abbildung 6-12).

Tabelle 6-4: Informationsobjekte für Referenz-Fehlermöglichkeit des Objekts

Quelle	Daten / Informationen	Analyse
Objekt • Objektdaten • Zustandsdaten Instandhaltung • Meldungsdaten • Auftragsdaten Produktion • Meldungsdaten	Zustandsdaten • Objekt_Temperatur • Objekt_ Vibration • Objekt_ Spannung • Umgebung_Temperatur • Umgebung_ Luftfeuchtigkeit Objektdaten • Objekt_Typ • Objekt_Hersteller Fehlerdaten • Fehler_ID • Fehler_Häufigkeit Produktionsdaten	Fehlerdaten • Fehler_ID • Einfluss_Leistung Gleichheit • Gleichheitsfaktor_ Objekt_Typ • Gleichheitsfaktor_ Objekt_ Umgebung • Gleichheitsfaktor_ Objekt_ Betrieb

	• Produkt_Stückliste / Produkt_Rezept / Produkt_Arbeitsplan	

Im Vergleich mit anderen Objekten und in der Verwendung von Fehler_IDs liegt enormes Potenzial, welches jedoch nur in wenigen Industrien erkannt wurde. Einen wichtigen Aspekt bei der Übernahme von Fehlerdaten von anderen Referenzanlagen stellt dabei die Problematik dar, dass gleiche oder ähnliche Objekte in stark unterschiedlichen Betriebs- und Umweltbedingungen eingesetzt werden können. Dadurch müssen eine große Anzahl und Vielfalt von Daten gesammelt werden, um auf eine Ähnlichkeit schließen zu können. Die genannten Zustandsdaten für die Ermittlung der Vergleichbarkeit der Objekte stellen die wichtigsten Daten dar; es kommen jedoch noch viele weitere in Betracht.

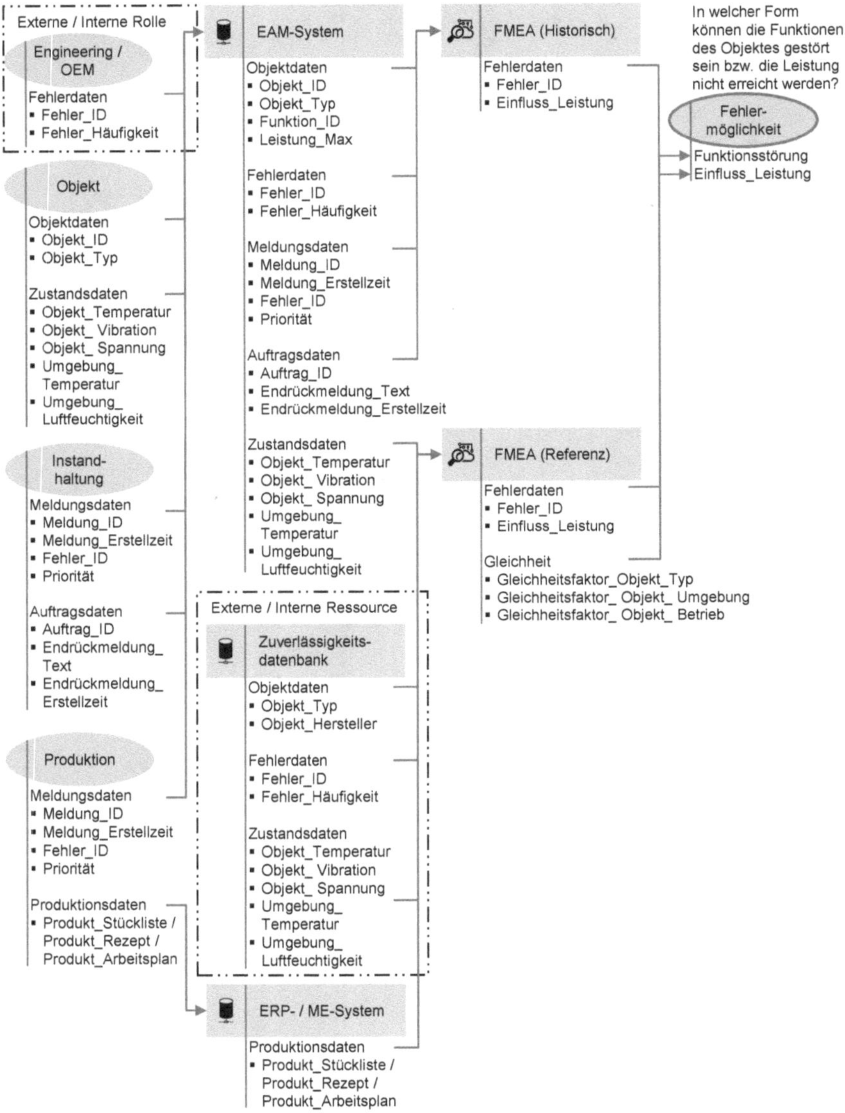

Abbildung 6-12: IL-Modell für die Fehlermöglichkeit (eigene Darstellung)

Fehlerursache

Hauptfrage: Was sind die Ursachen für den jeweiligen Fehler?

Analog zu den Fehlermechanismen werden die **Fehlerursachen** aus den historischen oder Fehlerdaten von **Referenzanlagen** bestimmt. Zusätzlich kann das Eintreten der Ursachen **simuliert** werden; dies bietet sich besonders dann an, wenn es sich um unwahrscheinliche, jedoch Fehler mit hoher Konsequenzstärke handelt, wie beispielsweise **Naturkatastrophen**. Beliebte Methoden für die Bestimmung und Identifikation von Fehlerursachen stellen die **5-Warum-Methode** (engl. 5-Why-Methode) und die Ishikawa-Methode dar (s. ANDERSON 2009). Diese Methoden tragen der Tatsache Rechnung, dass Fehler meist in mehreren Stufen entstehen und Verknüpfungen mit anderen Objekten und Knotenpunkten bilden (s. PICKARD ET AL. 2005, S. 458; FARAMONDI ET AL. 2020, S. 13). Dies ist insbesondere von Bedeutung, wenn Ursachencodes im System hinterlegt sind, damit nicht nur die Symptome bekämpft werden können, sondern auch die Ursachen der Probleme.

Die **Fehlerhäufigkeit** zu bestimmen ist oftmals einfacher, da dazu in der Regel gute Daten vorliegen. Jedoch ist für die Zustandsüberwachung und Simulation von Zuständen die Fehlerursache von größerer Bedeutung. Daher sollte eher die Bestimmung des Eintretens der Ursache der Fehler im Mittelpunkt stehen.

Tabelle 6-5: Informationsobjekte für die historische Ursachenanalyse des Objekts

Quelle	Daten / Informationen	Analyse
Objekt • Objektdaten • Fehlerdaten Instandhaltung • Meldungsdaten • Auftragsdaten	Objektdaten • Objekt_ID • Objekt_Typ • Objekt_Verkettung • Funktion_ID Fehlerdaten • Fehler_ID • Fehler_Häufigkeit • Ursache_ID • Ursache_Häufigkeit • Rückmeldung_Text	Ursachendaten • Ursache_ID • Ursache_ Wahrscheinlichkeit

Die verfügbarste Quelle für Fehlerursachendaten besteht in Meldungs- bzw. Auftragsbeschreibungen, welche durch *Fehlercodes*, *Ursachencodes*, *Text*, *Sprache*, *Fotos* und *Videos* Informationen für die Bestimmung der Fehlerursache enthalten. Dabei kommen bereits Verfahren des *Natural-Language-Processing* (kurz NLP, dt. natürliche Sprachverarbeitung) zum Einsatz, welche es ermöglicht, Muster und Schlagwörter in Text oder Sprachaufnahmen zu identifizieren und zu kategorisieren (s. STENSTRÖM ET AL. 2015, S. 33–34; BRUNDAGE ET AL. 2021, S. 42–43). Meist sind jedoch Rückmeldetexte mit Ursachencodes die einfachste Möglichkeit, auswertbare Daten zu erhalten. Diese werden mit den Maschinen- und Komponentendaten wie z. B. der Seriennummer, dem Objekttyp, der Objektfunktion oder dem Status für eine Auswertung verknüpft (s. MOUBRAY 1997, S. 200–201; KOCH ET AL. 2018, S. 280). Gegebenenfalls können auch Zustandsdaten eine Auskunft über vergangene Fehler geben, wenn zum Beispiel erfasst wird, welche Schaltvorgänge kurz vor der Störung getätigt wurden (s. BRINKSCHULTE U. GEIMER 2017, S. 58; SINGH ET AL. 2019, S. 182). Für eine praktische Nutzung der Ursachen- und Fehlerdaten werden diese meist in Bad-Actor-Listen, Flop20-Listen oder ähnlichem zusammengefasst und genutzt.

Tabelle 6-6: Informationsobjekte für die Referenzanalyse des Objekts

Quelle	Daten / Informationen	Analyse
Objekt • Objektdaten • Fehlerdaten • Zustandsdaten Instandhaltung • Meldungsdaten • Auftragsdaten Produktion • Meldungsdaten • Produktionsdaten	Objektdaten • Objekt_ID • Objekt_Typ • Objekt_Verkettung • Funktion_ID Fehlerdaten • Ursache_ID • Ursache_Häufigkeit Zustandsdaten • Objekt_Temperatur • Objekt_ Vibration • Objekt_ Spannung • Umgebung_ Temperatur • Umgebung_ Luftfeuchtigkeit Gleichheitsdaten • Gleichheitsfaktor_ Objekt_Typ • Gleichheitsfaktor_ Objekt_ Umgebung • Gleichheitsfaktor_ Objekt_ Betrieb	Ursachendaten • Ursache_ID • Ursache_ Wahrscheinlichkeit Gleichheitsdaten • Gleichheitsfaktor_ Objekt_Typ • Gleichheitsfaktor_ Objekt_ Umgebung • Gleichheitsfaktor_ Objekt_ Betrieb

Der **Vergleich** mit anderen Objekten und die Verwendung von Ursachen_IDs stellen ein enormes Potenzial dar, welches jedoch nur in wenigen Industrien erkannt und umgesetzt wurde. Analog zu den Fehler_IDs und dem Vergleich mit anderen Objekten, wie im vorangegangenen Abschnitt, ist bei den Ursachen die Bewertung der Vergleichbarkeit extrem wichtig. Da dies zu komplexen Analysen führt, besteht dabei eine große Unsicherheit in Bezug auf die Modellgüte. Insbesondere wenn man innerhalb eines Unternehmens viele gleichartige Objekte besitzt, kann eine Analyse über Häufigkeiten nicht nur einen operativen Mehrwert bieten, sondern auch für die strategische Beschaffung von Anlagen und Ersatzteilen genutzt werden.

Tabelle 6-7: Informationsobjekte für die simulierten Ursachenanalyse des Objekts

Quelle	Daten / Informationen	Analyse
Objekt • Objektdaten • Fehlerdaten • Zustandsdaten Instandhaltung • Meldungsdaten • Auftragsdaten Produktion • Meldungsdaten • Produktionsdaten	Objektdaten • Objekt_ID • Objekt_Typ • Objekt_Verkettung • Funktion_ID Fehlerdaten • Ursache_ID • Ursache_Häufigkeit Zustandsdaten • Objekt_Temperatur • Objekt_ Vibration • Objekt_ Spannung • Umgebung_Temperatur • Umgebung_Luftfeuchtigkeit Produktionsdaten • Produkt_Stückliste / Produkt_Rezept / Produkt_Arbeitsplan • Prozess_ Temperatur • Prozess_Druck • Direktes_Material_Qualität • Leistungsfähigkeit Katastrophendaten • Hochwasser_Einstufung • Erdbeben_Einstufung • Vulkan_Einstufung • Sturmflut_Einstufung	Ursachendaten • Ursache_ID • Ursache_ Wahrscheinlichkeit Simulationsdaten • Simulation_ Überlast • Simulation_ Chemischer_ Verschleiß • Simulation_ Mechanischer_ Verschleiß

Die Zunahme von Zustands- und Objektdaten bietet das Potenzial, dass Zusammenhänge mithilfe einer **Simulation** analysiert werden können. Dafür werden große Datenmengen benötigt, welche detaillierte Auskunft über die physikalische und chemische Beschaffenheit der Anlagen und Produktionsprozesse geben. Insbesondere die Rückkopplung mit Produktionsdaten ist dabei interessant, da die Auswirkung von verschiedenen Produktionsprogrammen auf die Anlage simuliert werden kann.

Veränderliche Daten wie bespielsweise Hochwasserrisikokarten (s. Abbildung 6-13) werden durch die Bundesländer im Rahmen des Hochwasserschutzes bereitgestellt und für die Flurplanung verwendet (s. BAYERISCHES LANDESAMT FÜR UMWELT 2021).

Abbildung 6-13: Hochwasserrisikokarte (HQ_{100}) Wildbach Laurensberg (Ausschnitt, BEZIRKSREGIERUNG KÖLN 2019)

Da diese Karten mit gleitenden Durchschnitten arbeiten, also beispielsweise statistische Hochwasserereignisse berechnen, die 1-mal in 100 Jahren auftreten (HQ_{100}), muss nach jedem Hochwasserereignis die Bewertung erneut überprüft werden. So führten die extremen Hochwasserereignisse 2002 und 2013 in Sachsen sowie 2021 in Nordrhein-Westfalen und Rheinland-Pfalz zu veränderten Berechnungen des HQ_{100} und damit zu veränderten rechnerischen Risikolagen einer Reihe von Standorten.

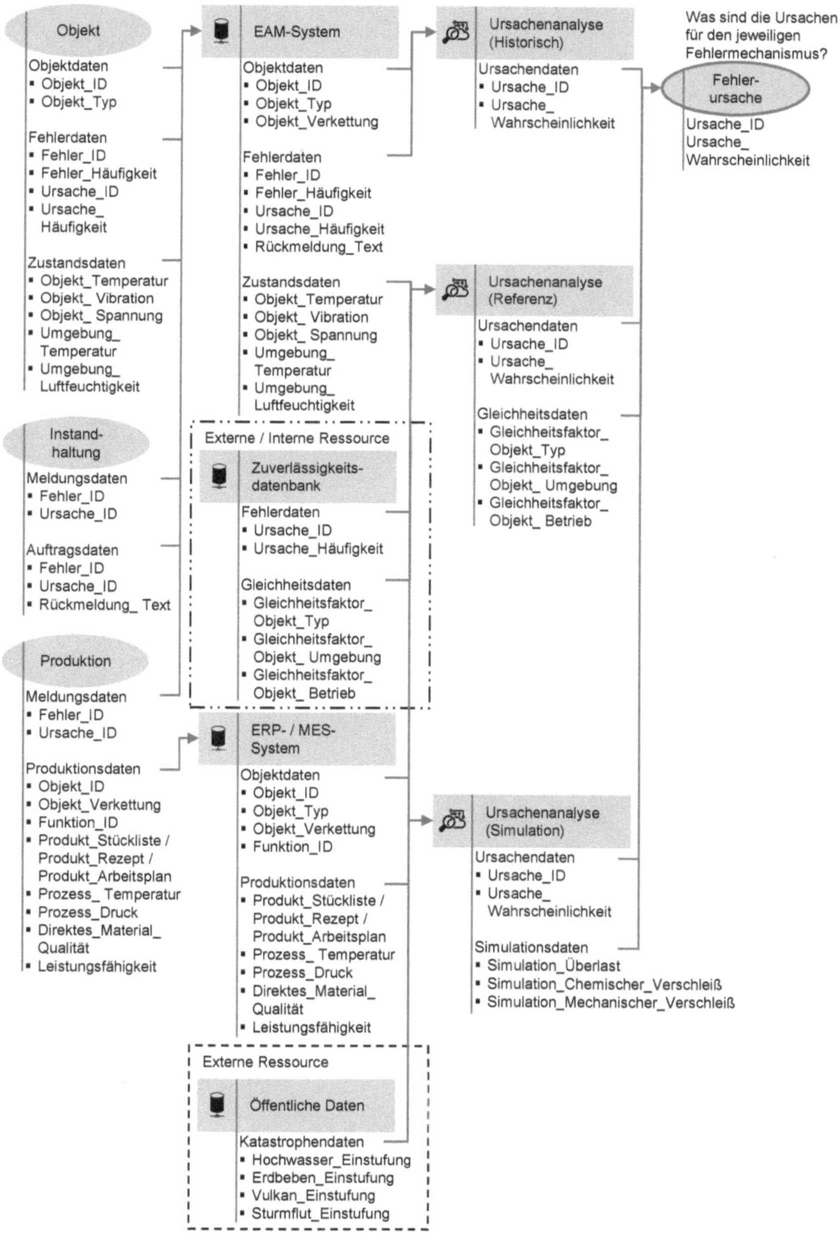

Abbildung 6-14: IL-Modell für die Fehlerursache (eigene Darstellung)

Fehlerablauf

Hauptfrage: Welche Anzeichen und Ereignisse passieren in welcher Reihenfolge, wenn der Fehler aufgetreten ist?

Für die Bestimmung der **Detektierbarkeit** ist es wichtig, den Fehlerablauf zu verstehen, um gegebenenfalls frühzeitig sichtbare **Symptome** richtig deuten zu können und mit geeigneten Maßnahmen zu reagieren. In einigen Fällen ist es auch möglich, dass die Fehlererkennung ausreichend Sicherheit bietet, um keine, oftmals aufwändigeren, Maßnahmen zur Fehlermitigation durchführen zu müssen.

Tabelle 6-8: Informationsobjekte für die Detektierbarkeit des Fehlers

Quelle	Daten / Informationen	Analyse
Objekt • Objektdaten • Fehlerdaten • Zustandsdaten Instandhaltung • Meldungsdaten • Auftragsdaten Produktion • Meldungsdaten • Qualitätsdaten • Produktionsdaten	Objektdaten • Objekt_ID • Objekt_Typ • Objekt_Verkettung Fehlerdaten • Fehler_ID Zustandsdaten • Objekt_Öl • Objekt_Vibration • Objekt_Temperatur • Objekt_ Spannung • Umgebung_ Temperatur Qualitätsdaten • Produkt_Gut • Produkt_Ausschuss • Mangel Produktionsdaten • Produkt_Stückliste / Produkt_Rezept / Produkt_Arbeitsplan • Prozess_ Temperatur • Prozess_Druck	Detektierbarkeit • Fehler_ID • Detektions_ Möglichkeit • Detektion_ Wahrscheinlichkeit

Komplexe industrielle Systeme arbeiten durch Konstruktionsberechnungen, Normen und Vorschriften äußerst stabil. Es kommt jedoch häufig vor, dass sich Fehler nach Eintreten neuer Betriebsbedingungen einstellen. So kann ein neuer Betriebsmodus (z. B. ein Flugzeug, welches von der Reiseflughöhe zur Landung ansetzt) oder eine Änderung der Umweltbedingungen (z. B. saisonale Temperaturschwankungen) zu einer Störung führen (s. MICHAU U. FINK 2021, S. 8). Die Anzeichen zu sehen und **Anomalien** zu deuten, kann daher helfen, Störungen und ungeplante Ausfälle nachhaltig zu verhindern. Eine frühzeitige **Fehlererkennung** kann zum Beispiel über **Qualitätsdaten** geschehen, wenn sich der Verschleiß einzelner Komponenten z. B. auf die Qualität der Produkte auswirkt (s. RYLL U. FREUND 2010, S. 33). Aber auch die Kombination von **Betriebsparametern**, welche vor den vergangenen Störungen bestanden, können Indikatoren für zukünftige Ausfälle sein (s. BRINKSCHULTE U. GEIMER 2017, S. 58; SINGH ET AL. 2019, S. 182). Die Zahl der Möglichkeiten ist dabei nahezu grenzenlos, daher müssen für die verschiedenen Fehlermöglichkeit geeignete Hypothesen formuliert und diese mit passenden Daten und Analysen verifiziert oder falsifiziert werden.

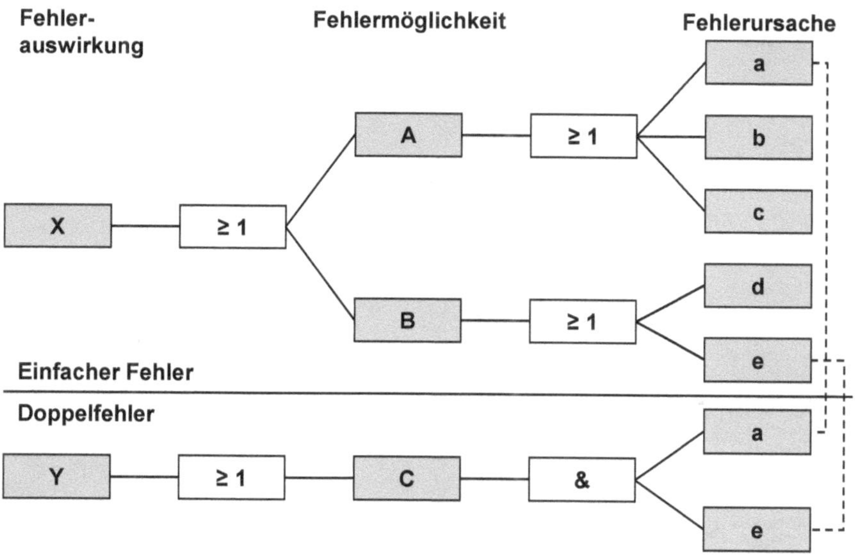

Abbildung 6-15: Mehrstufiger Fehlerablauf (eigene Darstellung, i. A. a. PICKARD ET AL. 2005, S. 458)

Dabei kann die Detektion an verschiedenen Punkten erfolgen (s. Abbildung 5-15), so können die Merkmale der Ursachen, der Auswirkungen oder des Fehlermodus detektiert werden. Mitunter ergibt sich aus mehreren Ursachen ein charakteristisches Ursachenbild für die Fehler, welches eine nachträgliche Zuordnung zu einem Fehlermodus oder sogar zur Vorhersage eines Fehlermodus ermöglicht.

Die Messverfahren, um den Ausfall zu detektieren, sind vielfältig und müssen zum Fehler oder der Ursache passen. Dabei können unterschiedliche Mess- und Analysegeräte zum Einsatz kommen.

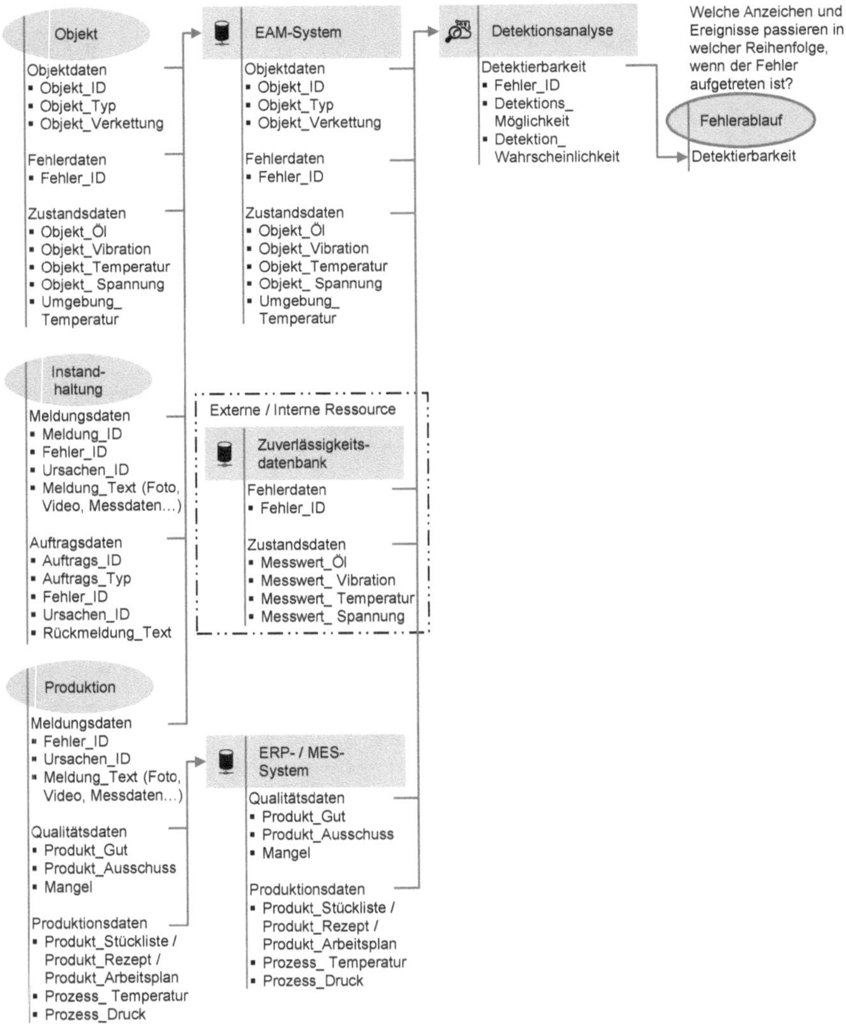

Abbildung 6-16: IL-Modell für den Fehlerablauf (eigene Darstellung)

Fehlerkonsequenz

Hauptfrage: Welchen Einfluss hat die Störung des Objekts auf das Gesamtsystem?

Analog zu den Zielen der vorliegenden Arbeit wird die **Konsequenz** auf die Arbeitssicherheit, Gesundheit und Umwelt, die Konsequenz auf den Lebenszyklus des Objekts und die Konsequenz auf den Betrieb des Objekts bezogen. Jede der verschiedenen Dimensionen erfordert eine unabhängige Bewertung und andere Daten.

Tabelle 6-9: Informationsobjekte für die HSE-Konsequenz der Störung

Quelle	Daten / Informationen	Analyse
Objekt • Objektdaten • Funktionsdaten	Stoffdaten • Rohstoff_ID • Hilfsstoff_ID • Betriebsstoff_ID • Gefahren_Klasse Funktionsdaten • Funktions_ID • Rohstoffe_ID • Hilfsstoff_ID • Betriebsstoff_ID	Konsequenz_HSE • Arbeitssicherheit • Konsequenz_ Umwelt Ausfallfolgekosten • Imageschaden • Entschädigungen

Die Konsequenz für die **HSE** ist insbesondere davon abhängig, welche Stoffe im Produktionsprozess verwendet werden (s. BENDER 2020, S. 1). Die Gefahrenklassen beziehen sich dabei auf physikalische **Gefahren**, **Gesundheitsgefahren** und **Umweltgefahren**, welche in der EU durch *Registration, Evaluation, Authorisation and Restriction of Chemicals (REACH)* geregelt und kategorisiert werden (s. EUROPÄISCHES PARLAMENT U. EURÖPÄISCHER RAT 2006). Die Schwierigkeit liegt insbesondere bei HSE in der **Kopplung von Effekten**, da einzelne Ereignisse ein akzeptables Risiko darstellen, jedoch von Kopplungseffekt extrem verstärkt werden können (s. BAYBUTT 2012, S. 1006; KOTZANIKOLAOU ET AL. 2013, S. 104–106). Dabei kann die Gefährdung durch einen Ausfall von einer kleineren Verletzung, die leicht zu behandeln ist, bis hin zum Tod einer oder mehrerer Personen führen (s. DIN EN 60812, S. 40). Weitere Kopplungseffekte können die öffentliche Wahrnehmung, Klageverfahren und Compliance-Risiken betreffen und stellen in der Regel ein unakzeptabel hohes Risiko dar (s. BAYBUTT 2012, S. 1001).

Tabelle 6-10: Informationsobjekte für die Objektkonsequenz der Störung

Quelle	Daten / Informationen	Analyse
Objekt • Objektdaten • Funktionsdaten Instandhaltung • Meldungsdaten • Auftragsdaten Produktion • Meldungsdaten	Funktionsdaten • Funktions_ID • Rohstoffe_ID • Hilfsstoff_ID • Betriebsstoff_ID Objektdaten • Objekt_ID • Objekt_Typ • Objekt_Verkettung • Objekt_Lebensdauer • Objekt_Alter • Objekt_Substanz Auftragsdaten • Auftrag_Dauer • Auftrag_Kosten • Rückmeldung_Text	Konsequenz_Objekt • Obsoleszenz_ technisch • Obsoleszenz_ strategisch • Objekt_Substanz Ausfallfolgekosten • Sekundär-beschädigung • Abnutzungsvorrat

Die **Anlagenlebensdauer** kann durch Schäden wesentlich beeinflusst werden (s. BAYBUTT 2012, S. 1001), was einen erhöhten Investitionsbedarf zur Folge haben kann, da die Anlagenlebensdauer nicht voll ausgeschöpft wird (s. BIEDERMANN 2008, S. 26–27). Die **Anlagensubstanz** gibt an, wie stark das Objekt verbraucht ist, das heißt, wie sehr die einzelnen Komponenten in Summe verbraucht sind und wie nah sich das Objekt an einem **Totalschaden** befindet (s. SPITZER U. MARWITZ 2020, S. 703). Es gibt jedoch auch noch andere Kennzahlen, die dafür herangezogen werden könnten, wie zum Beispiel das Alter, die getauschten Ersatzteile usw. In der Regel ist es so, dass Werke, bei denen die Materialkostenquote, also die Materialkosten im Vergleich zu den gesamten Instandhaltungskosten, sehr gering ausfällt, entweder sehr neu sind oder eine schlechtere Substanz aufweisen. Neben der Substanz des Objekts können technische und strategische Gründe für die **Obsoleszenz** des Objekts eine Rolle spielen. So kann ein Mangel an Ersatzteilen, bzw. die nicht mehr mögliche wirtschaftliche Beschaffung von Ersatzteilen, oder die Abkündigung des von dem Objekt produzierten Produktes eine Rolle spielen und zu einer Verschrottung der Anlage führen. In diesem Fall sind selbstverständlich die Konsequenzkosten wesentlich reduziert und weitere Maßnahmen nur bedingt sinnvoll.

Tabelle 6-11: Informationsobjekte für die Betriebskonsequenz der Störung

Quelle	Daten / Informationen	Analyse
Produktion • Qualitätsdaten • Produktionsdaten Kunde • Bestelldaten Lager • Produktdaten • Direktes Material	Qualitätsdaten • Produkt_Aussschuss • Mangel_ID Produktionsdaten • Produkt_ID • Produkt_Menge • Produkt_Stückliste / Produkt_Rezept / Produkt_Arbeitsplan Bestelldaten • Kunden_ID • Liefer_Datum • Liefer_Menge • Liefer_Konditionen Produktdaten • Produkt_frei • Produkt_ reserviert Direktes Material • Material_ID • Material_frei • Material_ reserviert	Konsequenz_Betrieb • Produktions-fähigkeit • Instandhaltbarkeit Ausfallfolgekosten • Produktionsausfall-kosten • Instandhaltungs-kosten • Vertragsstrafen • Imageschaden

Die **Produktionsfähigkeit** des Unternehmens ist die Kernfrage der Betriebskonsequenzen, da eine Reduktion oder ein Stillstand in der Produktion zu einer verminderten **Lieferfähigkeit** führen kann (s. BAYBUTT 2012, S. 1001). So kann es zum Verlust von Aufträgen kommen, welche nicht angenommen werden können bzw. bei denen der Liefertermin nicht konkurrenzfähig ist. Für bereits angenommene Aufträge ergeben sich gegebenenfalls eine **Lieferverzögerung** und die Notwendigkeit für die Zahlung von **Vertragsstrafen** o. ä. (s. BIEDERMANN 2008, S. 26–27). Die Instandhaltung kann jedoch auch betroffen sein, da es ggf. zu Änderungen im Produktionsplan kommen muss und daher andere Tätigkeiten nicht planmäßig durchgeführt werden können. Die sogenannte **opportunistische Instandhaltung** ist daher bemüht, Stillstände zu nutzen, um notwendige Tätigkeiten mit so wenigen Einschränkungen wie möglich durchführen zu können. Jedoch erfordert dies eine außerordentlich gute Verzahnung von Produktionsplanung und Instandhaltung, welche in vielen Unternehmen nicht anzutreffen ist.

Die **Produktionsplanung** findet in der Regel in der Planungsdatenbank in einem ERP-System oder in noch spezialisierteren Systemen statt (s. Rebstock u. Lipp 2003, S. 299). Die Produktionsplandaten enthalten das Produktionsprogramm, Rezepte bzw. Stücklisten und Informationen zu Ressourcen und Zeiten (s. Lödding 2016, S. 108). Um die Auswirkungen abschätzen zu können, ist es notwendig, zu ermitteln, ob das Objekt überhaupt **produktionsfähig** wäre, das heißt, ob alle Voraussetzungen für die Produktion wie Material, Personal usw. vorliegen. Ebenfalls bietet sich die Überprüfung der Produktionsnotwendigkeit an, da ggf. reservierte Produktwarenbestände für einen anderen Kunden umgewidmet werden können und sich so Zeit verhältnismäßig preiswert erkauft werden kann. Die Auswirkungen auf und Möglichkeiten für das gesamte **Wertschöpfungsnetz** können natürlich beliebig erweitert werden, wie z. B. auf die Logistik, die Produktion des Kunden usw. (s. Moore u. Starr 2006, S. 605; Wannenwetsch 2014, S. 500–502). Birtel et al. gehen von 12 Elementen aus, welche einen mittelbaren negativen Einfluss auf den Betrieb haben: Überstunden, Sonderschichten, Verlust von Deckungsbeiträgen (Produktionsausfall), Verlust von Deckungsbeiträgen (Qualitätsverlust), (Um-)Planung des Produktionsprogramms, zusätzliche Transportkosten, Wiederinbetriebnahmekosten, Imageverlust, erhöhte Dienstleisterkosten, erhöhter Bedarf an Lagerpersonal, Vertragsstrafen und Verlust von Aufträgen/Kunden (s. Birtel et al. 2020, S. 613). Einen negativen Einfluss auf die Instandhaltung können nach Birtel et al. zudem folgende Elemente haben: (Um-)Planung des Instandhaltungsprogramms, Überstunden der Instandhaltung, Sonderschichten der Instandhaltung, erhöhte Ersatzteilkosten, zusätzliche Transportkosten für Ersatzteile und erhöhte Dienstleisterkosten für technische Dienstleister (s. Birtel et al. 2020, S. 613).

Um die Konsequenzen und Wirkungszusammenhänge abschätzen zu können, ist in der Regel eine individuelle Untersuchung notwendig. Die Datengrundlage, um die Stillstandzeiten mit Fehler- oder Ursachencodes zu verknüpfen, sind jedoch in den meisten Systemen vorhanden und geben einen ersten Anhaltspunkt über die Schwere von Störungen. Insbesondere die Kumulation von **Mikrostörungen**, welche in einer hohen Anzahl unbemerkt von den Führungsebenen vonstattengehen können, bieten einen interessanten Einblick in die Funktionsweisen der Objekte und deren Störungen.

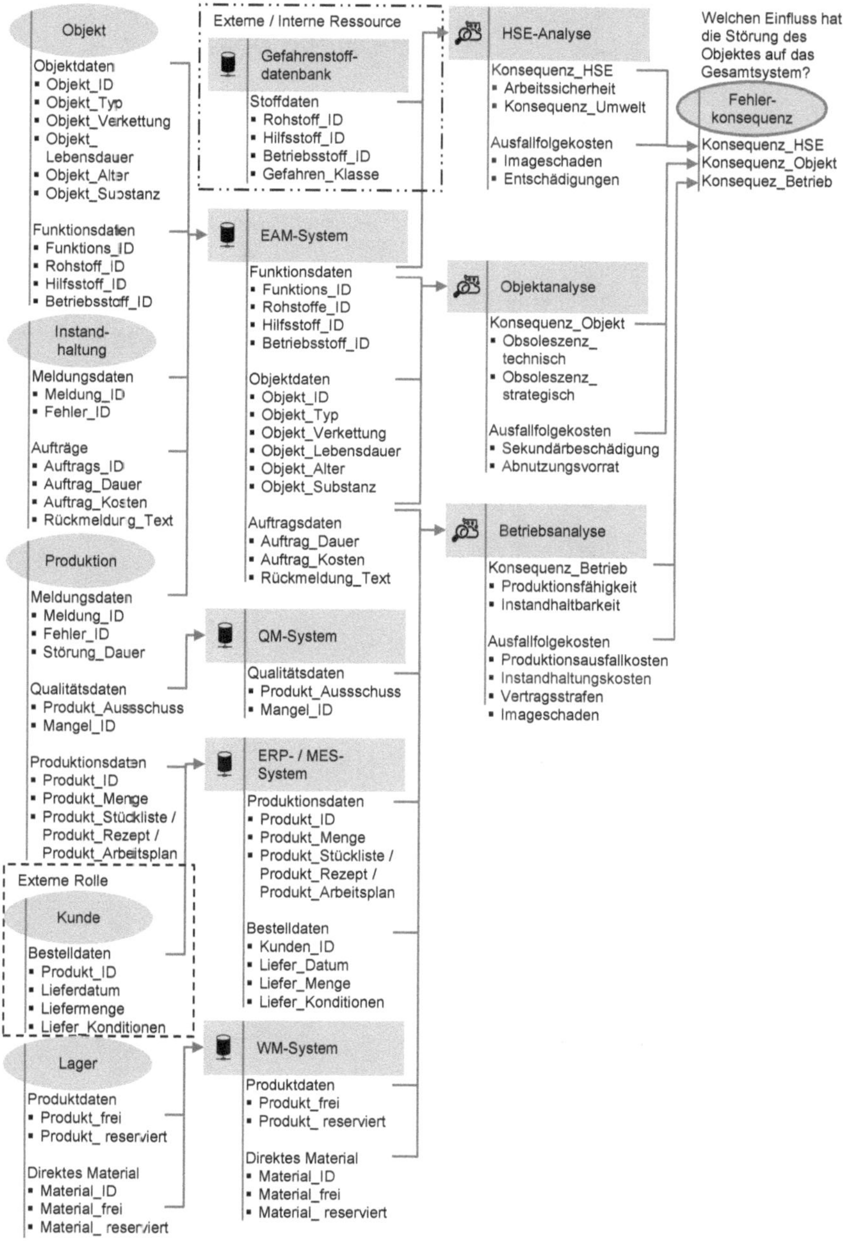

Abbildung 6-17: IL-Modell für die Fehlerkonsequenz (eigene Darstellung)

Fehlervermeidung

Hauptfrage: Was kann getan werden, um den Fehler vorherzusagen oder zu vermeiden?

Aus den Informationen des **Fehlerablaufs** (s. Kapitel 5.2.4) geht hervor, ob und wie der sich anbahnende Fehler detektiert werden kann. Für die **Fehlervermeidung** lassen sich dann entsprechend verschiedene Maßnahmen ableiten, welche die Vermeidung des Fehlers zum Ziel haben. Dazu gehören verschiedene Maßnahmen, um die **Aufdeckungswahrscheinlichkeit** zu erhöhen, aber auch, dass die Produktion angepasst wird, um die Anlage bestmöglich ausnutzen zu können. Im ersten Schritt muss jedoch untersucht werden, wie die **Fehlererkennung** genau vorgenommen werden muss, welche Daten und Informationen dafür benötigt werden und wie diese auszuwerten sind.

Tabelle 6-12: Informationsobjekte für die Fehlererkennung

Quelle	Daten / Informationen	Analyse
Engineering / OEM • Funktionsdaten Instandhaltung • Auftragsdaten • Messdaten Objekt • Objektdaten • Zustandsdaten Labor • Probedaten	Datenmodelle • Objekt_Spannung • Objekt_Vibration • Objekt_Temperatur Zustandsdaten • Objekt_Spannung • Objekt_Vibration • Objekt_Temperatur • Messmittel_Vibration • Messmittel_ Temperatur • Probe_Viskosität • Probe_Verunreinigung Objektdaten • Objekt_ID • Objekt_Typ Auftragsdaten • Auftrag_Typ • Rückmeldung_Text • Auftrag_Zyklus • Ersatzteil_ID • Messmittel_ID • Mitarbeiter_Kompetenz	Detektierbarkeit • Fehler_ID • Detektions_ Möglichkeit • Detektion_ Wahrscheinlichkeit Zustandsanalyse • Anomalieerkennung • RUL-Simulation

Für die Vermeidung der Störung ist die **Vorwarnzeit** ein wesentlicher Faktor dafür, wie viel Zeit vergeht von der Fehleridentifikation bis zur Handlung bzw. Behebung. Dabei kann es sich um wenige Minuten bis hin zu Jahrzehnten handeln. Um diese Zeitspanne einschätzen zu können, sind meist mehrere Messungen zu tätigen, um den Verschleißfortschritt interpolieren zu können (s. SOMMER ET AL. 2010, S. 30). Die Vorwarnzeit und die Detektionsmodi werden u. a. mithilfe des **P-F-Intervalls** generiert. Durch das P-F-Intervall wird die Zeit bestimmt, die sich vom Eintritt der Phase des potenziellen Versagens (P) bis hin zum vollständigen Funktionsausfall (F) erstreckt. Dabei muss zunächst gezeigt werden, dass eine **Anomalie** vorliegt, welche auf einen Fehler hindeutet, und als weitere Stufe muss die **Restlebensdauer** (engl. *Remaining Usefull Life* (kurz *RUL*)) simuliert werden (s. ZHAI U. REINHART 2018, S. 299–300). Da nicht alle physikalischen und chemischen Eigenschaften der Anlage kontinuierlich überwacht werden können, kommt eine Vielzahl von fehler- bzw. ursachenspezifischen Messmitteln und -methoden in Betracht.

Insbesondere durch die Industrie 4.0 werden die Möglichkeiten und der Preis von automatischer Datenerfassung mit Sensorik aber auch aus Steuerungen und Anwendungssystemen verbessert. Dadurch werden Abwicklungsdaten, die Auskunft über die Detektion des bestehenden Ausfalls geben können, wie z. B. der Füllstand und die Temperatur, erfasst (s. SOLFRID ET AL. 2018, S. 2423). Möglich sind auch Qualitätsdaten darüber, wenn sich der Verschleiß einzelner Komponenten z. B. auf die Qualität der Produkte (s. RYLL U. FREUND 2010, S. 33) oder das aktuelle Leistungsvermögen des betrachteten Objekts und die Veränderung des Leistungsvermögens über die Zeit auswirkt (s. RYLL U. GÖTZE 2010, S. 129). Über Sensoren können aber auch Zustandsdaten systematisch erfasst werden, beispielsweise die Vibrationen oder die Temperatur (s. CARDEN U. FANNING 2004, S. 355; YANG ET AL. 2010, S. 263; SOLFRID ET AL. 2018, S. 2423). Für die Ermittlung der **Restlebensdauer** sind meist aufwendige Datenmodelle und Analysen notwendig, welche nicht durch Plug-and-Play-Lösungen abgedeckt werden können und damit mit einem erhöhten Investitionsaufwand verbunden sind. Die Möglichkeiten der **Anomalieerkennung** erhöhen jedoch die Auswertbarkeit der Daten und ermöglichen es, eine Fokussierung des Anlagenbedieners oder Instandhalters zu erreichen. Daher bietet es sich an, die vorhandenen bzw. automatisch generierten Daten mit einer Anomalieerkennung und Berichtswesen zu verknüpfen.

Jedoch bieten auch Daten, die bei Inspektionen und Wartungen entstehen oder welche in Rückmeldetexten von Aufträgen enthalten sind, gute Ansatzpunkte über Zustands- bzw. Fehlerdaten. Dabei muss genau beschrieben sein, welche Kenngrößen erhoben, welche Untersuchungsmethoden angewandt und wie häufig regelmäßige Tätigkeiten durchgeführt werden (s. SCHIEßL U. MAYER 2009, S. 750). Diese Daten können z. B. dabei unterstützen, festzustellen, wie hoch die Vorwarnzeit ist und wie bestimmte Zusammenhänge zwischen den ersten Fehleranzeichen und dem Eintreten der Störung sind. Die Beobachtungen der Maschinenbediener können zum Beispiel darüber Aufschluss geben, ab wann das Objekt ungewöhnliche Geräusche oder Gerüche von sich gegeben hat (s. SINGH ET AL. 2019, S. 182).

Tabelle 6-13: Informationsobjekte für die Instandhaltungsplanung des Objekts

Quelle	Daten / Informationen	Analyse
Instandhaltung • Auftragsdaten Produktion • Produktionsdaten	Auftragsdaten • Auftrag_Typ • Auftrag_Zyklus • Ersatzteil_ID • Messmittel_ID • Mitarbeiter_Kompetenz Produktionsdaten • Produkt_ID • Produkt_Menge • Produktion_Zeit • Anlagenzeit_verfügbar • Produkt_Qualität	Detektierbarkeit • Fehler_ID • Detektions_ Möglichkeit • Detektion_ Wahrscheinlichkeit Auftragsdaten • Auftrags_Typ • Auftrags_Zyklus • Ersatzteil_ID • Messmittel_ID • Mitarbeiter_ Kompetenz

Die gewonnenen Zustandsdaten lassen sich in die **Instandhaltungsplanung** als konkrete Maßnahmen überführen; dabei gibt es eine Reihe von Möglichkeiten, welche nur in der Kombination das gewünschte Ergebnis erzielen (s. Abbildung 6-19). So kann die Kombination von verschiedenen geplanten Instandhaltungsmaßnahmen eine Reduzierung der direkten und indirekten Instandhaltungskosten nach sich ziehen und für eine Verbesserung des Gesamtsystems sorgen. Die gewählten Maßnahmen müssen nun wieder mit der Produktionsplanung koordiniert werden, um Beeinträchtigungen der Produktion durch die Instandhaltung zu minimieren.

Ein Grundpfeiler von TPM bildet die **autonome Instandhaltung**, welche der Reduzierung der Anzahl der Anlagenausfälle und der Reduzierung der Reaktionszeit auf

Störungen dient (s. ARROYO-HUAYTA ET AL. 2021, S. 545). Dafür müssen die richtigen Tätigkeiten ausgewählt und die Mitarbeiter in Bezug auf Inspektionen und Wartungen geschult und ausgestattet werden (s. MCKONE U. WEIS 1998, S. 339). Die Häufigkeit von Tätigkeiten und das Anfertigen einer *Heat-Map*[5] können notwendige Tätigkeitsschwerpunkte aufzeigen und eine Priorisierung für Training und Ausstattung begründen.

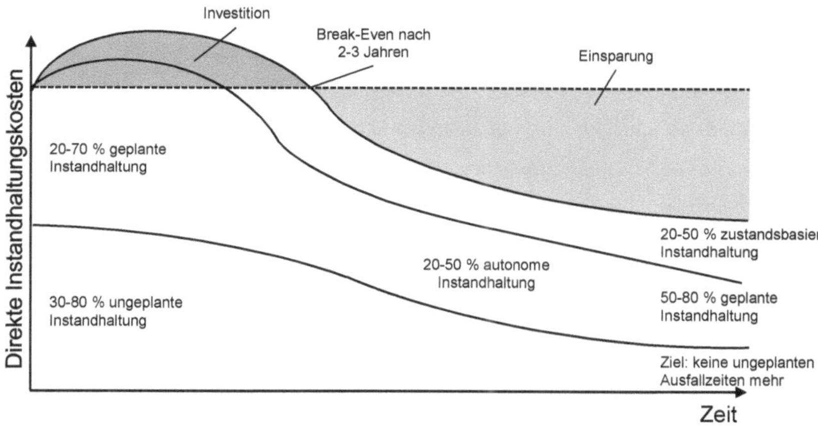

Abbildung 6-18: Kostenkurve für die Einführung der vorbeugenden Instandhaltung (eigene Darstellung, i. A. a. THOMSON ET AL. 1993, S. 393)

Manche **Überwachungstätigkeiten** müssen geschulte Instandhaltungsmitarbeiter durchführen; dies ist vor allem dann der Fall, wenn komplexere Messverfahren angewendet und interpretiert werden müssen. Die Prüfung erfolgt in meist regelmäßigen Abständen, welche über verschiedene Methoden bestimmt werden können; so existieren seit Jahrzehnten bereits Modelle für die mathematische Bestimmung der optimalen Intervalle (s. WAGNER ET AL. 1964). Die dabei eingesetzten Methoden für eine Zustandsüberwachung sind vielseitig und müssen dem zu untersuchenden Objekt und **Fehlermodus** angemessen sein (s. SULLIVAN ET AL. 2010, S. 59). Visuelle Inspektionen, die Überprüfung des Schmiermittelstandes in Getrieben, Vibrationsanalysen und zerstörungsfreie Prüfverfahren wie Ultraschall und akustische Emissionen im Rahmen der planmäßigen Inspektionsintervalle sind zum Beispiel Möglichkeiten,

[5] Methode, um Tätigkeitsschwerpunkte in Organisationen darzustellen, welche mit notwendigen Kompetenzen, notwendigen Informationen und notwendigen Werkzeugen ergänzt werden kann.

um Abweichungen vom Sollzustand frühzeitig zu erkennen (s. TCHAKOUA ET AL. 2014, S. 2614). Eine Methode, welche sehr frühzeitig sich entwickelnde Störungen aufzeigen kann, stellt die Ölanalyse dar, bei der Fremdpartikel und Eigenschaften von Kühl- und Schmiermitteln untersucht werden können. Dadurch kann schon frühzeitig beispielsweise ein Abrieb oder eine thermische Beeinträchtigung festgestellt werden. Da die Fehlermöglichkeiten bei komplexen industriellen Systemen sehr vielseitig sein können und dadurch die notwendigen **Messsysteme** und Analysemethoden zahlreich sind und müssen, sind die gesammelten Zustandsdaten oft nicht repräsentativ für alle möglichen Fehler und für alle zukünftigen Betriebszustände des Objekts (s. MICHAU U. FINK 2021, S. 2). Dies führt oft zu einer falschen Sicherheitsannahme, welche durch die Bestimmung der Konsequenz abgewogen werden muss und zu Negativbeispielen für die weitere Implementierung der Zustandsüberwachung führt.

Neben der Überwachung von Komponenten können diese auch ausgetauscht werden (s. **Wartungen**). Dies bietet sich vor allem da an, wo eine Überwachung nicht wirtschaftlich sinnvoll ist, da beispielsweise die Ersatzteilkosten sehr gering sind oder keine sicherheitsrelevanten Konsequenzen zu erwarten sind. Die Maßnahmen umfassen das Reinigen und Pflegen, Nachstellen und Justieren, Ölen und Schmieren, Nachfüllen von Hilfs- und Betriebsstoffen und den Austausch von Klein- und Verschleißteilen (s. SCHOLZ 1924, S. 239–240; SCHMIDT U. APEL 2018, S. 55).

Tabelle 6-14: Informationsobjekte für die Produktionsregelung des Objekts

Quelle	Daten / Informationen	Analyse
Objekt • Zustandsdaten Produktion • Produktionsdaten	Produktionsdaten • Produkt_ID • Produkt_Menge • Produktions_Zeit • Anlagenzeit_verfügbar	Zustandsanalyse • Anomalieerkennung • RUL-Simulation Produktionsdaten • Produktion_Plan • Produktion_ Parameter

Die Anpassung der **Produktionsrate** kann dazu führen, dass Ausfälle vermieden werden können (s. UIT HET BROEK ET AL. 2020, S. 809). Dafür werden Zustandsdaten mit den Produktionsdaten verknüpft, um eine Abschätzung darüber treffen zu können, ob das angefangene Produktionsprogramm oder die Charge noch abgeschlossen werden kann. In einigen Fällen ist es sogar möglich, dass die Produktionsgeschwindigkeit gesenkt oder gesteigert werden kann, um den Fehler zu verzögern oder um die

Produktion zu maximieren, wenn die Produktionsgeschwindigkeit keinen Einfluss auf die Fehlerursache hat.

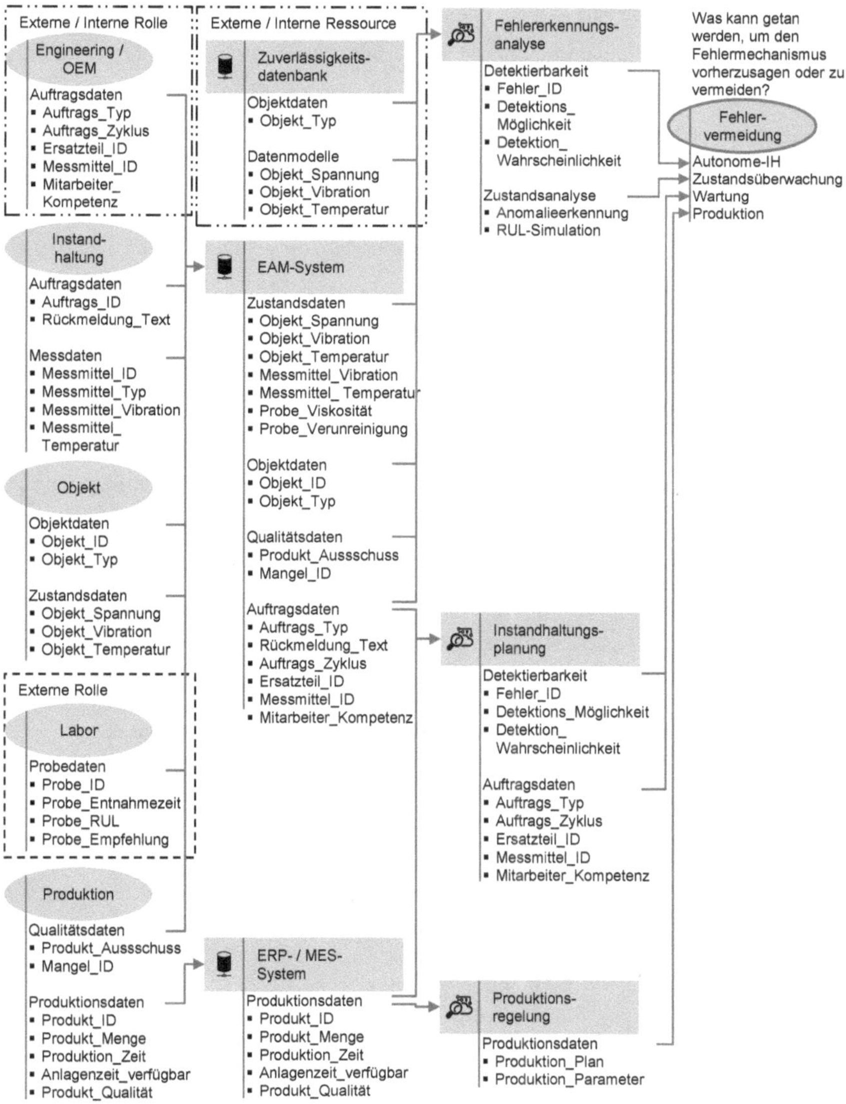

Abbildung 6-19: IL-Modell für die Fehlervermeidung (eigene Darstellung)

Störungsmitigation

Hauptfrage: Was sollte getan werden, wenn keine passende Aktivität zur Vorhersage oder Vermeidung gefunden wird?

Wenn die Instandhaltungsmaßnahmen zu keiner Vermeidung der Störung führen, müssen die Auswirkungen der Störung reduziert werden. Dies kann **objektbezogen** passieren, um die Wahrscheinlichkeit und Konsequenz der Störung zu reduzieren, oder prozessbezogen, um die Konsequenz bzw. die Fehlerdauer zu reduzieren. Dafür gibt es fünf Möglichkeiten, die in das Informationslogistikmodell einbezogen werden müssen: minimale Komplexität anstreben, Redundanzen einbauen, Puffer einbauen, Betriebsbelastung reduzieren und Objekt ersetzen (s. SMITH 2017, S. 9). Eine andere Möglichkeit ist es, den **Instandhaltungsprozess** anzupassen, um die Zeit der Störungsbehebung zu reduzieren und damit die Konsequenz, welche in der Regel zeitabhängig ist, zu reduzieren. Die Durchführung der genannten Maßnahmen kann mindestens theoretisch im gesamten Lebenszyklus des Objekts bzw. der Anlage stattfinden. Es ist jedoch viel aufwendiger, die Zuverlässigkeit nach der Entwurfsphase zu erhöhen (s. SMITH 2017, S. 10). Im Allgemeinen muss eine genaue Abwägung erfolgen, welche der konkreten Maßnahmen angemessen und zielführend ist. Dies hängt von einer Vielzahl von Faktoren ab, beispielsweise von der Dauer der Maßnahme, von der Notwendigkeit zur Abschaltung der Anlage während der Maßnahme, von Personal- und Materialkosten der Maßnahmen, von der Verminderung der Leistungsfähigkeit.

Tabelle 6-15: Informationsobjekte für die objektbezogene Störungsmitigation

Quelle	Daten / Informationen	Analyse
Engineering / OEM • Projekt-informationen • Mitarbeiterdaten Objekt • Objektdaten	Projektinformationen • Kosten_Soll • Kosten_Ist Objektdaten • Objekt_ID • Objekt_Funktion • Objekt_Komponenten • Objekt_Typ • Objekt_Alter • Objekt_Lebensdauer • Objekt_Verkettung Mitarbeiterdaten • Stunden_frei	Vulnerabilitätsdaten • Objekt_Komplexität • Objekt_ Lebenszyklus Kritikalitätsdaten • Objekt_Verkettung • Objekt_Redundanz Maßnahmendaten • Maßnahme_Effekt • Maßnahme_ Machbarkeit • Maßnahme_ Priorisierung

	• Stunden_verplant • Stunden_abgeleistet Maßnahmendaten • Maßnahme_Typ • Maßnahme_Ziel • Maßnahme_Vorgehen • Maßnahme_Aufwand • Maßnahme_Risiken	

Die in den ersten fünf Schritten beschriebenen Fragestellungen geben eine umfangreiche Problembeschreibung. Die Maßnahmen sind sehr individuell, Dadurch ist es je nach Fallkonstellation oft nicht realistisch, dass eine Maßnahmenableitung automatisiert geschieht. Jedoch können durch eine Problembeschreibung und -kategorisierung in Kombination mit einer Best-Practice-Datenbank Empfehlungen und Denkanstöße gegeben werden. Die Empfehlungen müssen mit der Bewertung der Objekte in Bezug auf die **Vulnerabilität** erfolgen. Dies kann zum einen mit der **Objektkomplexität** geschehen, wobei diese schwer zu bewerten ist, da dies nur durch einen Abgleich der Objektfunktion, des Objekttyps und der verbauten Komponenten geschehen könnte. Zum anderen kann der **Objektlebenszyklus** bewertet werden, da die Ausfallwahrscheinlichkeit von Anlagen nicht statisch ist, sondern innerhalb des Lebenszyklus zunimmt (s. KURZ 2018, S. 178). Dafür müssen das Objektalter und die Objektlebensdauer, welche beispielsweise die strategische und technische Obsoleszenz beinhaltet, abgewogen werden. Die Kritikalität des Objekts kann durch die **Objektverkettung** bzw. **Objektredundanz** bewertet werden; dafür ist es notwendig, die Funktion und die Verkettung des Objekts innerhalb der Anlage zu verstehen und Puffer ableiten zu können.

Jede Maßnahme muss dabei dahingehend überprüft werden, dass die Maßnahme den angestrebten Effekt erzielt und technisch sowie von den Aufwänden her machbar und sinnvoll ist. Da die Ressourcen innerhalb eines Unternehmens limitiert sind, ist zudem eine Priorisierung notwendig.

Tabelle 6-16: Informationsobjekte für die prozessbezogene Störungsmitigation

Quelle	Daten / Informationen	Analyse
Objekt • Objektdaten Instandhaltung	Maßnahmendaten • Maßnahme_Typ • Maßnahme_Ziel	Objektdaten • Objekt_ Instandhaltbarkeit

• Auftragsdaten Produktion • Meldungsdaten • Produktionsdaten Lager • Materialdaten	• Maßnahme_Vorgehen • Maßnahme_Aufwand • Maßnahme_Risiken Meldungsdaten • Meldung_Erstellzeit • Meldung_Priorität Auftragsdaten • Auftrag_Typ • Auftrag_Startzeit • Auftrag_Wartezeit • Auftrag_Endzeit • Auftrag_Offen • Mitarbeiter_ Qualifikation • Mitarbeiter_ Überstunden • Mitarbeiter_ Bereitschaft Objektdaten • Objekt_ID • Objekt_Typ • Objekt_Funktion • Objekt_Auslastung • Meldungsdaten • Meldung_Erstellzeit • Meldung_Priorität Produktionsdaten • Produkt_Planung • Produkt_Stückliste / Produkt_Rezept / Produkt_Arbeitsplan Materialdaten • Ersatzteile_Verfügbarkeit • Werkzeuge_ Verfügbarkeit • Messmittel_ Verfügbarkeit	• Objekt_ Dokumentation • Objekt_Betrieb Kritikalitätsdaten • Prozess_Mitarbeiter • Prozess_Material Maßnahmendaten • Maßnahme_Effekt • Maßnahme_ Machbarkeit • Maßnahme_ Priorisierung

Für die Reduzierung der *MTTR* sind verschiedene Themenfelder relevant und müssen berücksichtigt und gestaltet werden. Dazu zählen die Objekte an sich, der Instandsetzungsprozess, das Personal, Ersatzteile und Werkzeuge sowie die Verfügbarkeit und Anwendbarkeit von Informationen.

Die **Instandhaltbarkeit** des Objekts ist ein wesentlicher Erfolgsfaktor, um Ausfallzeiten zu reduzieren. Instandhaltbarkeit ist als die Wahrscheinlichkeit definiert, dass eine ausgefallene Komponente innerhalb einer bestimmten Zeitspanne wieder instandgesetzt werden kann (s. WIREMAN 2015, S. 9; SMITH 2017, S. 16). Für eine Analyse (s. Objekt_Instandhaltbarkeit, Objekt_Dokumentation, Prozess_Mitarbeiter, Prozess_Material) ist eine Analyse der Zeiten der Aufträge notwendig. Wartezeiten können Hinweise auf Probleme im Dispositionsprozess erkennen lassen. Lange Auftragsbearbeitungszeiten mit wenigen Arbeitsstunden können auf das Fehlen von Ressourcen hindeuten. Große Aufwände für bestimmte Fehlercodes können darauf hindeuten, dass die Instandhaltbarkeit des Objekts mangelhaft ist oder Informationen nicht ausreichend zur Verfügung stehen. In jedem Fall ist eine komplexe Analyse durch ein KVP-Team notwendig, um die gebildeten **Kennzahlen** zu untersuchen und zu bewerten. Eine Reihe von sinnvollen Kennzahlen bietet beispielsweise die VDI 2893:

$$Auftragszeit = \frac{Datum\_Start - Datum\_Ende}{Aufträge\ Anzahl\ Gesamt}$$

Formel 6-1: Berechnung der Auftragszeit (s. VDI 2893, S. 28)

$$Reaktionszeit = \frac{Meldung\_Erstellzeit - Auftrag\_Startzeit}{Meldung\ Anzahl\ Gesamt}$$

Formel 6-2: Berechnung der Reaktionszeit (s. VDI 2893, S. 28)

Jedoch ist es nicht notwendig, dass sich die Bildung von Kennzahlen auf die in Normwerken oder der Literatur vorgeschlagenen beschränkt. Ein identifiziertes Problem zu untersuchen und zu überwachen, ist mithilfe moderner BI-Systeme und auch im Funktionsumfang von IPS- oder EAM-Systemen problemlos möglich, auch wenn die Auswahl und Implementierung in der Industrie für Herausforderungen sorgen und oftmals zu einseitig die Kosten fokussiert werden. Jedoch können verschiedene Kennzahlen verschiedenste Perspektiven darstellen und messbar machen.

Am Rande sei noch erwähnt, dass zu überprüfen ist, ob die Auslastung der Anlage notwendig ist und ob sie nicht weniger eng beplant werden könnte. Dies kann durch die Analyse des **Betriebs des Objekts** (s. Objekt_Betrieb) erfolgen, ist jedoch eine produktionsseitige Überlegung, welche nicht im Fokus der vorliegenden Arbeit liegt.

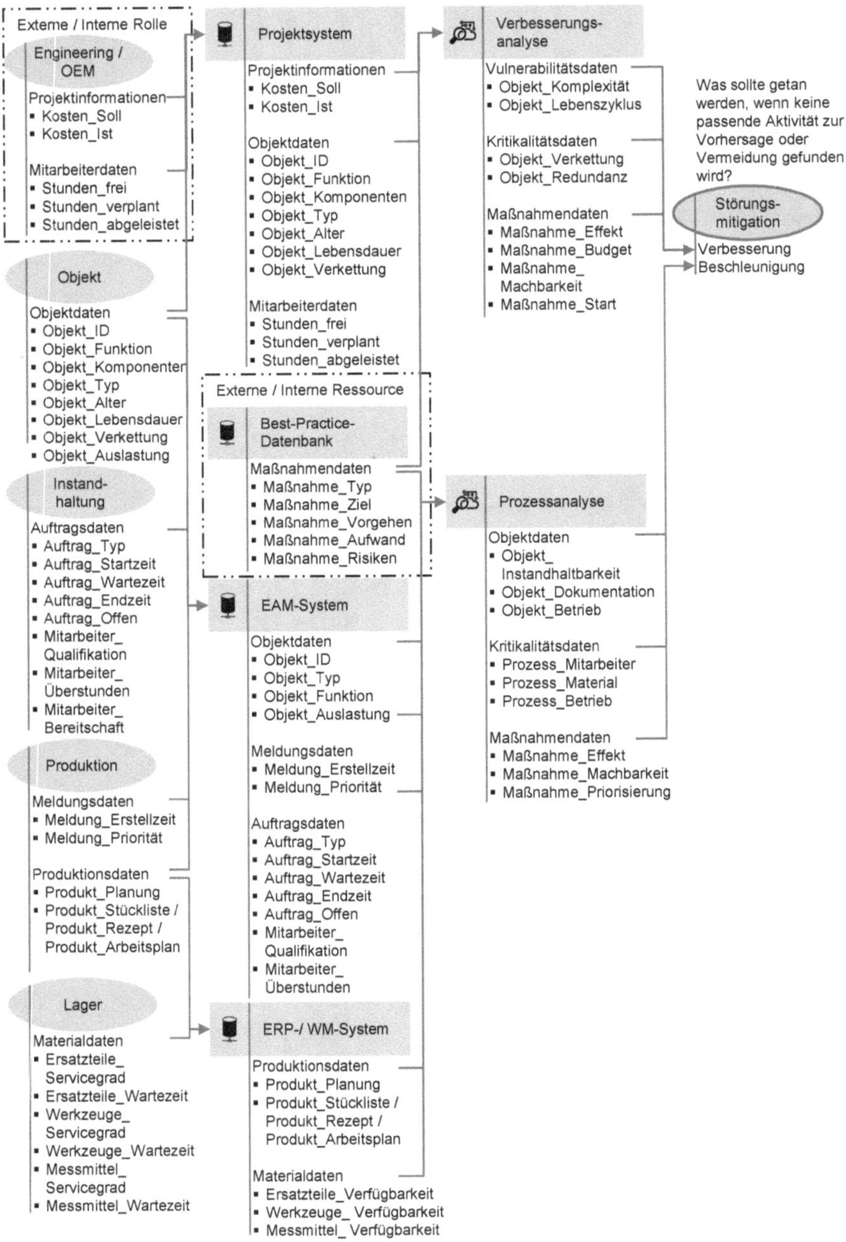

Abbildung 6-20: IL-Modell für die Störungsmitigation (eigene Darstellung)

6.3 Zusammenfassung des Erklärungsmodells

Kapitel 6 fokussierte die dritte und vierte Unterforschungsfrage der vorliegenden Arbeit (s. Kapitel 1.2) und hatte daher zum Ziel, ontologiebasierte Informationslogistikmodelle für die zuverlässigkeitsorientierte Instandhaltung herzuleiten. Dazu wurde in Kapitel 6.1 eine Ontologie für den Informationsfluss nach dem Vorgehen von STUCKENSCHMIDT erstellt. Die Grundlage dafür bildete das in Kapitel 4.2.6 beschriebene *Internet of Production* (*IoP*).

Die damit geschaffene Grundlage wurde mit dem Beschreibungsmodell aus Kapitel 5 verknüpft, um in Kapitel 6.2 Informationslogistikmodelle für die zuverlässigkeitsorientierte Instandhaltung zu erstellen. Diese sind analog zum Informationsbedarf (s. Kapitel 5.2) gestaltet und beantworten die Fragen des klassischen RCM-Vorgehens innerhalb von 7 Hauptfragen und weiteren Unterfragen. Die IL-Modelle stellen Erklärungs- und Gestaltungsmodelle dar, da sie nicht nur die Zusammenhänge zwischen dem Informationsbedarf und dem Informationsangebot erklären, sondern auch ein idealtypisches Informationsangebot darstellen. Dieses kann für die Gestaltung eines effizienten firmenspezifischen digitalen Schattens für die zuverlässigkeitsorientierte Instandhaltung genutzt werden.

Das anschließende Kapitel dient der Beantwortung der Forschungsfrage 5 sowie der Verifizierung und Validierung der Modelle.

7 Gestaltung und Validierung des Vorgehens

Für die Implementierung und Nutzung der aufgestellten Modelle soll in diesem Kapitel ein Gestaltungsmodell erstellt werden, welches Hinweise auf das Vorgehen und die notwendigen bzw. zu gestaltenden Rahmenbedingungen gibt. Um die Anwendbarkeit der Modelle nachzuweisen, werden anschließend die verschiedenen Modelle an 3 Unternehmen erprobt. Eine vollständige Validierung der Modelle ist nicht möglich, da die gesammelten Informationen über den kompletten jahrzehntelangen Lebenszyklus der Objekte gesammelt werden müssten. Um dennoch sicherzustellen, dass die Modelle ihren Zweck erfüllen, werden die Modelle anhand ihrer Anforderungen (s. Kapitel 4.1) überprüft und durch Expertenmeinungen verifiziert.

7.1 Gestaltung des Vorgehensmodells

Sowohl die Ausgangslage als auch die individuelle Zielstellung von Unternehmen und Unternehmensbereichen ist unterschiedlich. Entsprechend ergibt sich eine individuelle Ausprägung der Datenmodelle und Analysen (s. SCHEMM 2009, S. 34–35; KRCMAR 2015b, S. 35; SCHUH ET AL. 2017c, S. 120). Um dem gerecht zu werden, wurde das Vorgehensmodell auf Basis der aus dem Lean Management bekannten und weit verbreiteten *DMAIC-Methode* erarbeitet (s. ROZAK ET AL. 2020, S. 56; TSAROUHAS 2021, S. 238). Dabei kommen die namensgebenden fünf Phasen *Define*, *Measure*, *Analyze*, *Improve* und *Control* zum Einsatz, welche in iterativen Schritten eine Verbesserung der Dateninformationslogistik in Bezug auf die zuverlässigkeitsorientierte Instandhaltung ermöglichen (s. Abbildung 7-1).

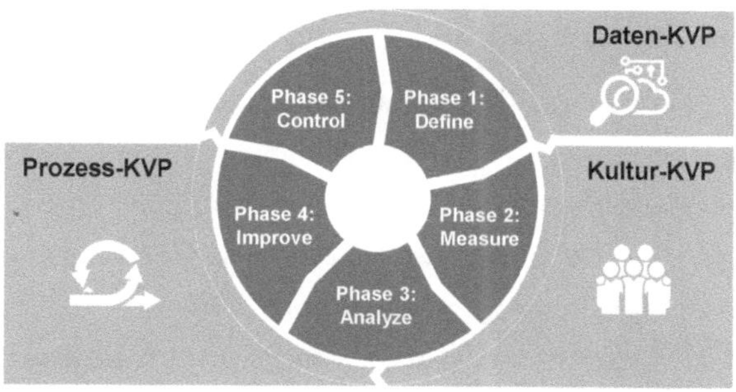

Abbildung 7-1: Iteratives Vorgehensmodell nach DMAIC-Zyklus (eigene Darstellung)

Für die Sammlung, Analyse und Nutzung der Informationen sind ggf. eine Anpassung der bestehenden Unternehmensprozesse und oftmals ein kulturelles Umdenken notwendig. Diesem Umstand wird mit den äußeren Ringen Rechnung getragen, welche ebenfalls nachfolgend beschrieben sind.

7.1.1 DMAIC-Zyklus der datenbasierten RCM

Im Folgenden wird jede Phase vorgestellt und erläutert. Die Phasen laufen nacheinander iterativ ab, da eine fortlaufende Verbesserung angestrebt wird.

Phase 1 – Define: Identifikation der Anspruchsgruppen und Ziele

Um die individuellen Zielbedürfnisse der Anspruchsgruppen abbilden zu können, müssen diese in den Zielfindungsprozess eingebunden werden. Dafür ist es notwendig, dass jede Anspruchsgruppe identifiziert wird und ihren individuellen Nutzen formuliert (s. Brown 2020). Dabei müssen verschiedene teilweise konkurrierende Ziele der Silos über den gesamten Lebenszyklus der Objekte synchronisiert werden.

Phase 2 – Measure: Aufnahme der Ausgangslage

Die vorhandenen Daten und Informationen müssen analysiert werden und deren Quelle, Speicherort und Qualität identifiziert und bewertet werden. Im Regelfall werden nicht alle Daten in ausreichender Granularität und Qualität vorliegen, um die prototypischen Informationslogistikmodelle vollständig abbilden zu können bzw. es werden sich zu den definierten Zielen Abweichungen in der Schwerpunktsetzung ergeben. Daher muss ebenfalls eine Aufwandsbewertung erfolgen, um bereits verfügbare oder verarbeitbare Daten und Informationen zugänglich und verarbeitbar zu machen. Dabei kann der Aufwand von technischen Lösungen bis hin zu einer Anpassung der Prozesse oder Schulungen der Mitarbeiter usw. reichen.

Phase 3 – Analyze: Hypothesen formulieren und testen

Jedes Unternehmen folgt anderen Bedürfnissen und organisatorischen Zusammenhängen. Die Informationslogistikmodelle können demenstprechend beliebig kombiniert und angepasst werden, um den eigenen Nutzen zu maximieren. Es bietet sich an, mit Domänenexperten Hypothesen zu bilden, die dann mit den vorhandenen Daten getestet werden. Da nicht alle Wirkungszusammenhänge sofort abgebildet werden können, ist es notwendig, dass entweder eine Fokussierung bestimmter Objekttypen oder Anlagenteile oder eine Kaskadierung der Modelle in verschiedenen Betrachtungsebenen stattfindet (s. Kotzanikolaou et al. 2013, S. 104–106).

Phase 4 – Improve: Implementierung und Nutzung

Wenn die Hypothesen verifiziert sind, können die Modelle in die Informationstechnik des Unternehmens eingebunden werden. Dabei ist wichtig, zu beachten, dass eine technische Einbindung nicht für den erfolgreichen Betrieb ausreichend ist. Die technische Umsetzung muss mit Sensibilisierung, Schulung und prozessualer Einbindung stattfinden.

Phase 5 – Control: Bewertung und Entscheidung

Für die Bewertung der erfolgreichen Implementierung der datenbasierten RCM sollten objekt- und organisationsbezogene Kennzahlen mithilfe von *Balanced Scorecards* abgebildet werden. Dabei müssen die Ziele mit konkreten Kennzahlen verknüpft und konkrete Zielwerte definiert werden. Die Anspruchsgruppen müssen dann in regelmäßigen Abständen gemeinsam eine Erfolgskontrolle vornehmen und ggf. Anpassungen vornehmen.

7.1.2 Notwendige Rahmenbedingungen

Die Möglichkeiten von digitalen Entscheidungsunterstützungssystemen bieten großes Potenzial für die Industrie. Es wäre jedoch nicht ausreichend, digitale Systeme oder fortschrittliche Prozesse für eine zuverlässigkeitsorientierte Instandhaltung einzuführen, wenn die organisatorischen und kulturellen Voraussetzungen dafür noch nicht gegeben sind (s. GROTEN U. GALLEGO-GARCÍA 2021, S. 18). Die folgenden Rahmenbedingungen sollen daher einen Hinweis auf die grundlegenden organisatorischen Änderungen des Unternehmens geben und einen jeweiligen kontinuierlichen Verbesserungsprozess (KVP) anregen.

Daten-KVP: Daten verbessern und ergänzen

Eine mangelhafte Datenqualität ist in der Industrie weit verbreitet und stellt ein wesentliches Risiko für jede datenbasierte Entscheidungsunterstützung dar (s. STENSTRÖM ET AL. 2015, S. 33; LUKENS ET AL. 2019, S. 10). Die Güte von Daten hängt dabei im Wesentlichen von demjenigen ab, der die Daten erfasst (s. UNSWORTH ET AL. 2011, S. 1480). Daher bedarf es eines Bewusstseins für die Datenqualität und dafür, was der Nutzen aus den Daten ist bzw. sein soll, sowie kontinuierlichen Feedbacks, Schulungen, des Nachdrucks und der engen Kommunikation des Managements sowie vieler weiterer Maßnahmen, um die Datenqualität zu verbessern (s. UNSWORTH ET AL. 2011, S. 1480). Gleichzeitig lassen sich auch prozessuale Maßnahmen ergreifen, um die

Datenqualität zu verbessern, in dem Verantwortlichkeiten geklärt sowie Workflows oder Qualitätsprüfungen geschaffen werden. Systemische Anpassungen, wie die Festlegung von Pflichtfeldern, Mindestzeichenanzahl oder ähnliches, lassen sich in der Regel leicht umgehen. Möglichkeiten bestehen in der Verknüpfung mit Künstlicher Intelligenz, um mehrere Kriterien automatisiert überprüfen zu können (s. SHI ET AL. 2015, S. 422; ANDRIANOVA ET AL. 2018).

Prozess-KVP: Informationen nutzen

Eine Studie der US-Marine über die Ursachen für das Versagen von Teilen führte 43 Prozent der Ausfälle auf die Konstruktion, 30 Prozent auf Betrieb und Wartung, 20 Prozent auf die Herstellung und 7 Prozent auf andere Faktoren zurück. Während die Konstruktionskosten lediglich 5 Prozent der Lebenszykluskosten ausmachen, liegt ihr Kosteneinfluss bei 70 Prozent. (s. WOO 2020, S. 23) Dennoch ist die **Übergabe** der Anlagen vom Engineering oder eines externen Herstellers mit einer Vielzahl von Herausforderungen verbunden: So werden beispielsweise Anforderungen nicht beachtet oder nicht vollständig abgebildet, Informationsträger, wie Stücklisten, Zeichnungen usw. nicht bzw. schwer nutzbar weitergegeben oder sogar einbehalten (s. GLASER-GALLION 2019; WEBER 2019, S. 285; FREITAG 2016, S. 22). Insbesondere ist dies in der Prozessindustrie zu beobachten, welche verfahrenstechnische (meist einzigartige) Anlagen besitzt, die oftmals über Jahrzehnte im Einsatz sind und entsprechend hohe Lebenszykluskosten aufweisen. Die Ausfallwahrscheinlichkeit von Anlagen ist nicht statisch, sondern nimmt innerhalb des **Lebenszyklus** zu (s. KURZ 2018, S. 178). So haben das Objektalter und die Qualität der Instandhaltung einen enormen Einfluss darauf, wie zuverlässig ein Objekt ist (s. GELDERMANN ET AL. 2008, S. 76). Hinzu kommt eine dynamische Kritikalität aufgrund unterschiedlicher **Produktionsanforderungen**, welche bekannt und prozessual integriert sein muss (s. MOORE 2004, S. 62; MOORE U. STARR 2006, S. 605). Die immer engere Vernetzung der verschiedenen Systeme und Produktionsbereiche, die sich aus Industrie 4.0 ergibt, bringt auch neue und komplexe Risiken für produzierende Unternehmen mit sich, deren Mitigation einen entsprechenden Informationsaustausch erfordert (s. TUPA ET AL. 2017, S. 1229).

Die Notwendigkeit für eine **vertikale und horizontale Integration** wird demzufolge immer offensichtlicher. Das Streben nach einem *Design for Reliability* sowie die prozessuale Einbeziehung weiterer Anspruchsgruppen und Objektlebenszyklen müssen Kernbestrebungen der Unternehmen sein.

Kultur-KVP: Zusammenarbeit, Veränderung und Transparenz stärken

FRANK beschreibt die **Kultur einer Instandhaltungsorganisation** mithilfe von sieben Merkmalen. Diese sind Vertrauen (personales und systemisches), Fehlerkultur, Kollaboration, Veränderungsbereitschaft, Führung, Lernkultur und Innovationskultur. (s. FRANK 2021, S. 119) Insbesondere die Fehlerkultur und die Kollaboration sollen an dieser Stelle hervorgehoben werden, wenngleich die anderen Elemente nicht weniger wichtig sind.

Fehlerkultur: Die Control-Phase des Vorgehensmodells muss für die kritische Reflexion der Maßnahmen genutzt werden und ggf. zu Anpassungen der Ziele und Schwerpunkte führen. Fehler bzw. Abweichungen vom Sollzustand stellen dadurch einen wertvollen Input für die kontinuierliche Verbesserung und Innovation der Organisation dar (s. FRANK 2021, S. 133). Eine mangelnde Offenheit der Anspruchsgruppen und Beteiligten führt in der Regel dazu, dass Probleme nicht oder nicht rechtzeitig erkannt werden können und stellt damit ein eklatantes Hemmnis für die Verbesserung der gesamten Organisation dar. Um dies zu verhindern, muss ein allgemeines Gefühl der Sicherheit und Gemeinschaftlichkeit geschaffen und gepflegt werden.

Kollaboration: Kapitel 5.1 hat verdeutlicht, dass eine Vielzahl von Anspruchsgruppen relevant für die Instandhaltung ist und nur eine gemeinsame Anstrengung zur Zielerreichung führen kann. Die Kopplung von Effekten und Abhängigkeiten führt dazu, dass Interessen abgewogen und gemeinsame, übergreifende Ziel- und ggf. Anreizsysteme geschaffen werden müssen. Die abgegrenzte Optimierung von einzelnen Silos führt unweigerlich zur reduzierten Leistungsfähigkeit der gesamten Organisation.

7.2 Verifikation der Modelle

Die Verifizierung der Modelle hat zum Ziel, die Erreichung der festgelegten Ziele zu beweisen. Dies erfolgt dadurch, dass ein objektiver Nachweis gegenüber den in **Kapitel 4.1** definierten Anforderungen erbracht wird (s. DIN EN ISO 9000, S. 49). Die definierten Anforderungen gliedern sich auf in formale und inhaltliche Anforderungen, welche nachfolgend getrennt voneinander betrachtet werden.

7.2.1 Überprüfung der formalen Anforderungen

Die formalen Anforderungen, welche in Kapitel 4.1 hergeleitet wurden, sind im Folgenden kurz zusammengefasst (s. Tabelle 7-1).

Tabelle 7-1: Zusammenfassung der formalen Anforderungen

Anforderung	Beschreibung
Richtigkeit	Das Modell muss den darzustellenden Sachverhalt korrekt semantisch wiedergeben.
Vergleichbarkeit	Das Modell muss für verschiedene Forschungsdesigns kohärente Ergebnisse liefern.
Systematischer Aufbau	Das Modell muss sichtenübergreifende Aspekte berücksichtigen.
Relevanz	Das Modell wird für einen entsprechenden Zweck erstellt, das Modell soll diesen Zweck fokussieren und überflüssige Bestandteile auslassen.
Klarheit	Das Modell muss lesbar, verständlich und soweit möglich anschaulich sein.
Übertragbarkeit	Das Modell soll für eine Vielzahl von Produktionsanlagen Gültigkeit besitzen, daher ist eine Übertragbarkeit notwendig.
Wirtschaftlichkeit und Praktikabilität	Der Aufwand, um das Modell anzuwenden, muss für die Erreichung des Ziels angemessen und praktikabel sein.

Richtigkeit: Durch den systematischen Aufbau der vorliegenden Arbeit, tiefgreifende Recherche in Literatur und Praxis sowie die iterative Erstellung kann die Richtigkeit der Modelle sichergestellt werden.

Vergleichbarkeit: Wie bereits bei der Aufstellung der Anforderungen festgehalten wurde, sind bei der Reproduzierbarkeit Einschränkungen zu erwarten, weil in Unternehmen und Anspruchsgruppen in der Praxis eine große Heterogenität vorherrscht (s. LASSEN 2006, S. 113). Um ein hohes Maß an Reproduzierbarkeit sicherzustellen, wurde für die Modelle eine Detaillierungsebene gewählt, die so allgemein gehalten ist, dass sie auf einen möglichst großen Teil an Unternehmen anwendbar ist. Dabei wurde darauf geachtet, dass dennoch der Modellierungszweck der vorliegenden Arbeit erfüllt werden kann.

Systematischer Aufbau: Der Aufbau der Arbeit bedient sich einer Reihe von anerkannten Forschungsdesigns und -methoden, welche umfassend in den Kapiteln 1.3, 1.4 und 4 erläutert und diskutiert wurden.

Relevanz: Das Praxisproblem und die Relevanz für die Industrie wurden in Kapitel 1 umfassend herausgearbeitet. Zusätzlich wurde während der gesamten Erarbeitung der Arbeit der Austausch mit der Praxis über Interviews, Projekte und Workshops sichergestellt.

Klarheit: Bei der Erstellung der Arbeit wurde darauf geachtet, dass Begrifflichkeiten und Zusammenhänge ausreichend erläutert und durch Grafiken illustriert wurden. Insbesondere Kapitel 2 dient der Schaffung eines gemeinsamen Verständnisses der verschiedenen Domänen.

Übertragbarkeit: Bei der Erstellung der Arbeit wurde darauf geachtet, dass verschiedene Branchen als Domänenexperten einbezogen werden und dass branchenneutrale Begrifflichkeiten bzw. Synonyme verwendet wurden. Dies macht die Modelle für ein breites Spektrum an Einsatzfällen und Unternehmen anwendbar und sorgt damit für umfangreiche Einsparpotenziale (s. SCHOMBURG 1980, S. 24). Eine 1-zu-1-Übertragbarkeit konnte aufgrund der Komplexität des Forschungszieles nicht erreicht werden.

Wirtschaftlichkeit und Praktikabilität: Die Modelle wurden intuitiv verständlich und iterativ anwendbar gestaltet, um eine wirtschaftliche und praktikable Implementierung und Nutzung zu gewährleisten. Dabei kann von jeder vorhandenen vorherrschenden Ausgangslage der für das Unternehmen individuell mögliche beste Nutzen abgeleitet werden.

Zusammenfassend lässt sich sagen, dass die gesetzten formalen Anforderungen an die erstellten Modelle mit den beschriebenen Einschränkungen erfüllt wurden. Dies wird nachfolgend ebenfalls für die inhaltlichen Anforderungen gezeigt und in Kombination durch die Fallstudien mit der Praxis erprobt.

7.2.2 Überprüfung der inhaltlichen Anforderungen

Die inhaltlichen Anforderungen, welche in Kapitel 4.1 hergeleitet wurden, sind im Folgenden kurz zusammengefasst (s. Tabelle 7-2).

Tabelle 7-2: Zusammenfassung der inhaltlichen Anforderungen

Anforderung	Beschreibung
Informationsbedarf	Die relevanten Fragestellungen und Anspruchsgruppen für die datenbasierte zuverlässigkeitsorientierte Instandhaltung innerhalb produzierender Unternehmen sollen identifiziert werden.
Informations-angebot	Die sich daraus ableitenden notwendigen Informationsobjekte sollen erläutert und klassifiziert werden.
Ontologie	Als Strukturierungsmöglichkeit soll eine Ontologie dienen, welche die Zusammenhänge der einzelnen Komponenten aufzeigt.
Informationslogistik	Eine Darstellung der Anwendungsfälle soll die Informationsflüsse aufzeigen.
Vorgehensmodell	Ein Vorgehensmodell stellt die Anwendung des Modells innerhalb der produzierenden Industrie dar.

Die inhaltliche Bewertung der Kriterien erfolgt anhand einer Erläuterung für jede der genannten Anforderungen.

Informationsbedarf: Die Anspruchsgruppen der Instandhaltung und deren inhaltliche Fragestellungen wurden in den Kapiteln 5.1 und 5.2 detailliert beschrieben und für die nachfolgenden Erklärungs- und Gestaltungsmodelle genutzt.

Informationsangebot: Die in Unternehmen vorhandenen *Informationen*, *Daten*, *Quellen* und *Ressourcen* wurden in den Kapiteln 5.3, 5.4, 5.5 und 5.6 ausführlich beschrieben und für die nachfolgenden Erklärungs- und Gestaltungsmodelle genutzt.

Ontologie: Eine an das IoP angelehnte Ontologie wurde nach dem in Kapitel 4.2.1 beschriebenen Vorgehen in Kapitel 6.1 erstellt. Die Ontologie ermöglicht die Darstellung der Zusammenhänge zwischen dem Informationsbedarf und -angebot für die definierten Anwendungsfälle bzw. Fragestellungen der Anspruchsgruppen.

Informationslogistik: Um die Informationen und Anwendungsfälle zu präzisieren und darzustellen, wurden in Kapitel 6.2 Informationslogistikmodelle hergeleitet und erläutert.

Vorgehensmodell: Das Vorgehensmodell wurde in Anlehnung an den DMAIC-Zyklus in Kapitel 7.1 erstellt. Es soll eine iterative Einführung und Nutzung der Modelle in der Praxis ermöglichen und dabei den Implementierungs- und Pflegeaufwand geringhalten.

Abschließend lässt sich festhalten, dass die inhaltlichen Kriterien der Arbeit mit den erstellten Modellen erfüllt und die Forschungsfragen aus Kapitel 1.2 beantwortet wurden.

7.3 Validierung der Methodik

Die Validierung ist nach DIN EN ISO 9000 als die „Bestätigung durch Bereitstellung eines objektiven Nachweises [...], dass die Anforderungen [...] für einen spezifischen beabsichtigten Gebrauch oder eine spezifische beabsichtigte Anwendung erfüllt worden sind“ definiert (DIN EN ISO 9000, S. 50). Dabei sind die **Anforderungen** des Kunden, der Anspruchsgruppe oder des Anforderungsgebers maßgeblich (s. VDI 2206, S. 33). Um dieser Forderung gerecht zu werden, wird die Validierung im Folgenden gemeinsam mit der Praxis vorgenommen. Grundlage dazu bildet das Vorgehen der *Case Study Research* nach YIN (s. Kapitel 4.2.7). Der erste Schritt besteht darin, die **Anwendbarkeit der Forschungsmethodik** zu überprüfen. YIN empfiehlt, die Fallstudie zu wählen, wenn vor allem Fragen nach dem „Wie“ und „Warum“ gestellt werden, wenn der Anwender keine Kontrolle über die betrachteten Vorkommnisse besitzt und wenn es sich um ein aktuelles statt um ein rein historisches Geschehnis handelt (s. YIN 2018, S. 32). Das Ziel der vorliegenden Arbeit und im Speziellen des aktuellen Kapitels erfüllt diese Anforderungen. Das Vorgehen nach YIN bietet sich zudem an, da die bestehenden Theorien überprüft und ggf. ergänzt werden sollen. Der zweite Schritt besteht in der **Konzeption der Fallstudienbetrachtung**. Die zu prüfenden Beschreibung- und Erklärungsmodelle wurden in dem vorangegangenen Kapitel bereits aufgestellt. Dazu wurden bereits Experten verschiedener Unternehmen befragt. Ebenso wurden Dokumente gesichtet und die Beobachtungen der Beteiligten berücksichtigt, um YINS Forderung nach vielfältigen Datenquellen gerecht zu werden. (s. YIN 2018, S. 153)

Für die weitere **Validierung** werden die verschiedenen Lösungsbausteine in Form der Beschreibungs-, Erklärungs- und Gestaltungsmodelle mit Experten aus weiteren Firmen überprüft und validiert. Da nicht der gesamte Lebenszyklus der Objekte zeitlich und inhaltlich abgebildet und begleitet werden kann sowie die Schaffung der notwendigen Datengrundlage ein wesentliches Ziel der vorliegenden Arbeit darstellt, welches Unternehmen noch immer große Herausforderungen bereitet (s. Kapitel 1.1), werden in der Validierung bestimmte individuelle Problemstellungen und Elemente fokussiert. Dies stellt sicher, dass die Methodik wirtschaftlich und aufwandsoptimal validiert werden kann.

7.3.1 Fallstudie: Kritikalitätsanalyse in der Automobilindustrie

Branche:	*Automotive OEM*
Unternehmensgröße:	*> 10.000 MA*

Das Unternehmen ist ein Automobilkonzern, der eine Vielzahl von Werken weltweit betreibt. Die Fallstudie wurde im Rahmen von zwei Workshops und zwei Experteninterviews durchgeführt, der Fokus lag dabei auf der Erarbeitung einer SAP-gestützten **Kritikalitätsanalyse** für die Objekte der Werke.

Die Fallstudie folgt dem ausgearbeiteten Vorgehensmodell aus Kapitel 7.1 und ist analog den Schritten und Rahmenbedingungen gegliedert. Die verwendeten Zahlen wurden verfremdet, damit keine Rückschlüsse auf das Unternehmen möglich sind.

Phase 1 – Define: Identifikation der Anspruchsgruppen und Ziele

Die **Kritikalität** der Anlagen sorgt immer wieder für Diskussionen innerhalb des Standortes, dabei muss eine Vielzahl von Faktoren berücksichtigt werden, welche von den verschiedenen Anspruchsgruppen definiert werden. Die aktuelle Kritikalitätsanalyse kommt von der **Produktionsplanung** und fokussiert hauptsächlich die geplante und tatsächliche **Maschinenbelegung**. Neben dem Mangel an Variablen kommt hinzu, dass das aktuelle System recht unflexibel ist, da die Zuordnung der Zellen weitestgehend manuell per Excel funktioniert.

Als relevanteste Anspruchsgruppen wurden die **Produktion** einschließlich der **Qualitätssicherung**, die **Arbeitssicherheit** und der **Umweltschutz** sowie die **Instandhaltung** identifiziert.

Phase 2 – Measure: Aufnahme der Ausgangslage

Jede Anspruchsgruppe legt einzelne Metriken für die Kritikalitätsbewertung fest. Daneben wurden folgende übergreifende **Faktoren** definiert, welche die Objekte präziser einordnen sollen:

- **Engpassanlage:** Definiert, ob eine Störung der Anlage unmittelbare Konsequenzen für die komplette Zelle hätte.
- **MTBF:** Die *Mean Time Between Failure* ist ein Indikator für die Störanfälligkeit der Objekte.
- **MTTR:** Die *Mean Time To Repair* wird als Indikator beispielsweise für die Fehlerkomplexität und Instandhaltbarkeit des Objekts verwendet.

Die **Produktion** wählte die folgenden zwei weitere Indikatoren aus: Die **Produktqualität** stellt einen Indikator dafür dar, dass die Anlage eine Auswirkung auf die Produktqualität besitzt. Die **Auslastung** der Anlage bzw. die Auftragslage stellt die Betriebsnotwendigkeit dar. Für die **Arbeitssicherheit** ist die **Verletzungsgefahr** und die **Brand-/Explosionsgefahr** von Bedeutung. Der **Umweltschutz** wählte als Indikatoren die **gasförmige** und **flüssige Emissionen** des Objekts. Die Instandhaltung wählte den **Anlagenwert**, die **Überwachungsmöglichkeiten**, die erforderlichen **Fähigkeiten** und die Verfügbarkeit von **Ersatzteilen** als Indikatoren aus.

Dadurch werden insgesamt **13 Indikatoren** in die Berechnung einfließen, welche in den folgenden Schritten präzisiert und gewichtet werden.

Phase 3 – Analyze: Hypothesen formulieren und testen

Die verschiedenen Indikatoren werden in der *Analyze-Phase* mit konkreten Kennzahlen und Daten verknüpft. Dabei wird immer getestet, welche Werte sich für die entsprechenden Indikatoren ergeben. Bei der Durchführung ist schnell klar geworden, dass es sich anbietet, bestimmte **Intervalle** für die Zahlen zu bilden und dies mit Faktoren zu verknüpfen, die dann für die eigentliche Berechnung verwendet werden. Dadurch wurde die Nachvollziehbarkeit der Werte gesteigert und die Mitarbeiter wurden nicht überfordert.

Für die allgemeinen **Faktoren** ist das Informationslogistikmodell in Abbildung 7-2 dargestellt; es wird im Folgenden näher erläutert.

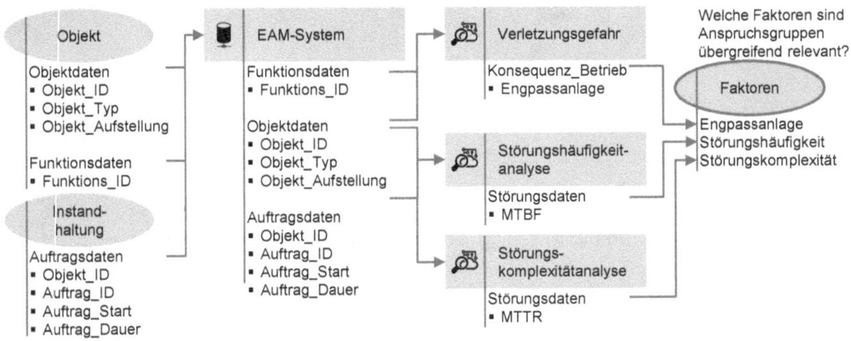

Abbildung 7-2: Informationslogistikmodell Faktoren (eigene Darstellung)

Der erste Faktor gibt an, ob es sich bei dem Objekt um einen **Engpass** handelt, ob ein Ausfall des Objekts daher zu einem Funktionsverlust der gesamten Zelle führt. Dies lässt sich aus den **Funktionen** des Objekts ableiten, die teilweise für die Produktionsplanung gepflegt sind. Sollten diese nicht gepflegt sein, wird der **Typ** des Objekts kategorisiert und ermittelt. Dafür wird geprüft, ob es innerhalb der Zelle, also unter dem technischen Platz, ein weiteres Objekt gleichen Typs gibt. Die Berechnung ist nicht perfekt, da natürlich mehr als ein Objekt notwendig sein könnte, jedoch wird dies für den ersten Schritt als ausreichend empfunden. Die ***MTBF*** und ***MTTR*** können für jedes Objekt aus dem *EAM-System* gezogen werden. Die ***MTBF*** bildet die Störungshäufigkeit des Objekts ab und kann daher aus der Auftragsanzahl des Objekts, geteilt durch den Betrachtungszeitraum berechnet werden. Da die Objekte unterschiedliche Betriebszeiten aufweisen wird vom Aufstellzeitpunkt und allen angefallenen Aufträgen ausgegangen. Die ***MTTR*** wird aus der Auftragsdauer je Objekt berechnet, die Kopplung mit Meldungsdaten wurde vorerst nicht durchgeführt, da diese nicht durchgängig genutzt werden.

Die **produktionsbezogenen Faktoren** und deren Bildung werden in Abbildung 7-3 dargestellt.

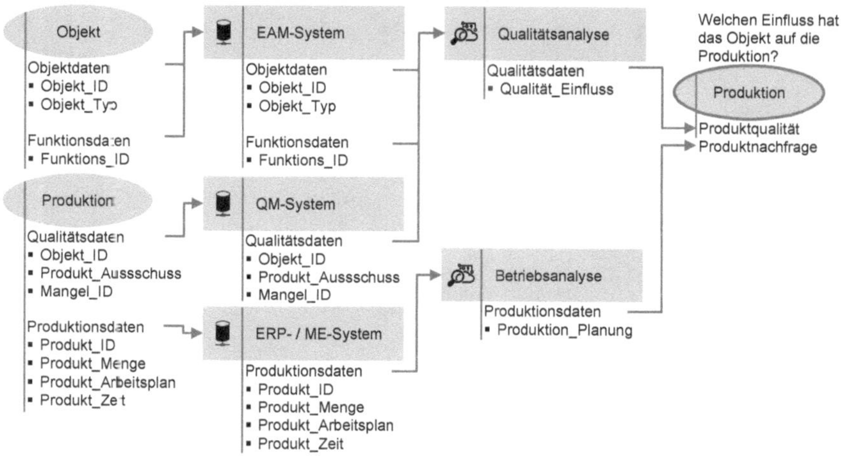

Abbildung 7-3: Informationslogistikmodell Produktion (eigene Darstellung)

Die Auswirkungen auf die **Produktqualität** werden aus den Analysen der historischen Qualitätsdaten gezogen; wenn für das Objekt keine vorliegen, wird zudem generisch die Funktion herangezogen. Die einfachste Möglichkeit wäre, dass dies über ein Extra-Feld bei einer Inbetriebnahme-*FMEA* durchgeführt wird, jedoch wurde dies bisher noch nicht im System erfasst. Die Qualitätsdaten haben zudem den Mangel, dass Qualitätsfehler meist in einer Mengenlage auftreten und so nicht immer einem Objekt zugeordnet werden können bzw. werden. Die **Auslastung der Anlage** ergibt sich aus der Produktionsplanung, welche im ERP-System verfügbar ist. Da ERP- und *EAM-System* beide *SAP-Module* sind und an das *BI-Tool* angeschlossen sind, ist die Datenintegration aufwandsarm möglich.

Das Informationslogistikmodell für die Faktoren der **Arbeitssicherheit** wird in Abbildung 7-4 dargestellt.

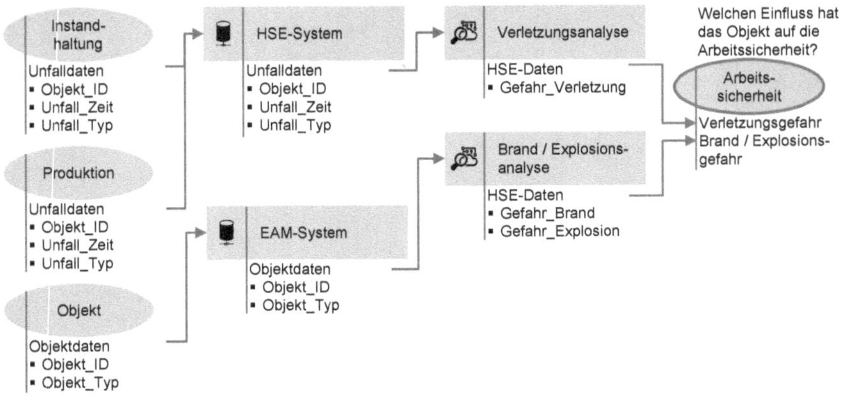

Abbildung 7-4: Informationslogistikmodell Arbeitssicherheit (eigene Darstellung)

Die **Verletzungsgefahr** wird aktuell in einer Excel-Liste nachgehalten, welche nicht direkt auf die Objekte verweist, jedoch zumindest einen Hinweis auf die Funktionsgruppen innerhalb der Zellen erhält. Daher werden diese Angaben über eine Excel-Tabelle direkt in das BI-Tool eingespielt und über eine Logik den Objekten zugeordnet. Selbstverständlich wäre eine proaktive Analyse in Form einer Inbetriebnahme- bzw. Konstruktions-FMEA die sinnvollste Variante, diese ist jedoch aktuell noch kein Bestandteil des Anlagenanlaufs. Eine Abstufung nach Schwere der Verletzungen ist aktuell noch nicht vorgesehen, da erst einmal Erfahrungen mit einer vereinfachten Berechnung gesammelt werden sollen. Die Einschätzung, ob von dem Objekt eine **Brand- oder Explosionsgefahr** ausgeht, wird vereinfacht über den Objekttyp zugeordnet. Dafür wurde eine Einstufung der Objekttypen durchgeführt, welche nun innerhalb der Analyse zugeordnet wird.

Die Faktoren, welche für das **Umweltmanagement** relevant sind, wurden in Abbildung 7-5 mit einem Informationslogistikmodell dargestellt.

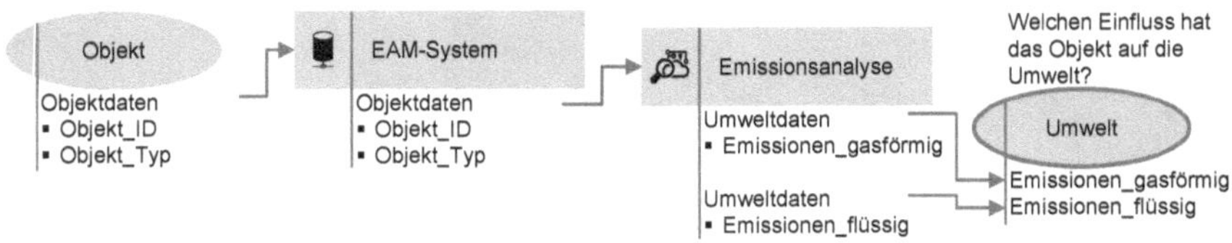

Abbildung 7-5: Informationslogistikmodell Umwelt (eigene Darstellung)

Sowohl für die **gasförmigen** als auch für die **flüssigen Emissionen** werden die Objekttypen herangezogen und mit einer entsprechenden Liste verknüpft. Ebenfalls hier wäre eine Inbetriebnahme-FMEA sinnvoll, welche diese Faktoren einschätzt. Die Möglichkeit, über historische Daten zu gehen, wird ausgeschlossen, da die Auswertung proaktiv sein soll und keine ausreichende Datengrundlage vorhanden ist.

Das letzte Informationslogistikmodell beschreibt die vier Faktoren für die **Instandhaltung**, welche in Abbildung 7-6 dargestellt werden.

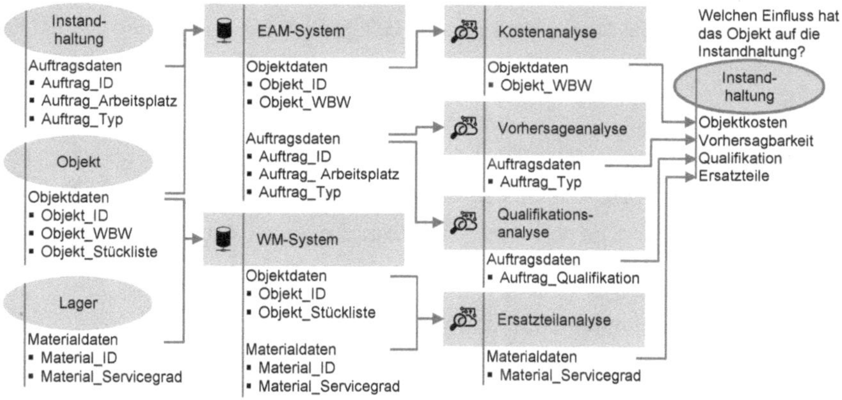

Abbildung 7-6: Informationslogistikmodell Instandhaltung (eigene Darstellung)

Der **Anlagenwert** ist für die Instandhaltung relevant und ist bereits für jedes Objekt hinterlegt. Dazu wird der Beschaffungswert mit einem Zinssatz verknüpft und es ergibt sich der aktuelle Wiederbeschaffungswert (WBW) des Objekts. Die Aussagekraft berücksichtigt keine Preisschwankungen für spezifische Produkte beispielsweise für Computerchips, welche aktuell einen hohen Preisanstieg verzeichnen (s. JANCZURA 2021), jedoch ist der Abstraktionsgrad nach Überzeugung der Instandhaltung ausreichend. Die Online-**Überwachung** des Objekts läuft in einem spezifischen System und auch nur bei wenigen Anlagen, daher wurde diese Datenquelle für die Untersuchung ausgeschlossen. Um dennoch eine Aussage über die **Vorhersagbarkeit** von Störungen treffen zu können, wurden die Auftragstypen untersucht und das Verhältnis zwischen reaktiven und proaktiven Aufträgen mit einem Faktor versehen. Die **erforderlichen Fähigkeiten** sind für die Auswertung interessant, da ggf. unterschiedliche Personengruppen vorgehalten werden müssen, um die Störung zu beseitigen; dies ist im Schichtbetrieb nicht immer möglich. Daher wurde aus den Auftragsdaten die Auftragszuordnung zu den Arbeitsplätzen, welche aus Mechanik, Elektrik und Automatisierung analog zu den Qualifikationen der zugeordneten Mitarbeiter bestehen. Eine tiefere Analyse scheint aktuell keinen höheren Mehrwert zu generieren. Für die **Verfügbarkeit der Ersatzteile** werden die Stücklisten der Objekte mit dem Warenwirtschaftssystem abgeglichen und eine Analyse des Servicegrads für die entsprechenden Materialien herausgezogen. In den Stücklisten sind nicht alle Teile vorhanden, sondern nur die, die auch mit SAP-Materialnummer angelegt sind. Dies trifft auf die wichtigsten Materialien zu, die zu einem sehr hohen Prozentsatz auch als Lagermaterial im Lager vorhanden sind bzw. sein sollten. Die Auswertung benutzt für die Berechnung den niedrigsten materialspezifischen Servicegrad in der Stückliste des Objekts.

Die Vielzahl an Faktoren erfordert eine Reihe von Intervalllisten, welche die Werte bestimmten Faktoren zuordnen und damit auch gewichten. Die Listen entstanden in 2 Online-Workshops und basieren auf dem Expertenwissen der verschiedenen Anspruchsgruppen.

Phase 4 – Improve: Implementierung und Nutzung

Die Faktoren wurden erst prototypisch mithilfe von Excel zusammengeführt und in eine Übersichtsliste gebracht (s. Abbildung 7-7). Die Zuordnung der technischen Plätze und Equipments wurde für den Prototyp weggelassen, da dies für die Veranschaulichung nicht nötig war und weniger Rückschlüsse auf das Unternehmen zulässt. Die Objektnamen wurden anonymisiert.

Criticality Assessment																
			Factors			Operations		HSE					Maintenance			
Object	FL ID	EQ ID	Bottle-neck	MTBF	MTTR	Quality	Usage	Health / Safety	Fire / Explosion	Air Emissions	Chemical Spills	Asset Worth	Monitoring	Skills	Spare Parts	RPN
Object 1	-	-	80	10	10	0	50	10	0	0	12	20	24	24	25	265
Object 2	-	-	80	30	50	66	50	30	0	0	12	100	24	36	25	503
Object 3	-	-	80	50	20	66	50	30	40	0	0	20	24	36	0	416
Object 4	-	-	64	10	10	66	50	0	0	12	0	10	24	24	0	270
Object 5	-	-	0	10	10	0	50	0	0	12	0	10	24	24	0	140

Abbildung 7-7: Prototypische Umsetzung in Excel (eigene Darstellung)

Um die Analyse zu vereinfachen und eine stärkere Gewichtung zu ermöglichen, flossen die Faktoren nicht direkt in die **Risikoprioritätszahl** ein, sondern wurden in definierten Intervallen eingeordnet und mit einem Intervallfaktor versehen. Bei der

Gestaltung des Prototyps in Excel fiel zudem auf, dass eine Multiplikation der Faktoren zu sehr hohen Zahlen führte, welche für die praktische Verwendung nicht geeignet waren. Daher wurde davon abgewichen und die Faktoren wurden summiert, um eine Risikoprioritätszahl (engl. *risk priority number*, kurz *rpn*) zu erzeugen. Die produktive Umsetzung erfolgte dann mit der Hilfe der IT in Power BI. Die Analyse wurde in bestehende Dashboards integriert; zudem werden die Werte für die Auftragspriorisierung in SAP verwendet.

Phase 5 – Control: Bewertung und Entscheidung

Die ersten Erfahrungen des praktischen Einsatzes offenbarten einige Defizite der erstellten Kritikalitätsanalyse, welche kontinuierlich verbessert werden müssen. Das wesentlichste Defizit liegt darin, dass die Vielzahl an Indikatoren, welche in derselben Zahl zusammengefasst werden, den Nachteil aufweist, dass spezifische Kritikalitäten nicht ausreichend berücksichtigt werden, was ggf. dazu führt, dass Maßnahmen nicht oder zu spät ergriffen werden. Zum Beispiel sollte eine Anlage untersucht werden, welche eine hohe Arbeitssicherheitsgefahr darstellt, unabhängig davon, ob sie einen großen Einfluss auf den Produktionsbetrieb besitzt. Eine Möglichkeit bietet sich damit an, dass unterschiedliche Kritikalitätskategorien gebildet werden, beispielsweise je ein Indikator für die Produktion, die Arbeitssicherheit, die Umwelt und die Instandhaltung. Gleichzeitig weisen die verwendeten Indikatoren unterschiedliche Vor- und Nachteile auf, welche näher untersucht werden müssen. Gegebenenfalls sollten andere Indikatoren verwendet werden.

Daten-KVP: Daten verbessern und ergänzen

Die Auswertung und Gestaltung der Informationslogistikmodelle haben gezeigt, dass die Auswertung von Freitexten nur mit spezieller Auswertesoftware möglich ist. Umso wichtiger erscheinen die Verwendung und praktikable Gestaltung von codierten Informationen als Auswahlliste oder ähnlichem. Die verwendeten Fehler- und Ursachencodes werden in einem Folgeprojekt analysiert und überarbeitet. Die Anlage von objektbezogenen Stammdaten im Hinblick auf Gefährdungen, Funktionen usw. werden teilweise als Pflichtfelder bei der Erstellung der Equipments in SAP festgeschrieben.

Prozess-KVP: Informationen nutzen

Bei der Analyse ist klar geworden, dass der Anlaufprozess der Objekte im Hinblick auf die Erstellung und Ablage von Informationen im SAP unzureichend ist. Zusätzlich sind die Informationen, welche primär vom Werkengineering oder dem Objekthersteller kommen, oftmals unzureichend für die Instandhaltung. Es werden daher Inbetriebnahme-FMEAs eingeführt, aus denen im nächsten Schritt verbindliche Datenanforderungen gebildet werden sollen.

Kultur-KVP: Zusammenarbeit, Veränderung und Transparenz stärken
Die interdisziplinäre Arbeit an der Analyse hat den beteiligten Anspruchsgruppen ihre enge Vernetzung und Abhängigkeit gezeigt. Die Möglichkeit, spezifische und übergreifende Auswertungen zu nutzen, um gemeinsam an Problemstellungen zu arbeiten, wurde als großer Mehrwert in den einzelnen Gruppen wahrgenommen. Es werden daher verstärkt Prozesse und Strukturen geschaffen, welche eine gemeinschaftliche, proaktive Kultur fördern.

7.3.2 Fallstudie: Balanced Scorecard in der Stahlindustrie

Branche:	*Stahlindustrie*
Unternehmensgröße:	*1.000 bis 10.000 MA*

Das Unternehmen ist ein großer Mittelständler in der Stahlindustrie. Die Systemlandschaft besteht im Wesentlichen aus dem Instandhaltungsmodul von SAP als IPS-System und Power-BI als Berichtssystem. Die Fallstudie wurde im Rahmen eines Online-Workshops und zwei Onlineinterviews durchgeführt, der Fokus lag dabei auf der Erstellung eines Kennzahlensystems.

Die Fallstudie folgt dem ausgearbeiteten Vorgehensmodell aus Kapitel 7.1 und ist analog den Schritten und Rahmenbedingungen gegliedert. Die verwendeten Zahlen wurden verfremdet, damit keine Rückschlüsse auf das Unternehmen möglich sind.

Phase 1 – Define: Identifikation der Anspruchsgruppen und Ziele
Das Unternehmen hat sich in den vergangenen Jahren immer wieder Ziele für die Weiterentwicklung und Steuerung seiner Instandhaltungsorganisation gesetzt. Diese wurden überwiegend verfehlt, da keine proaktive Steuerung möglich war und dadurch unzureichende Maßnahmen abgeleitet wurden. Das bestehende Kennzahlensystem wurde im Zuge der Einführung von SAP PM vor ca. 13 Jahren eingeführt und fokussiert hauptsächlich finanzielle Kennzahlen, wie Personal- und Materialkosten der Instandhaltung.

Phase 2 – Measure: Aufnahme der Ausgangslage

Das Unternehmen steht unter einem hohen Kostendruck, welcher sich auch auf die Instandhaltung niederschlägt. Die konkrete Ausgestaltung der Instandhaltungsintensität ist dabei ein Kernproblem des Unternehmens. Ungeplante Ausfälle führen zu erhöhten Reaktionszeiten der Instandhaltung und dadurch zu längeren Stillstandszeiten, da Arbeiten ungeplant ablaufen und entsprechend nicht vorbereitet werden können. Zusätzlich gibt es die Bestrebung, die Produktionsmitarbeiter bzw. Anlagenbediener besser in die Instandhaltungstätigkeiten einzubinden, um zum einen die direkten IH-Kosten zu senken, zum anderen aber auch, um das Bewusstsein der Anlagenbediener für die von ihnen betreuten Anlagen zu steigern. Da ein Anlernen mit erheblichem Aufwand verbunden ist und Fachkräfte in der wirtschaftsstarken Region schwer zu finden sind, soll zudem die Mitarbeiterfluktuation minimiert und das Wissen der Mitarbeiter langfristig gesteigert werden.

Die gewählten Ziele und verknüpften Kennzahlen stellen noch nicht das Optimum dar, jedoch dient die erste Ausarbeitung des Kennzahlensystems als Pilot, um anschließend eine iterative Verbesserung durchzuführen und aus den Erfahrungen zu lernen. Die gewählten Kennzahlen haben zudem den Vorteil, dass die Daten dafür vorhanden sind und keine zusätzlichen Daten erhoben werden müssen.

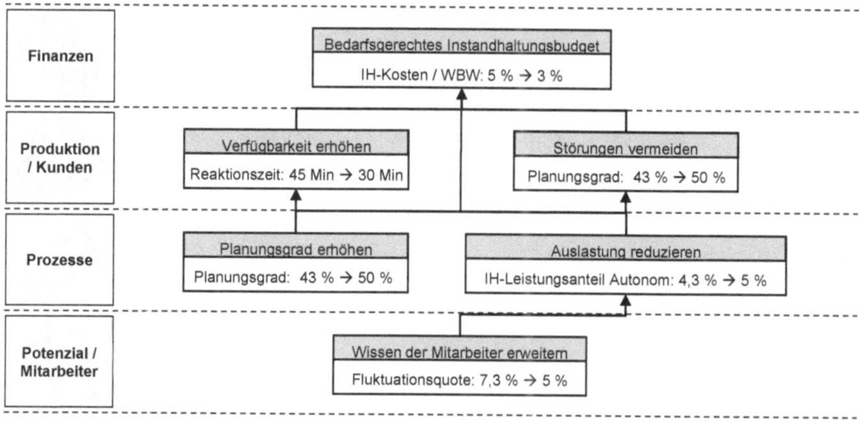

Abbildung 7-8: *Strategy Map* für die Instandhaltungsoptimierung (eigene Darstellung)

Abbildung 7-8 zeigt die daraus abgeleitete *Strategy Map*. Die Erstellung der *Strategy Map* verfolgt das Ziel, die Zusammenhänge zwischen den verschiedenen Sichten aufzuzeigen und diese an einem Ziel auszurichten (s. KAPLAN U. NORTON 2004, S. 11).

Dadurch werden Widersprüche in sich vermieden und konkurrierende Ziele ausgeschlossen.

Instandhaltungsscorecard					
Finanzen	Ist	Soll	**Produktion / Kunde**	Ist	Soll
IH Budget (Forecast)	11,5 Mio.	11 Mio.	Ø Reaktionszeit	45 Min	30 Min
IH-Kosten / Anlagen-WBW	3,4%	3,0%	Reklamationsquote	1,1%	2,0%
Materialkostenanteil	39,4%	33,0%	Ø offene Aufträge / Tag	186	100
Prozesse	Ist	Soll	**Potenzial / Mitarbeiter**	Ist	Soll
IH-Leistungsanteil der Anlagenbediener	4,3%	5,0%	Schulungstage / MA	4,2	5,0
Reparaturanteil an IH-Leistungen	34,6%	25,0%	Bewilligte KVP / MA (Median)	4,3	5,0
Planungsgrad der IH-Leistungen	43,2%	50,0%	Fluktuationsquote	7,3%	5,0%

Abbildung 7-9: Dashboard-Konzept (eigene Darstellung)

Abbildung 7-9 zeigt das Dashboard-Konzept auf, welches in PowerPoint gestaltet wurde. Der Ansatz der *Balanced Scorecard* (*BSC*) besteht aus vier Sichten, welche verschiedene zusammenhängende Perspektiven des Unternehmens aufzeigen (s. KAPLAN U. NORTON 1992, S. 73). Die vier Sichten werden darin mit je drei Kennzahlen dargestellt und sind mit Ist- und Sollwerten aus dem System verknüpft, welche mit Excel berechnet wurden. Die farbliche Ampel deutet die Erfüllung oder Verfehlung der gesteckten Ziele an. Verhältnismäßig kleine Abweichungen wurden gelb (in Darstellung hellgraue Kreise) markiert.

Phase 3 – Analyze: Hypothesen formulieren und testen

Die vier Sichten mit je drei Kennzahlen werden mit den entsprechenden Daten, Systemen und Quellen verknüpft, um eine automatische Auswertung zu ermöglichen. Die folgenden Abbildungen zeigen den Zusammenhang zwischen den Systemen und Daten auf. In der Beschreibung dazu werden weiterführende Hinweise zur Erhebung oder Analyse der Daten gegeben.

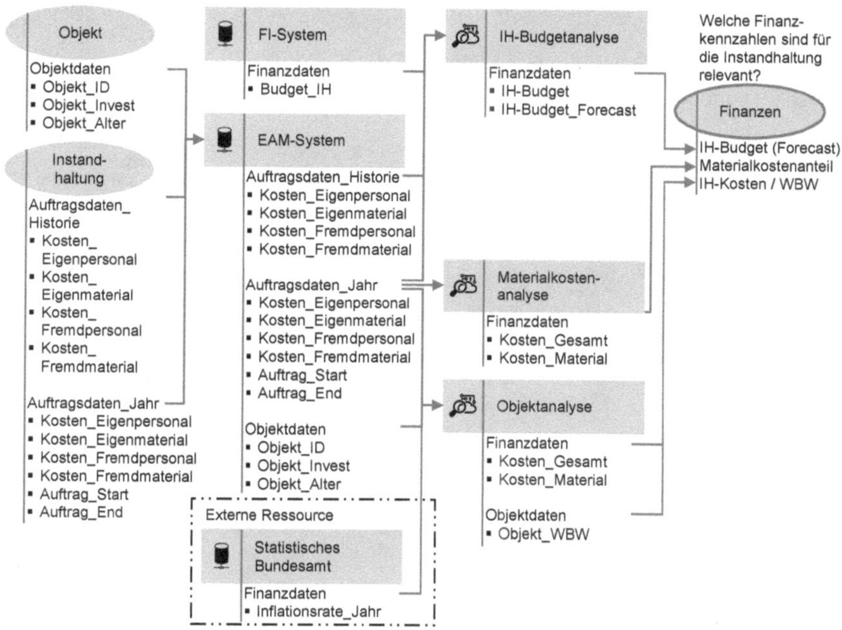

Abbildung 7-10: Informationslogistikmodell der Finanzsicht (eigene Darstellung)

Die Finanzsicht bildet das Instandhaltungsbudget, den Materialkostenanteil und die Kostenquote im Verhältnis zum Wiederbeschaffungswert (WBW) der Objekte ab.

Das voraussichtliche **Instandhaltungsbudget** wird aus den diesjährig entstandenen Kosten und geplanten Projektaufträgen dieses Jahres ermittelt und mit einer Kostenfunktion der letzten Jahre hochgerechnet, um eine ungefähre Vorhersage zu ermöglichen. Dabei handelt es sich bei den Instandsetzungsaufträgen nur um eine Abschätzung, jedoch wird diese mit voranschreitendem Jahr immer präziser.

Der **Materialkostenanteil** berechnet sich als der Quotient aus Materialkosten durch Gesamtinstandhaltungskosten. Dabei gestaltet sich die Aufgliederung der Fremdleistungen nach Material und Personalkosten meist schwierig, da teilweise Rechnungen nicht trennscharf ausgewiesen sind bzw. nicht korrekt im ERP- oder Warenwirtschaftssystem gebucht werden.

Die **Gesamtinstandhaltungskosten** in Bezug auf den **Wiederbeschaffungswert** werden für ein Jahr rollierend gebildet. Der Wiederbeschaffungswert der Anlagen ergibt sich aus der Investitionssumme, dem Anlagenalter und der Inflationsrate pro

Jahr. Die Inflationsrate pro Jahr wird vom Statistischen Bundesamt ausgewiesen; viele ERP- / EAM-Systeme haben die Zahlenwerte in sich vorliegen, um direkt darauf zugreifen zu können.

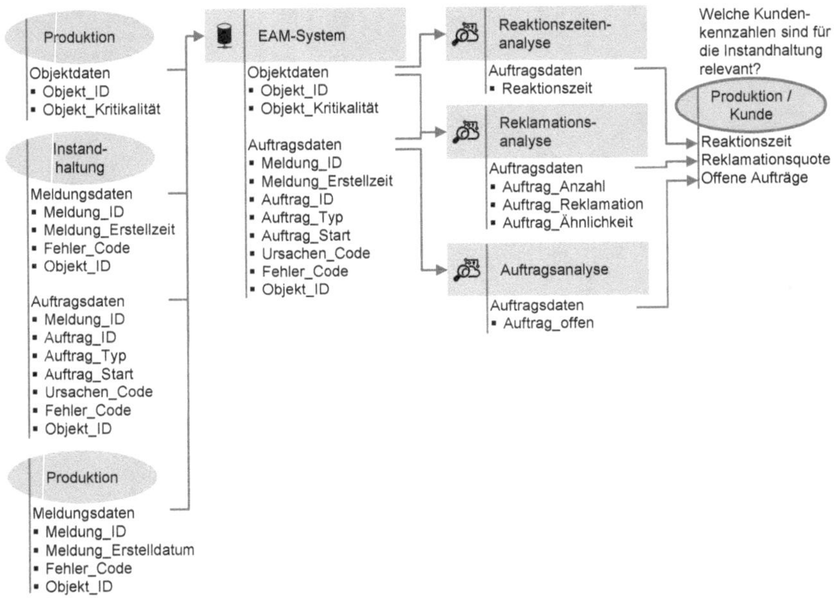

Abbildung 7-11: Informationslogistikmodell der Produktionssicht (eigene Darstellung)

Die **Produktionssicht** beinhaltet ebenfalls die drei Kennzahlen, welche den Kunden bzw. die Auftragserfüllung der Instandhaltung fokussieren.

Die **Reaktionszeit** gibt an, wie schnell die Instandhalter im Falle einer Meldung beim dem entsprechenden Objekt sind und die Bearbeitung des Auftrages beginnt. Da aktuell noch keine mobilen Geräte in der Instandhaltung im Einsatz sind, kann nicht der Start der Entstörung als Datengrundlage genommen werden, sondern der *Auftrags_Start* ist die Zuteilung in der mechanischen bzw. elektrischen Werkstatt. Da die Erfassung der Reaktionszeit für präventive und geplante Maßnahmen bzw. Projekte keine Relevanz besitzt, wird dies nur für den entsprechenden Auftragstyp der ungeplanten Instandsetzung analysiert. Zusätzlich muss für eine bessere Aussagekraft die Kritikalität der Anlagen einbezogen werden, damit lediglich Objekte von hoher Wichtigkeit in die Analyse einbezogen werden.

Die **Reklamationsquote** gibt an, wie oft es zu Nacharbeiten bzw. Folgeaufträgen für dieselbe Störung kommt, da beispielsweise die Ursache des Fehlers nicht korrekt gefunden wurde oder provisorisch behoben wurde. Die Möglichkeit, Reklamationen zu erkennen, besteht durch zwei Möglichkeiten:

- In der **proaktiven Mitteilung** der Produktion, dass der Auftrag nicht ausreichend ausgeführt wurde. Dabei wird beispielsweise die Endabnahme durch die Produktion verweigert oder es wird direkt auf den Auftrag referenziert.
- Durch die **Ähnlichkeit** von Aufträgen können ebenfalls „versteckte" Nacharbeiten aufgedeckt werden, dafür werden beispielsweise der *Auftrag_Typ*, die *Objekt_ID*, der *Ursachen_Code*, der *Fehler_Code* und der zeitliche Rahmen des Auftrags verglichen.

Die Analyse wird für die ersten Schritte der BSC nur rudimentär erfolgen und iterativ weiterentwickelt, daher wird sich auf die proaktiven Mitteilungen fokussiert.

Die durchschnittliche Anzahl **offener Aufträge** gibt Aufschluss darüber, wie gut die verschiedenen Instandhaltungsprozesse zusammenarbeiten, ob beispielsweise genug Personal mit der richtigen Qualifikation zur Verfügung steht, ob die richtigen Ersatzteile vorrätig sind usw. In einer tieferen Ebene können sich ebenfalls Ausreißer bei den Auftragsdurchlaufzeiten angeschaut werden, um prozessuale bzw. kapazitative Probleme zu identifizieren.

Die **Prozesssicht** des Modells, welche in Abbildung 7-12 dargestellt wird, untersucht im Wesentlichen den Autonomie- und Planungsgrad der Instandhaltung. Ziel ist es, eine proaktive Instandhaltung aufzubauen, um den Einfluss von ungeplanten Störungen zu minimieren.

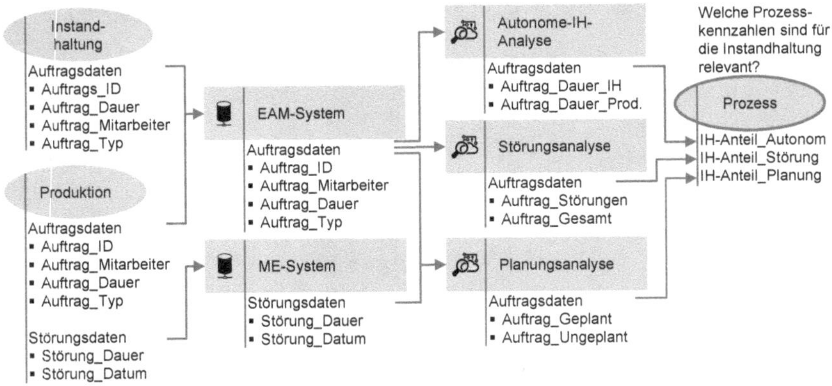

Abbildung 7-12: Informationslogistikmodell der Prozesssicht (eigene Darstellung)

Der Anteil von **autonomen Tätigkeiten** beschreibt den Instandhaltungsleistungsanteil, der von Anlagenbedienern durchgeführt und rückgemeldet wird. Die Einbeziehung der Bediener besitzt neben der Arbeitsentlastung der Instandhaltung beispielsweise den Vorteil, dass die Reaktionszeiten gesenkt werden, die Fehlerbeschreibungen durch die Produktion präziser werden und die Anlagenbediener ein größeres Verantwortungsgefühl gegenüber ihren Anlagen bekommen. Bei der Ermittlung werden die geleisteten Stunden der Mitarbeitergruppen untersucht und anteilig berechnet. Theoretisch wären ebenfalls die Kostenanteile möglich, jedoch werden so Unterschiede im Tarif sowie Materialkostenanteile von vornherein ausgeschlossen. Zusätzlich ergibt sich aus der Differenz ggf. ein nachweisbarer finanzieller Effekt, da das Gehaltsniveau der Instandhaltung meist höher ist.

Der **Störungs- und Planungsanteil** ergibt sich aus den entsprechenden Auftragstypen sowie den Störungsdaten aus dem ME-System, um die Auftragstypen zu überprüfen, da diese oftmals nicht richtig zugeordnet werden. Hier wird ebenfalls die Stundenanzahl herangezogen, um unterschiedliche Gehaltsniveaus usw. auszublenden.

Die letzte Sicht ist die **Potenzial- bzw. Mitarbeitersicht** und ist in Abbildung 7-13 dargestellt. Das wesentliche Ziel dieser Sicht ist es, das Wissen der Organisation zu nutzen bzw. zu erhalten. Dabei wird dargestellt, wie häufig die Mitarbeiter das Unternehmen verlassen, wie viele Schulungstage den Mitarbeitern pro Jahr zur Verfügung stehen und auch tatsächlich genommen werden und wie viele Verbesserungsvorschläge eingereicht werden.

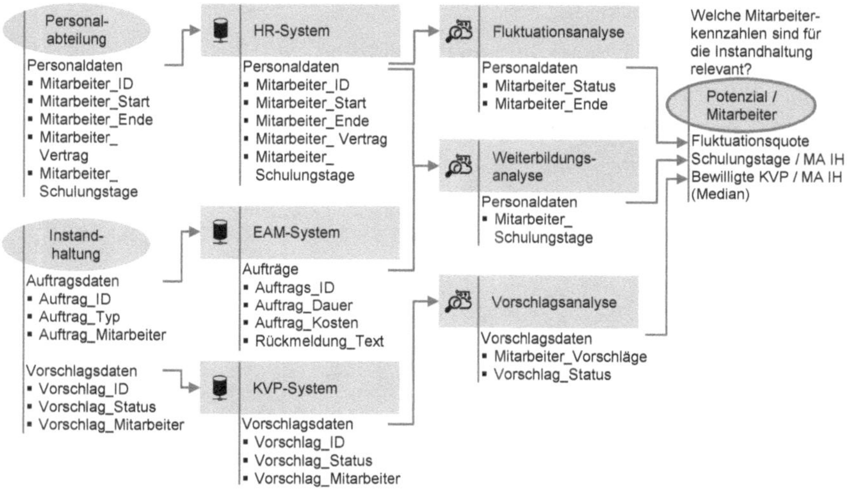

Abbildung 7-13: Informationslogistikmodell der Potenzialsicht (eigene Darstellung)

Die **Fluktuationsquote** ergibt sich aus den Daten des HR-Systems, präziser der *Mitarbeiter_ID*, *Mitarbeiter_Start*, *Mitarbeit_Ende* und *Mitarbeiter_Vertrag*. Der *Mitarbeiter_Vertrag* gibt dabei eine Auskunft darüber, ob es sich um einen temporären Mitarbeiter handelt, wie einen Praktikanten usw., welche aus der Auswertung ausgeschlossen werden.

Die **Schulungstage** der Mitarbeiter ergeben sich auch aus den Aufzeichnungen der Personalabteilung, da nicht alle Mitarbeiter in der Instandhaltung ihre Zeit auf Aufträge zurückmelden. Der Hintergrund für die Erfassung liegt darin, dass Mitarbeiter kontinuierlich externen Input bekommen sollen, um offen für Veränderungen zu sein sowie selbständig nach Möglichkeiten für Verbesserungen zu suchen.

Durch die **bewilligten Verbesserungsvorschläge** (KVP steht für kontinuierlicher Verbesserungsprozess) pro Mitarbeiter sollen Mitarbeiter ermutigt werden, ihre Ideen einzureichen. Da dies auf einer möglichst breiten Basis geschehen soll, wird der Median über die Mitarbeiter gebildet, damit nicht einige wenige den Durchschnitt stark verändern und damit die Aussagekraft der Kennzahl nicht verfälscht wird.

Nachdem bestimmt wurde, wie die Kennzahlen bestimmt werden sollen, wird nun die prototypische Implementierung beschrieben. Dafür wurde das bereits gut verknüpfte BI-Tool des Unternehmens genutzt und ein prototypisches Dashboard erstellt.

Phase 4 – Improve: Implementierung und Nutzung

Die Umsetzung der *BSC* konnte durch die bereits vorhanden Kopplung von SAP und *Power BI* verhältnismäßig schnell und einfach durchgeführt werden. Der erste Entwurf für das Dashboard in *Power BI* ist in Abbildung 7-14 dargestellt.

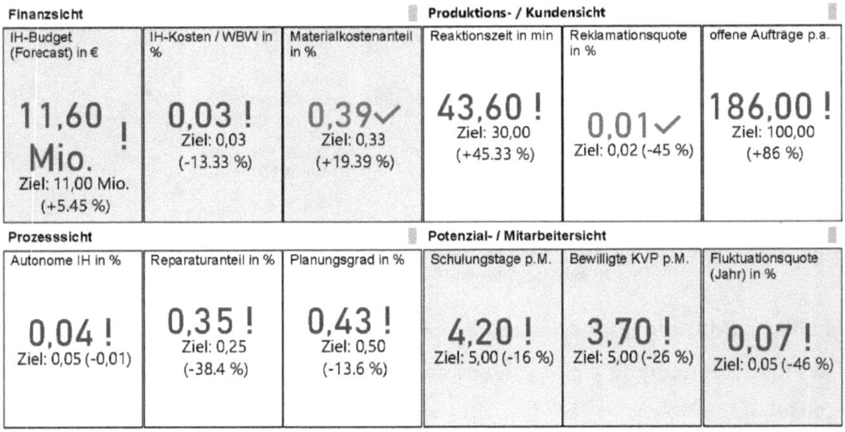

Abbildung 7-14: Prototypische Dashboard-Umsetzung (eigene Darstellung)

Das **Dashboard** greift die vier Sichten des Entwurfs auf und verknüpft diese jeweils mit drei Kennzahlen. Um erreichte und nicht erreichte Ziele darzustellen, werden diese farblich hervorgehoben und durch ein Ausrufezeichen oder einen Haken ergänzt. Die Darstellung ist ausbaufähig und vertiefende Sichten zu den jeweiligen Kennzahlen sollten ergänzt werden, damit in entsprechenden Terminen auf die Bildung der Kennzahlen und die Maßnahmendefinition weiter eingegangen werden kann.

Phase 5 – Control: Bewertung und Entscheidung

Nach der praktischen Erprobung haben sich bei den Kennzahlen verschiedene Schwachstellen bzw. fehlende Kennzahlen herausgestellt. Die Mitarbeiterfluktuation hat sich als ungeeignet für die BSC herausgestellt, da eine Häufung zu bestimmten Stichtagen vorliegt und bei einer Kündigung mögliche Gegenmaßnahmen zu spät ansetzen. Es wäre sinnvoller, eine Kennzahl wie die Krankheitstage pro Mitarbeiter zu wählen, da eine Häufung von Krankheitstagen meist auf eine Überlastung und / oder

Unzufriedenheit der Mitarbeiter zurückzuführen ist und sie darüber hinaus noch die Wichtigkeit der Arbeitssicherheit innerhalb des Kennzahlensystems verdeutlicht. Während der Erprobung ist zudem klar geworden, dass die erhobenen Daten teilweise Mängel in der Datenqualität aufweisen, was zu einer Verfälschung der Aussagen und möglicherweise zu einer problematischen Ablehnung des Zielsystems führt.

Daten-KVP: Daten verbessern und ergänzen

Die Wichtigkeit der Datenqualität wurde durch die Erhebung und Diskussion der Kennzahlen deutlich. Dies führte dazu, dass das Verständnis für die ordnungsgemäße Erhebung von Daten wächst und die Einordnung in Codes besser verstanden wird. Es ist zu überdenken, ob spezielle Kennzahlen die Datenqualität messbar und überprüfbar machen oder ob ein Freigabe- bzw. Überprüfungsprozess einzurichten ist, um eine Verbesserung zu unterstützen. Die erhobenen Daten reichen aktuell für das Dashboard aus, kommen jedoch an die Grenzen, wenn weiterführende bzw. detaillierte Auswertungen möglich sein sollen. Dabei wird es jedoch nicht nur ausreichen, wenn die Instandhaltung ihre Datenqualität steigert, sondern es wird notwendig sein, insbesondere die Produktion zu schulen und verstärkt dazu zu bewegen, in den definierten Prozessen zu arbeiten (beispielsweise Meldungen, Reklamationen).

Prozess-KVP: Informationen nutzen

Die Verwendung und Analyse der Kennzahlen war im ersten Schritt auf die Meisterrunde beschränkt. Um einen langfristigen positiven Effekt auf die gesamte Abteilung zu haben, müssen die Kennzahlen verstärkt in die *Shopfloormeetings* eingebunden werden und in den Werkstätten und der Produktion visualisiert werden. Zusätzlich sollten anspruchsgruppenspezifische Dashboards und Kennzahlen erarbeitet werden, um die Präsenz und den Wert der Instandhaltung beispielsweise im Controlling, der Produktion und des Einkaufs zu verdeutlichen.

Kultur-KVP: Zusammenarbeit, Veränderung und Transparenz stärken

Die Verwendung von Kennzahlen dahingehend bietet eine Gefahr, dass diese genutzt werden, um Schuldige zu identifizieren. Dies ist in jedem Fall kontraproduktiv, da dies dazu führt, dass Zeit mit der Suche nach dem Schuldigen verschwendet wird und da sich für die kontinuierliche Verbesserung der Organisation auf systematische Fehler konzentriert werden sollte, um Prozesse usw. entsprechend sinnvoll anzupassen. Die Erstellung der BSC erfolgte unter Beteiligung eines Betriebsratsmitgliedes, dies wirkte sich sehr positiv auf die Kommunikationsmöglichkeiten und Akzeptanz aus.

7.3.3 Fallstudie: Bad-Actor-Analyse in der chemischen Industrie

Branche:	*Chemische Industrie*
Unternehmensgröße:	*1.000 bis 10.000 MA*

Das Unternehmen der chemischen Industrie operiert weltweit, dabei wird in der Instandhaltung *SAP PM* als IPS-System eingesetzt. Der genutzte Funktionsumfang ist relativ gering; so werden nur einige wenige Funktionen genutzt, welche von den Mitarbeitern eher als zusätzliche Belastung ohne Mehrwert gesehen werden. Die vorhandene Datengrundlage ist dementsprechend teilweise veraltet und unvollständig.

Der Fokus der Fallstudie liegt daher darauf, sinnvolle Auswertungen mit der vorhandenen Datengrundlage zu bilden, um für die Mitarbeiter einen Mehrwert darzustellen. Daher wurden eine *Bad-Actor-Analyse*, welche unzuverlässige Objekte hervorheben soll, und eine Vorlage für eine anschließende *FMEA-Analyse* fokussiert. Die Fallstudie entstand im Rahmen von zwei Experteninterviews und zwei Workshops mit den Mitarbeitern des Unternehmens.

Phase 1 – Define: Identifikation der Anspruchsgruppen und Ziele

Bei der Analyse der Anspruchsgruppen wurden die Mitarbeiter als besonders wichtig identifiziert, welche mit den informationstechnischen Möglichkeiten des *SAP PM* wenig vertraut waren und der Datenerhebung skeptisch gegenüberstanden. Der Hauptgrund für die Skepsis lag in dem unklaren Mehrwert der Datenerhebung, in einem erhöhten Aufwand sowie einer nicht intuitiv erfassbaren Benutzeroberfläche.

Das Ziel lag demgemäß darin, dass die vorhandenen Daten mit geeigneten Auswertungen genutzt werden und darüber ein Mehrwert dargestellt werden kann. Darüber hinaus sollen fortlaufend Erkenntnisse in Bezug auf eine möglicherweise unzureichende Datenerhebung und -qualität identifiziert und für die Verbesserung der Datengrundlage genutzt werden.

Phase 2 – Measure: Aufnahme der Ausgangslage

Die vorhandenen Daten wurden aus *SAP PM* in *Excel* exportiert und untersucht; dabei lag der Fokus darauf, einen Überblick über die Vollständigkeit und Aussagefähigkeit der erhobenen Daten zu bekommen. Dabei konnte beobachtet werden, dass insbesondere finanzielle Daten vollständig und aussagekräftig sind, da sämtliche Finanzprozesse (Einkauf, Personalabrechnung, Controlling usw.) in *SAP* abgebildet werden. Abbildung 7-15 zeigt die Instandhaltungskosten für 2021 über die Objekte des

Werkes, aus Gründern der Darstellung wurden in der Abbildung die 250 Objekte mit den höchsten Instandhaltungskosten dargestellt.

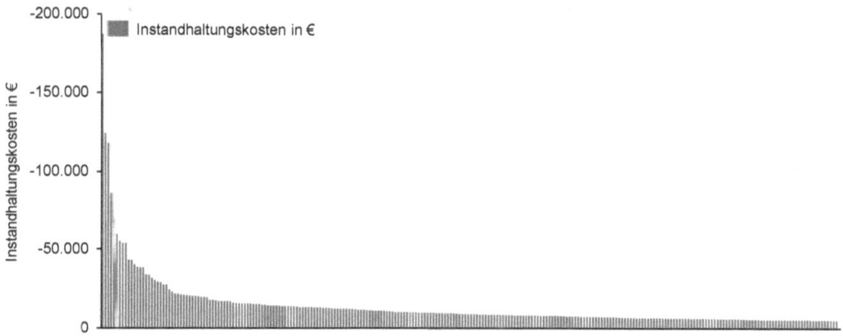

Abbildung 7-15: Instandhaltungskosten der Objekte 2021 (eigene Darstellung)

Aus der Darstellung wird deutlich, dass üblicherweise eine kleine Anzahl von Objekten für einen Großteil der Instandhaltungskosten verantwortlich ist. Die Analyse der Objekte ergab, dass die aktuelle Objektstruktur in SAP und das Detaillevel ausreichend ist. Die Auswertung ergab jedoch auch, dass etwa 20 Prozent der Instandhaltungskosten auf technischen Plätzen, Sammelelementen innerhalb von SAP PM, welche mehrere Objekte (bzw. in *SAP*: *Equipments*) zusammenfassen, gebucht werden. Dadurch können die Kosten nicht vollständig zugeordnet werden und die Auswertung wird verfälscht. Für eine erste Auswertung und die Bildung von Hypothesen ist die Datengrundlage der finanziellen Daten in Verbindungen mit anderen Daten, wie der Objektkritikalität oder Ausfallzeiten, jedoch ausreichend. Die Ausfallzeiten sowie die Kritikalität der Anlagen wird über das Produktionscontrolling erfasst und nachgehalten, dadurch wird es von den Mitarbeitern des Werkes als sehr zuverlässig angesehen.

Phase 3 – Analyze: Hypothesen formulieren und testen

Für die Fokussierung der Instandhaltungsressourcen in Bezug auf die Instandhaltungsstrategie und Verbesserungsprojekte werden *Bad-Actor-Analysen* eingesetzt. Damit erfüllen sie die Funktion einer Kritikalitätsanalyse, stellen jedoch eine weniger aussagekräftige, aber aufwandsärmere Möglichkeit dar, um mögliche Auffälligkeiten bei Objekten zu identifizieren. Für die *Bad-Actor-Analyse* werden die Instandhaltungskosten, die Kritikalität und die Ausfallzeiten der Objekte innerhalb von verschiedenen

Auswertungen kombiniert. Das IL-Modell für die *Bad-Actor-Analyse* wird in Abbildung 7-16 dargestellt.

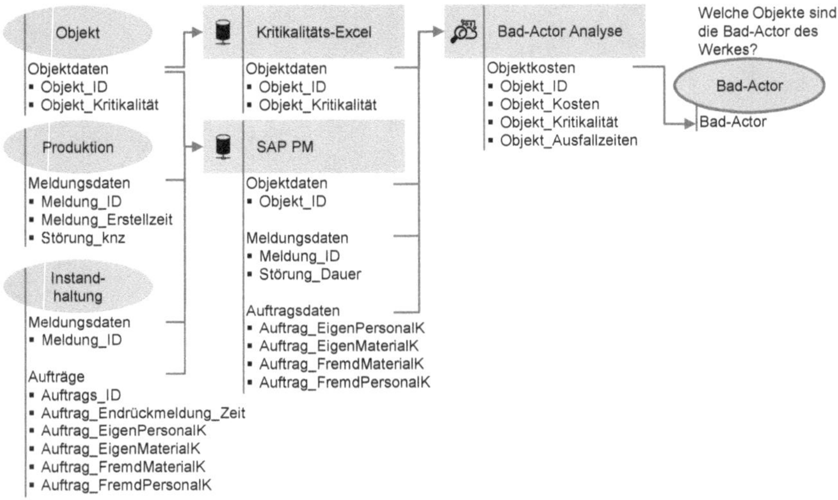

Abbildung 7-16: IL-Modell für die Bad-Actor-Analyse (eigene Darstellung)

Das Modell basiert im Wesentlichen auf Meldungs- und Auftragsdaten, aus denen die Ausfallzeiten und Instandhaltungskosten ermittelt werden. Die Objektkritikalität wird regelmäßig über eine Excel-Liste aktualisiert, welche in den Excel-Export für die Auswertung integriert werden kann, da sie den Objekten zugeordnet ist. Die erste Auswertung stellt die Instandhaltungskosten den Ausfallzeiten im Jahr 2021 gegenüber (s. Abbildung 7-17).

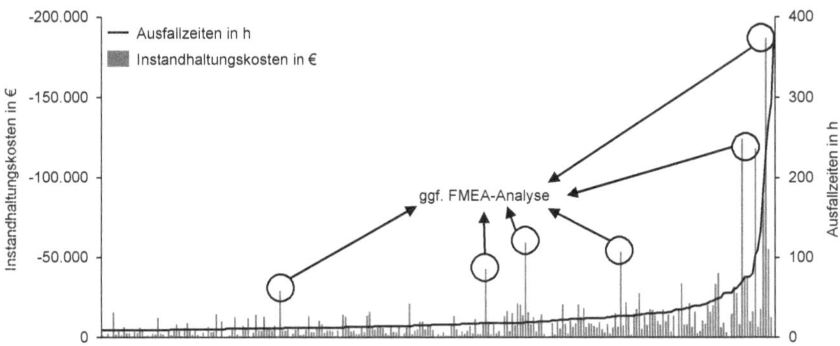

Abbildung 7-17: Instandhaltungskosten und Ausfallzeiten (eigene Darstellung)

Die Abbildung schließt die 250 Objekte des gesamten Werkes mit den höchsten Ausfallzeiten ein, wobei sich die Ausfallzeit immer auf die Zeit bezieht, in der die Anlage, wegen des konkreten Objekts stand. Die tatsächlichen Gesamtzeiten, in denen die Anlage bzw. eine Teilanlage stand, sind dementsprechend wesentlich höher. Die Auswertung zeigt, dass einige Objekte bei sehr unterschiedlichen Instandhaltungskosten sehr hohe Ausfallzeiten aufweisen und daher mit einer *FMEA-Analyse* untersucht werden sollten. Jedoch wird auch deutlich, dass einige Objekte sehr hohe Instandhaltungskosten aufweisen, ohne für längere Ausfälle zu sorgen. Hier könnte daher ggf. eine Möglichkeit liegen, die Instandhaltungsintensität zu reduzieren. Die folgende Abbildung stellt die Ausfallzeiten der Kritikalität gegenüber, dabei wurden wieder die 250 kritischsten Objekte ausgewählt.

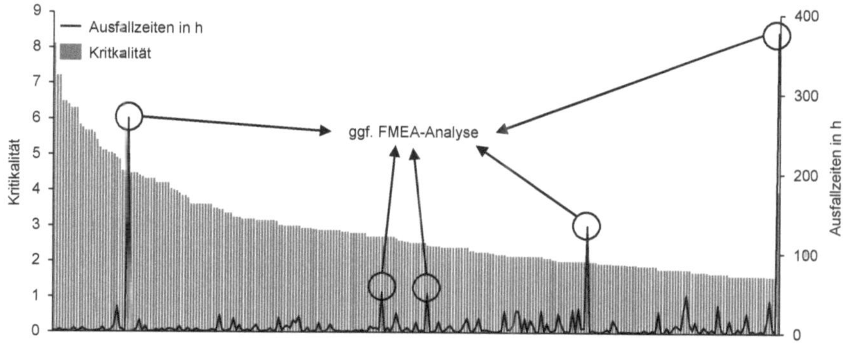

Abbildung 7-18: Kritikalität und Ausfallzeiten (eigene Darstellung)

Bis auf wenige Ausnahmen weisen die kritischsten Objekte eine relativ geringe Ausfallzeit auf. Die wenigen Objekte mit hohen Ausfallzeiten sollten durch eine *FMEA-Analyse* untersucht werden. Eine kumulative Ausfallzeit der Objekte sollte zusätzlich ausgewiesen werden, da aus der Auswertung nicht ersichtlich wird, ob das Objekt wegen vermeintlich unkritischer Objekte über längere Zeiten stillsteht. Die Analyse darüber wird aktuell im ME-System erfasst, bezieht sich aber nicht auf die identische Objektstruktur, sodass die Funktionsbäume für eine Auswertung erst aufwendig und manuell verknüpft werden müssten.

Abbildung 7-19 stellt die Kritikalität der 250 kritischsten Objekte den Instandhaltungskosten aus dem Jahr 2021 gegenüber. Es wird deutlich, dass ein bedeutender Teil des Instandhaltungsbudgets für weniger kritische Objekte ausgegeben wird. Dies sollte ebenfalls über eine FMEA-Analyse untersucht und dabei geprüft werden, ob die

Instandhaltungsstrategie angepasst werden kann bzw. die Intervalle von proaktiven Maßnahmen verlängert werden können.

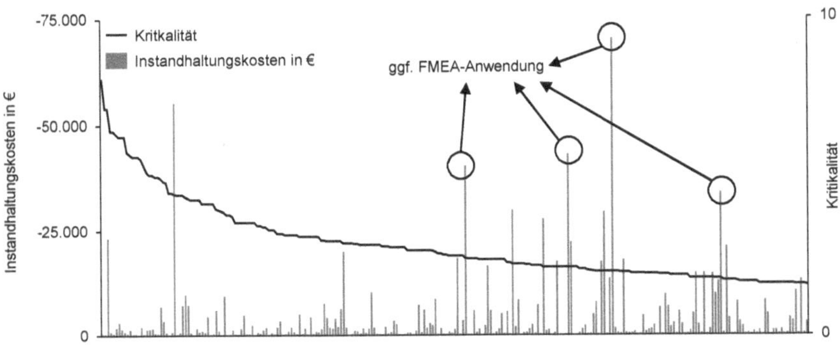

Abbildung 7-19: Kritikalität und Instandhaltungskosten (eigene Darstellung)

Für die *FMEA-Analyse* sollen die vorhandenen Daten genutzt und in eine Excel-Vorlage überführt werden. Diese soll für Workshops und Diskussionen als Datengrundlage dienen. Das IL-Modell ist in Abbildung 7-20 dargestellt.

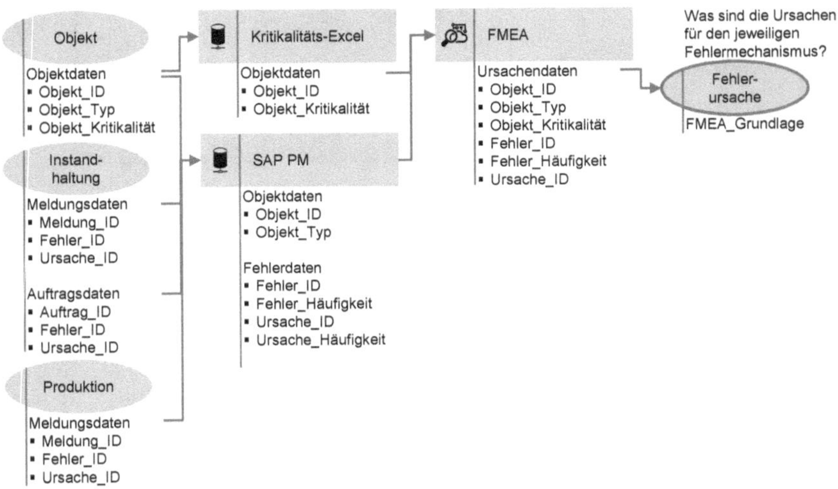

Abbildung 7-20: IL-Modell für die FMEA-Vorlage (eigene Darstellung)

Das Modell verwendet die Daten aus SAP PM bzw. der Kritikalitäts-Excel, um die wesentlichen Objekte, Fehler und Ursachen zu identifizieren, zu quantifizieren und darzustellen. Als Datengrundlage werden sämtliche vorhandene Daten benutzt, welche im gesamten Lebenszyklus der Objekte im System angefallen sind. Da das Alter der meisten Objekte älter als die Einführung von SAP PM in dem Unternehmen ist, stellen die Analysen lediglich einen Teil der gesamten im Lebenszyklus aufgetretenen Fehler dar.

Phase 4 – Improve: Implementierung und Nutzung

Durch die *Bad-Actor-Analysen* konnten etwa vier Objekte identifiziert werden, welche in einem FMEA-Workshop näher untersucht wurden. Dafür diente die systemische FMEA-Vorlage als Hilfsmittel, um das subjektive Erfahrungswissen der Mitarbeiter mit Zahlen zu ergänzen.

Abbildung 7-21 zeigt ein Beispiel für eine vorausgefüllte Tabelle, welche als Excel-Tabelle aus dem System exportiert werden kann, mit der Kritikalitäts-Excel-Tabelle verknüpft und durch die Experten vervollständigt wird.

Objekt	Objekt-typ	Kritikalitäts-gruppe	Fehler-code	Fehler-häufigkeit	Ursachen-code	Ursachen-häufigkeit	Maß-nahme	Inte
Pumpe XY	Radial-pumpe	3	FM42	5	UM10	5		
Motor XY	Getriebe-motor	5	FE12	2	UE08 UE11	2 1		
			FM34	3	UM04	3		
			FM48	1	UM04	1		

Abbildung 7-21: FMEA-Beispiel mit systemisch gefüllten Zellen (eigene Darstellung)

Die ersten sieben Spalten wurden durch Daten aus den Systemen vorausgefüllt und müssen nun durch weitere Fehlermöglichkeiten ergänzt werden. Die Ableitung der Maßnahmen und Instandhaltungsstrategie für jedes Objekt findet statt, sobald die Experten davon ausgehen, alle wesentlichen Fehlermöglichkeiten und Ursachen identifiziert zu haben.

Phase 5 – Control: Bewertung und Entscheidung

Die Benutzung der vorhandenen Daten hatte einen positiven Effekt auf das Verständnis der Mitarbeiter bzgl. der Dokumentation von Meldungen und Aufträgen. Die Mitarbeiter machten sogar eigene Verbesserungsvorschläge in Bezug auf die Erhebung von Daten und die Schaffung von Standards. Die Effekte auf das Instandhaltungsbudget und die Zuverlässigkeit des Werks können erst nach einiger Zeit eingeschätzt werden, da insbesondere negative Einflüsse auf die Zuverlässigkeit durch den vorhandenen Abnutzungsvorrat der Objekte erst zeitverzögert sichtbar werden. Das Projektteam konnte erreichen, dass sich die Mitarbeiter intensiv mit den Daten beschäftigen und ein Bewusstsein für die Notwendigkeit für eine gute Datenbasis geschaffen wurde. Der Ausbau und die Pflege der Datennutzung und -qualität erfordern jedoch weitere regelmäßige Maßnahmen und eine Integration in Verbesserungs- und Controllingprozesse.

Daten-KVP: Daten verbessern und ergänzen

Die Verbesserung der Daten bietet mehrere Ansatzpunkte: Die kategorische Dateneingabe muss überarbeitet und an die Bedürfnisse der Anspruchsgruppen angepasst werden, dabei sollte sich auf eine möglichst geringe Anzahl beschränkt werden, um die Eingabe zu vereinfachen. Ein Beispiel dafür bilden die Auftragstypen (z. B. Instandsetzung, Inspektion, Wartung, Verbesserung / Projekt), welche aktuell nicht genutzt werden. Diese wären jedoch für die Auswertung der Instandhaltungskosten sinnvoll, um eine Übersicht zu erhalten, welche Maßnahmen durchgeführt werden bzw. welche Strategie an dem Objekt umgesetzt wird. Die Daten müssen genutzt und kontrolliert werden, um deren Qualität zu steigern. Dafür müssen geeignete Prozesse und Verantwortungen aufgesetzt werden.

Prozess-KVP: Informationen nutzen

Die Dateneingabe und -auswertung ist aktuell sehr umständlich, da viele Freitextfelder vorhanden sind, die genutzte Benutzeroberfläche von *SAP* veraltet ist (*SAP R3*) und die Eingabe auch nur über Terminals erfolgen kann. Das Unternehmen wird in den kommenden 2 – 3 Jahren vollständig auf eine browserbasierte Oberfläche (*SAP Fiori*) mit dem Wechsel der Softwareversion umsteigen. Die Instandhaltung muss bis dahin ihre Anforderungen und Prozesse so weit aufgesetzt haben, dass diese für die Einführung und Migration des neuen Systems verwendet werden können. Die digitalen Prozesse sollten genutzt werden, um den Mitarbeitern eine Arbeitserleichterung durch zielgerichtete und aktuelle Informationen bereitzustellen und die Dokumentation besser in die Tätigkeiten zu integrieren.

Kultur-KVP: Zusammenarbeit, Veränderung und Transparenz stärken

Die Einbindung des Betriebsrats ist insbesondere bei der Verwendung von Daten, welche Rückschlüsse auf die Leistungserbringung der Mitarbeiter zulassen, notwendig. Die Daten müssen ausreichend anonymisiert und es muss ein klares Bekenntnis zu einer proaktiven Fehlerkultur etabliert werden. Die Daten geben teilweise eine Scheinsicherheit, welche dazu führen kann, dass Mitarbeiter falsch eingeschätzt werden.

Daher müssen die Daten mit den Mitarbeitern diskutiert werden, um alle Aspekte beleuchten zu können. Dafür müssen die Führungskräfte klar machen, dass ein Interesse an nachhaltiger Verbesserung, nicht an Schuldzuweisungen besteht. Die Ängste und Vorbehalte der Mitarbeiter und des Betriebsrats müssen daher von vornherein berücksichtigt und Möglichkeiten zur konstruktiven Problemeskalation geschaffen werden. Die wirtschaftlich gute Situation des Unternehmen bildet dafür eine gute Grundlage, welche nun durch alle Anspruchsgruppen für eine kontinuierliche und datenbasierte Verbesserung der Prozesse und Objekte genutzt werden muss.

7.4 Zusammenfassung der Validierung und Gestaltung des Vorgehens

Das in Kapitel 7.1 definierte Vorgehen konnte in Verbindung mit den Beschreibungs- und Erklärungsmodellen aus den Kapitel 5 bzw. 6 in der Praxis erprobt werden. Um zu überprüfen, dass die Modelle den Anforderungen und Zielen des vorliegenden Werkes genügen, wurden diese formal und inhaltlich überprüft. Da die Prüfung positiv ausfiel, konnte das Vorgehen anschließend validiert werden.

In allen Fallstudien konnte das Vorgehensmodell erfolgreich angewandt werden. Die direkte Übertragung der Beschreibungs- und Erklärungsmodelle konnte nicht vollständig erfolgen, da die Ausgangslage in den Unternehmen sehr unterschiedlich ist. Insbesondere die Herausforderung der Datenerhebung und -qualität ist in allen Unternehmen eine der wesentlichsten Limitationen für die Implementierung der datenbasierten zuverlässigkeitsorientierten Instandhaltung. Dabei sind die Ausgestaltung der Anwendungssysteme und Prozesse sowie eine Verknüpfung mit den Informationsbedarfen in allen untersuchten Fällen unzureichend. Gründe dafür, dass Daten für die zuverlässigkeitsorientierte Instandhaltung in Instandhaltungsplanungs- und -steuerungssystemen (IPS-System) nur unzureichend vorhanden sind, sind folgende (s. SMITH U. MOBLEY 2008, S. 255–256):

- Kleine Ausfälle werden nicht erfasst, weil sie schneller behoben als dokumentiert werden.
- Nicht alle Objekte sind im IPS-System dokumentiert und erfasst.
- Andere Metriken werden für die Bestimmung der Zuverlässigkeit herangezogen (beispielsweise Qualität).

- Die reaktive Instandhaltung nimmt so viel Zeit in Anspruch, dass keine Daten zur Zuverlässigkeit erfasst werden können.
- Viele andere Herausforderungen liegen in der Organisation selbst: hohe Fluktuation, steigende Instandhaltungskosten, chaotische Arbeitsorganisation usw.

Zusätzlich zu den von SMITH U. MOBLEY formulierten Gründen konnte noch gezeigt werden, dass Daten oftmals in Silos vorliegen und daher nur mit einer Datenaufbereitung verwendet werden können, weil sie sich beispielsweise auf unterschiedliche Objektunterteilungen beziehen. Zudem leidet bei vielen Freitextfeldern die Datenqualität, da sie zum Teil zu viele Freiheiten lassen und zu aufwendig zu befüllen sind. Die Schaffung von kategorischen Daten mithilfe einer Baumhierarchie reduziert die Dokumentationszeit der Mitarbeiter und ermöglicht dennoch eine gute Auswertbarkeit. Dieses Beispiel macht deutlich, wie wichtig die parallele und teilweise auch die von dem direkten Prozess für die Einführung der datenbasierten zuverlässigkeitsorientierten Instandhaltung losgelöste Verbesserung der Kultur, der Daten und der Prozesse sind.

Es konnte gezeigt werden, dass die iterative Herangehensweise und die im Vorgehensmodell (s. Kapitel 7.1) definierten Schritte in der Praxis funktionieren. Aufgrund der Individualität der Unternehmen und der Modellgröße lassen sich die in Kapitel 6 definierten Erklärungsmodelle nicht vollständig übertragen und prüfen. Es ergibt sich insbesondere für die weiteren Möglichkeiten der gewonnenen Daten weiterer Forschungsbedarf; dieser wird in Kapitel 8.2 näher erläutert, nachdem in Kapitel 8.1 eine Zusammenfassung der erarbeiteten Ergebnisse des vorliegenden Werkes erfolgt.

8 Zusammenfassung und Ausblick

Das Kapitel stellt die vorliegende Arbeit zusammenfassend dar und dient der kritischen Reflexion. Dabei werden Grenzen aufgezeigt, welche einen Ansatzpunkt für weitere Forschungsarbeiten darstellen können.

8.1 Zusammenfassung und kritische Reflexion

Den Schwerpunkt der vorliegenden Zusammenfassung und kritischen Reflexion bildet die Lösung der in Kapitel 1.2 formulierten Forschungsfragen, daher wird im Folgenden insbesondere auf Kapitel 5, 6 und 7 eingegangen.

Zuerst wurden die Motivation für das und die Notwendigkeit der Arbeit formuliert und die Zielstellung präzisiert (s. Kapitel 1). Über die begrifflichen Grundlagen wurde der Untersuchungsbereich eingegrenzt und präzisiert (s. Kapitel 2). Zum Stand der Erkenntnisse wurden die bestehenden Forschungsansätze der RCM und angrenzender Themenbereiche untersucht. Durch die Untersuchung konnte der Forschungsbedarf abgeleitet werden (s. Kapitel 3) und Lösungsbausteine für die anschließende Herleitung und Konkretisierung des Vorgehens des Werkes gewonnen werden (s. Kapitel 4). In den folgenden Kapiteln wurden die Forschungsfragen beantwortet, welche die Grundlage für eine datenbasierte Entscheidungsunterstützung der zuverlässigkeitsorientierte Instandhaltung bilden sollen (s. Abbildung 8-1).

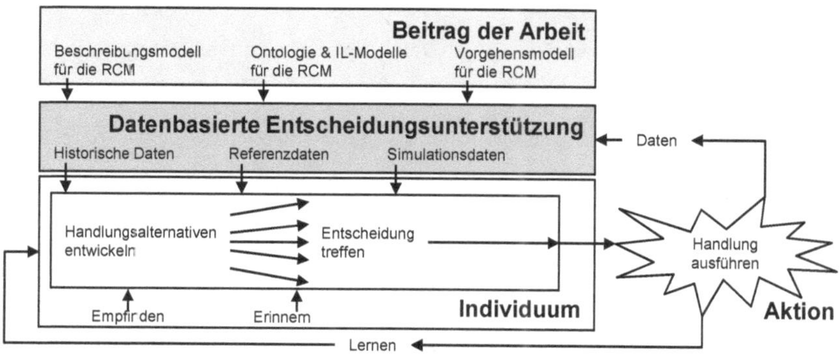

Abbildung 8-1: Zusammenfassung des Werkes (eigene Darstellung, i. A. a. MALONE 2018, S. 82)

Der Beitrag der Arbeit gliedert sich in die folgenden Themenfelder: ein Beschreibungsmodell der RCM, eine Ontologie und Informationslogistikmodelle für die Erklärung der

RCM und ein Vorgehensmodell für die Einführung der RCM. Ein Abgleich der Zielstellung mit den erarbeiten Modellen erfolgte bereits in Kapitel 7.2. Eine Erprobung des Vorgehens und der Abgleich der Modelle mit der industriellen Praxis erfolgten in Kapitel 7.3. Daher wird der Fokus nachfolgend vorrangig auf der kritischen Reflexion der Modelle liegen.

Beschreibungsmodell der RCM (Kapitel 5)

Das Beschreibungsmodell orientiert sich an den Elementen des Lebenszyklusmodells der Informationswirtschaft von KRCMAR. Dabei wurden aus den identifizierten Anspruchsgruppen der zuverlässigkeitsorientierten Instandhaltung die Informationsbedarfe abgeleitet. Darauf aufbauend wurden das Informationsangebot und -ressourcen für die RCM beschrieben. Abschließend wurden die Daten, Informationen und Informationsquellen erläutert.

Kritische Reflexion

Wie Daten und Informationen erzeugt, verarbeitet und genutzt werden, ist von den unterschiedlichen Anforderungen, Prozessen und Ausgangssituationen der Unternehmen abhängig (s. CHOO ET AL. 2008, S. 795). Die für das Beschreibungsmodell befragten und untersuchten Unternehmen bilden daher nicht die Allgemeinheit aller möglichen Unternehmen ab, sondern stellen lediglich eine Stichprobe dar. Das Modell kann daher nicht ohne Anpassung und Veränderung auf andere Unternehmen übertragen werden. Zusätzlich haben die Interviews, Workshops und Fallstudien gezeigt, dass die Informationslage in Bezug auf Daten für die zuverlässigkeitsorientierte Instandhaltung in den Unternehmen noch recht unterentwickelt ist und selten im Fokus von strategischen Verbesserungs- und Digitalisierungsprojekten steht.

Ontologie und Informationslogistikmodelle für die RCM (Kapitel 6)

Für die Erklärung der Zusammenhänge zwischen der Informationsnachfrage und dem Informationsangebot wurden in Kapitel 6 die notwendigen Erklärungsmodelle geschaffen. Die an das *Internet of Production* (*IoP*) angelehnte Ontologie ermöglicht die Darstellung und Gestaltung des Informations- und Datenflusses für die zuverlässigkeitsorientierte Instandhaltung. Über die anschließend erarbeiteten Informationslogistikmodelle (IL-Modelle) wird der Datenfluss für die in Kapitel 5 beschriebenen Anwendungsfälle konkretisiert.

Kritische Reflexion

Die erarbeitete Ontologie und IL-Modelle bilden einen idealtypischen Informationsfluss ab, welcher in der Praxis nicht vorhanden ist. Für die Erarbeitung der Modelle bedeutet das, dass nur auf das limitierte praktische Wissen der Experten zurückgegriffen werden konnte, da der Reifegrad der zuverlässigkeitsorientierten Instandhaltung und die Verwendung von Daten in der Instandhaltung in der Praxis noch nicht sehr ausgereift sind. Die Modelle müssen demnach für den praktischen Einsatz in den Unternehmen erweitert und adaptiert werden. Neben der erklärenden Funktion und Darstellung der Zusammenhänge für die datenbasierte zuverlässigkeitsorientierte Instandhaltung können die Modelle als Vorlage für die Gestaltung der Informationsflüsse genutzt werden, wenn Prozesse und / oder Informationssysteme neu aufgesetzt oder angepasst werden sollen. Insbesondere die Identifikation und Verknüpfung der Informationen und Daten besitzen einen großen Mehrwert für Unternehmen, da oftmals nicht klar ist, welche Informationen gesammelt und wie diese in Datenform abgelegt und verwendet werden können.

Vorgehensmodell für die Einführung der RCM (Kapitel 7)

Das Vorgehensmodell dient der praktischen Implementierung der datenbasierten zuverlässigkeitsorientierten Instandhaltung in der Industrie. Da die Ausgangssituationen, Zielstellungen, Anforderungen und Ressourcen der Unternehmen sehr unterschiedlich ausfallen, baut das Vorgehen auf dem DMAIC-Zyklus auf. Dies ermöglicht ein iteratives Vorgehen, welches individuell an die konkreten praktischen Bedürfnisse und Voraussetzungen der Industrie und des Unternehmens angepasst werden kann. Das Vorgehen hat sich durch die durchgeführten Fallstudien als praktikabel und effektiv bewiesen. Insbesondere die parallele Weiterentwicklung der Prozesse, Kultur und Daten bieten einen Rahmen für eine nachhaltige Einführung der zuverlässigkeitsorientierten Instandhaltung in den Unternehmen.

Kritische Reflexion

Die Praktikabilität und Flexibilität des Vorgehensmodells stellen auch einen Schwachpunkt des Modells dar, da dieses sehr generisch gestaltet ist und nur einen Rahmen vorgibt. Dabei können keine konkrete Ansatzpunkte für die spezifische Gestaltung der datenbasierten zuverlässigkeitsorientierten Instandhaltung unterschiedlicher Unternehmen und Industrien gegeben werden, da diese für eine andere Industrie oder

Unternehmen nicht zutreffend wären. Dies führt dazu, dass für die datenbasierte zuverlässigkeitsorientierte Instandhaltung hier zunächst nur ausgewählte Aspekte der erarbeiteten Modelle zur Validierung überprüft werden konnten, da die untersuchten Unternehmen noch zu weit vom Idealbild der datenbasierten zuverlässigkeitsorientierten Instandhaltung entfernt sind.

Zusammenfassend lässt sich sagen, dass die Problemstellungen und Ziele des Werkes durch die gebildeten Modelle vorerst theoretisch gelöst wurden. Die Komplexität des Themenfeldes und die unterschiedlichen Anforderungen und Ausgangslagen der Industrie machten es für die Modellierung erforderlich, einen übergeordneten Abstraktionsgrad zu wählen, welcher eine anpassungsfreie Übertragung der Modelle an die Praxis unmöglich macht. Daher ist eine Einführung immer auch mit einer Überarbeitung und Anpassung der Modelle an das konkrete Unternehmen verbunden. Dies wird bei der weiteren praktischen Implementierung dafür sorgen, dass neue Herausforderungen und Zielstellungen identifiziert werden, welche durch anschließende Arbeiten adressiert werden müssen. Einen Ausblick auf den sich bereits andeutenden Forschungsbedarf gibt Kapitel 8.2.

8.2 Ausblick für den weiteren Forschungsbedarf

Die vorangegangene Zusammenfassung und kritische Reflexion haben die Grenzen der vorliegenden Arbeit aufgezeigt. Auf dieser Basis wird im Folgenden ein Ausblick auf den weiteren Forschungsbedarf gegeben. Dieser gliedert sich in drei Schwerpunkte: die Integration von datenbasierten Entscheidungsunterstützungssystemen, die Schaffung und Erweiterung der Datengrundlage und die Identifikation und Bewertung weiterer Datenpotenziale.

Integration von datenbasierten Entscheidungsunterstützungssystemen

Die Integration von datenbasierten Entscheidungsunterstützungssystemen erfordert die Schaffung und Optimierung von bestehenden Prozessen, um eine grundlegende organisatorische Reife zu gewährleisten (s. GROTEN U. GALLEGO-GARCÍA 2021, S. 18). Es müssen geeignete Referenzprozesse geschaffen werden, welche zum einen eine datenbasierte Grundlage für Entscheidungsunterstützungssysteme schaffen. Gleichzeitig müssen die Entscheidungsunterstützungssysteme in Bezug auf ihre Aussagekraft und Integration in Entscheidungsprozesse verbessert werden. Dafür sind übergreifende Datenmodelle, wie in dieser Arbeit entwickelt, für weitere Anwendungsfälle zu gestalten und in die praktische Anwendung in Informationssystemen zu überführen. Es ist in jedem Fall zu erwarten, dass die Bedeutung von Daten und Information in Zukunft noch weiter anwachsen wird (s. PISTORIUS 2020, S. 5). Daher sollten die für die zuverlässigkeitsorientierte Instandhaltung aufgenommenen bzw. durch sie generierten Daten im Hinblick auf weitere Möglichkeiten der Nutzung untersucht und bewertet werden. So stellen beispielsweise die Personalbedarfsplanung für die Instandhaltung, Ermittlungen von Risikoprofilen für Objekte oder die Berechnung des Wertbeitrages der Instandhaltung in Bezug auf das Wertschöpfungsnetzwerk weitere Ansatzpunkte dar. Auf diese Weise kann im Laufe der Zeit ein umfassender digitaler Schatten mit immer mehr Funktionen für die Instandhaltung erforscht und in die Praxis überführt werden.

Verfügbarkeit und Wirtschaftlichkeit von Datenquellen steigern

Je mehr Funktionen abgebildet werden, umso umfangreicher wird der digitale Schatten und desto mehr rückt die Datenqualität in den Mittelpunkt, welche Grundlage für eine Nutzbarkeit der Entscheidungsunterstützung ist (s. BERNERSTÄTTER U. KÜHNAST 2019, S. 21). Mit hoher Datenverfügbarkeit, z. B. mittels Sensordaten und Echtzeitdaten aus der Produktion, könnte eine umfassende, möglicherweise voll automatisierte Informationsbereitstellung erfolgen. Es ist erwiesen, dass die Sammlung und die statistische Auswertung von Daten unter anderem für die Instandhaltung signifikante wirtschaftliche Vorteile einbringen kann, da Ausfälle vorhergesehen werden und somit Stillstände verhindert werden können (s. PISTORIUS 2020, S. 35–36). Es existieren bereits zahlreiche Ansätze, die alle Daten zu einer Maschine über ihren Lebenszyklus speichern und ein digitales Abbild der Maschine schaffen, den digitalen Zwilling (s. DRATH ET AL. 2017, S. 3). Jedoch sind die Generierung von Daten und deren kontinuierliche Pflege sehr ressourcenaufwendig und führen dadurch in der Industrie zu Problemen in Bezug auf die Datenqualität (s. STENSTRÖM ET AL. 2015, S. 33; LUKENS ET AL. 2019, S. 10). Eine Berechnung der Ausfallwahrscheinlichkeiten bedingt beispielsweise die Dokumentation der für die Berechnung wichtigen Eigenschaften, so führt beispielsweise die Änderung der Statik bei einer Brücke zu einer wesentlichen Differenz in der Berechnung, weswegen diese aktuell gehalten werden muss (s. PROSKE 2019, S. 2043). So ist die aktuelle und verlässliche Datenbasis die Grundlage für die Akzeptanz einer datenbasierten Entscheidungsunterstützung, da eine unzureichende Verlässlichkeit zu einer Ablehnung und Umgehung durch die Mitarbeiter führt (s. GUTSCHE U. EIGENSTETTER 2019, S. 519). Verfahren zur automatischen Datenaufbereitung und Pflege bieten daher großes Potenzial und sind ein vielversprechendes Forschungsfeld. So kann die maschinelle Verarbeitung von natürlicher Sprache (engl. *Natural Language Processing*, kurz *NLP*), durch die Kontrolle und Generierung von auswertbaren Daten, einen Beitrag für die Verbesserung der Datenqualität einschließlich der Datenverfügbarkeit leisten (s. STENSTRÖM ET AL. 2015, S. 33–34; BRUNDAGE ET AL. 2021, S. 45). Maschinelles Lernen kann zudem papierbasierte Dokumentationen verfügbar machen, indem beispielsweise Zeichnungen von Anlagen eingelesen und in ein maschinenlesbares Format überführt werden (s. GADA 2021, S. 4).

Interne und externe Integration von Anspruchsgruppen

Die Instandhaltung ist von einer Vielzahl von Anspruchsgruppen abhängig, was eine interne und externe Integration erfordert, um den Wertbeitrag der zuverlässigkeitsorientierten Instandhaltung zu maximieren (s. WAN ET AL. 2019, S. 95). Dafür müssen beispielsweise geeignete Bewertungssysteme für die Abwägung von Zielsystemen erarbeitet werden, so führt zum Beispiel der Wunsch, die Instandhaltung zu optimieren, nicht automatisch zu einer Verbesserung der Produktionskennzahlen, insbesondere, wenn das hauptsächliche Ziel für die Instandhaltungsoptimierung eine Kostenreduktion ist (s. RUSCHEL ET AL. 2017, S. 191). Zusätzlich gilt es, externe Partner besser einzubinden und geeignete Prozesse, Informationsaustauschformate und Anreizsysteme zu schaffen, um eine Optimierung des gesamten Wertschöpfungsnetzwerkes zu fördern. So kann die Verbesserung der Zuverlässigkeit von Objekten über den gesamten Lebenszyklus erfolgen.

Literaturverzeichnis

ABRAHAM, A.: 130: rule-based expert systems. In: Handbook of measuring system design. Hrsg.: P. H. Sydenham; R. Thorn. Wiley, Chichester 2005, S. 909–919.

ABTS, D.; MÜLDER, W.: Grundkurs Wirtschaftsinformatik. Eine kompakte und praxisorientierte Einführung. 9. Auflage. Springer Vieweg, Wiesbaden [u. a.] 2017.

ACCORSI, R.; MANZINI, R.; PASCARELLA, P.; PATELLA, M.; SASSI, S.: Data Mining and Machine Learning for Condition-based Maintenance. In: Procedia Manufacturing 11 (2017), S. 1153–1161.

ACKERMANN, W.; BUHL H.: Planung, Steuerung und Kontrolle von Instandhaltungsarbeiten In: Instandhaltung. Ein Management-Problem. Hrsg.: J. Rau. Forschungsberichte des Landes Nordrhein-Westfalen; Nr. 2383. VS Verlag für Sozialwissenschaften, Wiesbaden 1974, S. 26–38.

ACKOFF, R. L.: From Data to Wisdom. In: Journal of Applied Systems Analysis 16 (1989), S. 3–9.

AFEFY, I. H.; MOHIBA, A.; EL-KAMASH, A. M.; MAHMOUD, M. A.: A New Framework of Reliability Centered Maintenance. In: Jordan Journal of Mechanical and Industrial Engineering 13 (2019) 3, S. 175–190.

AGRESTI, A.: An introduction to categorical data analysis. Wiley, Hoboken (NJ) 2019.

AHMAD, R.; KAMARUDDIN, S.: An overview of time-based and condition-based maintenance in industrial application. In: Computers & Industrial Engineering 63 (2012) 1, S. 135–149.

ALAM, T.: Design a blockchain-based middleware layer in the Internet of Things Architecture. In: International Journal on Informatics Visualization 4 (2020) 1, S. 28–31.

ALLEE, V.: Reconfiguring the value network. In: Journal of Business Strategy 21 (2000) 4, S. 36–39.

AL-NAJJAR, B.: A Model to Diagnose the Deviation in the Maintenance Performance Measures. In: Engineering assessment management. Proceedings of the 1st World Congress on Engineering Asset Management (WCEAM) 2006 Gold Coast, Queensland, Australia 11–14 July 2006. Hrsg.: J. Mathew. Springer, London [u. a.] 2006, S. 87–93.

ANDERSON, S.: Root Cause Analysis: Addressing Some Limitations of the 5 Whys. Quality Digest online, 17.12.2009. https://www.qualitydigest.com/inside/fda-compliance-news/root-cause-analysis-addressing-some-limitations-5-whys.html (Link zuletzt geprüft: 16.04.2022)

ANDRIANOVA, A.; SIMONOV, M.; PERETS, D.; MARGARIT, A.; SEREBRYAKOVA, D.; BOGDANOV, Y.; BUDENNYY, S.; VOLKOV, N.; TSANDA, A.; BUKHAREV, A.: Application of Machine Learning for Oilfield Data Quality Improvement. In: SPE Russian Petroleum Technology Conference. Hrsg.: SPE. SPE, 2018, 18 S. [in Bibliothek des FIR e. V. an der RWTH Aachen verfügbar]

APEL, H.; HAHN, R.; STRAHL, H.: Instandhaltungs- und Servicemanagement im Verbesserungsprozess. In: Instandhaltungs- und Servicemanagement. Systeme mit Industrie 4.0. Hrsg.: H. Apel. Hanser, München [u, a.] 2018, S. 431–482.

ARROYO-HUAYTA, C.; CRUCES-RAIMUDIS, S.; VIACAVA-CAMPOS, G.; LEON-CHÁVARRI, C.; ADERHOLD, D.: Model to Improve the Efficiency in the Extrusion Area in a Manufacturing SME of the Industrial Plastic Sector Based on SMED, Autonomous Maintenance and 5S. In: Human Interaction, Emerging Technologies and Future Applications III. Proceedings of the 3rd International Conference on Human Interaction and Emerging Technologies: Future Applications (IHIET 2020), August 27–29, 2020, Paris, France. Hrsg.: T. Ahram; R. Taiar; K. Langlois; A. Choplin, 1. Auflage. Springer eBook Collection; Bd. 1253. Springer, Cham [u. a.] 2021, S. 545–551.

BALZER, G.; SCHORN, C.: Asset Management für Infrastrukturanlagen – Energie und Wasser. 2. Auflage. Springer Vieweg, Berlin [u. a.] 2014.

BALZERT, H.; SCHÄFER, C.; SCHRÖDER, M.; KERN, U.; BENDISCH, R.; ZEPPENFELD, K.: Wissenschaftliches Arbeiten. Wissenschaft, Quellen, Artefakte, Organisation, Präsentation. W3L-Verl., Herdecke 2008.

BANASZAK, M.: Wissensgenerierung in Value Netzwerken. Springer, Wiesbaden [u. a.] 2014. – Zugl.: Chemnitz, Techn. Univ., Diss., 2012.

BARDMANN, M.: Grundlagen der Allgemeinen Betriebswirtschaftslehre. Geschichte – Konzepte – Digitalisierung. 3., vollst. überarb. u. erw. Auflage. Springer Gabler, Wiesbaden [u. a.] 2019.

BARTSCH, S.: Ein Referenzmodell zum Wertbeitrag der IT. Springer Vieweg, Wiesbaden [u.a.]2015. – Zugl.: Marburg, Univ., Diss., 2014.

BAUER, D.; MAURER, T.; HENKEL, C.; BILDSTEIN, A.: Big-Data-Analytik: Datenbasierte Optimierung Produzierender Unternehmen. Veränderungen, Entwicklungsfelder und Unterstützungsangebote. Stuttgart, 2017. http://publica.fraunhofer.de/eprints/urn_nbn_de_0011-n-4590753.pdf (Link zuletzt geprüft: 16.04.2022)

BAYBUTT, P.: Using risk tolerance criteria to determine safety integrity levels for safety instrumented functions. In: Journal of Loss Prevention in the Process Industries 25 (2012) 6, S. 1000–1009.

BAYERISCHES LANDESAMT FÜR UMWELT (HRSG.): Hochwassergefahrenkarten und Hochwasserrisikokarten. 2021. https://www.lfu.bayern.de/wasser/hw_risikomanagement_umsetzung/hwgk_hwrk/index.htm (Link zuletzt geprüft: 16.04.2022)

BECKER, J.: Die Grundsätze ordnungsmäßiger Modellierung und ihre Einbettung in ein Vorgehensmodell zur Erstellung betrieblicher Informationsmodelle. [in Bibliothek des FIR e. V. an der RWTH Aachen verfügbar]

BEHERA, C.; BANIK, A.; NANDI, J.; REDDY, G. H.; CHAKRAPANI, P.; GOSWAMI, A. K.: A probabilistic approach for assessment of financial loss due to equipment outage caused by voltage sag using cost matrix. In: International Transactions on Electrical Energy Systems 30 (2020) 3, LBNL-55718.

BEHNEN, D.; MERSCH, H.; QUIX, C.; SCHMITZ, D.; M. ZHANG, M.; KAMIL FAYZULLIN, K.; BRECHER, C.; EPPLE, U.; JARKE, M.: [Conference Paper] Gemeinsamkeiten und Unterschiede in der Modellierung von prozesstechnischen und diskreten Produktionsanlagen. Proceedings of Entwurf komplexer Automatisierungssysteme – EKA 2010. [in Bibliothek des FIR e. V. an der RWTH Aachen verfügbar]

BELL, L. C.: Maintenance Management System Evaluation. In: Transportation Record (1984) 951, S. 37–40.

BELLINGER, G.; CASTRO, D.; MILLS, A.: Data, Information, Knowledge, and Wisdom. 07.05.2003. https://homepages.dcc.ufmg.br/~amendes/SistemasInformacaoTP/TextosBasicos/Data-Information-Knowledge.pdf (Link zuletzt geprüft: 16.04.2022)

BENDER, H. F.: Gefahrstoffe. Das Praxishandbuch für das Umgangs- und Umweltrecht. Springer, Wiesbaden [u. a.] 2020.

BENGTSSON, M.; KURDVE, M.: Machining Equipment Life Cycle Costing Model with Dynamic Maintenance Cost. In: Procedia CIRP 48 (2016), S. 102–107.

BERNERSTÄTTER, R.; KÜHNAST, R.: Data Maturity Assessment – Bewertung der Reife des Datenmanagements für Smart Maintenance. In: BHM Berg- und Hüttenmännische Monatshefte 164 (2019) 1, S. 21–25.

BEZIRKSREGIERUNG KÖLN (HRSG.): Hochwasserrisikokarte Wildbach (282832). https://www.flussgebiete.nrw.de/system/files/atoms/files/282832_wildbach_a00_rk_mw_b002.pdf (Link zuletzt geprüft: 16.04.2022)

BIEDERMANN, H.: Ersatzteilmanagement. Effiziente Ersatzteillogistik für Industrieunternehmen. 2., erw. u. aktualis. Auflage. Springer, Berlin [u. a.] 2008.

BIEDERMANN, H.: Smart Maintenance. In: Smart Maintenance – Intelligente, lernorientierte Instandhaltung. Hrsg.: H. Biedermann. TÜV Media, Köln 2015, S. 23–34.

BIEDERMANN, H.: Optimierung der Instandhaltungsstrategie durch Datenanalytische Risikoklassifikation und Störungsprognose. In: Business Cases. Ein anwendungsorientierter Leitfaden. Hrsg.: A. Taschner. 3. Auflage. Springer Gabler, Wiesbaden [u. a.] 2017, S. 25–30.

BIEDERMANN, H.: Digitalisierte Instandhaltung – komplex, agil, datengetrieben. In: Digitalisierte Instandhaltung. Stand und Perspektiven: 33. Instandhaltungsforum. Hrsg.: H. Biedermann. Praxiswissen für Ingenieure – Instandhaltung. TÜV Media, Köln 2019, S. 25–38.

BIEDERMANN, H.; KINZ, A.: Lean Smart Maintenance – Value Adding, Flexible, and Intelligent Asset Management. In: BHM Berg- und Hüttenmännische Monatshefte 164 (2019) 1, S. 13–18.

BIRTEL, F.; KAMPKER, A.; STICH, V.: First Steps to the Digital Shadow of Maintenance Services' Value Contribution. In: Advances in Production Management Systems. The Path to Digital Transformation and Innovation of Production Management Systems. IFIP WG 5.7 International Conference, APMS 2020, Novi Sad, Serbia, August 30 – September 3, 2020, Proceedings, Part I. Hrsg.: B. Lalic; V. Majstorovic; U. Marjanovic; G. von Cieminski; D. Romero. IFIP Advances in Information and Communication Technology; Bd. 591. Springer, Cham [u. a.] 2020, S. 609–616.

BISCHOFF, J.; TAPHORN, C.; WOLTER, D.; BRAUN, N.; FELLBAUM, M.; GOLOVEROV, A.; LUDWIG, S.: Erschließen der Potenziale der Anwendung von ‚Industrie 4.0' im Mittelstand. Studie im Auftrag des Bundesministeriums für Wirtschaft und Energie (BMWi). Juni 2015. https://www.bmwi.de/Redaktion/DE/Publikationen/Studien/erschliessen-der-potenziale-der-anwendung-von-industrie-4-0-im-mittelstand.pdf%3F__blob%3DpublicationFile%26v%3D5 (Link zuletzt geprüft: 16.04.2022)

BLOCH, H. P.; GEITNER, F. K.: Machinery failure analysis and troubleshooting. Practical machinery management for process plants. 4. Auflage. Butterworth-Heinemann, Oxford 2012.

BLOOM, N. B.: Reliability Centered Maintenance (RCM). McGraw-Hill, Blacklick (OH) 2005.

BMU (HRSG.): Die Entwicklungen in Deutschland nach der Reaktorkatastrophe in Japan. https://www.bmuv.de/themen/atomenergie-strahlenschutz/nukleare-sicherheit/fukushima-folgemassnahmen/ueberblick (Link zuletzt geprüft: 16.04.2022)

BODE, J.: Betriebliche Produktion von Information. Deutscher Universitätsverlag, Wiesbaden 1993. – Zugl.: Köln, Univ., Diss., 1993.

BODENDORF, F.: Daten- und Wissensmanagement. 2., aktualis. u. erw. Auflage. Springer, Berlin [u. a.] 2006.

BOKRANTZ, J.; SKOOGH, A.; BERLIN, C.; WUEST, T.; STAHRE, J.: Smart Maintenance: an empirically grounded conceptualization. In: International Journal of Production Economics 223 (2020), S. 107534.

BOUSDEKIS, A.; LEPENIOTI, K.; APOSTOLOU, D.; MENTZAS, G.: Decision Making in Predictive Maintenance: Literature Review and Research Agenda for Industry 4.0. In: IFAC-PapersOnLine 52 (2019) 13, S. 607–612.

BRANDENBURG, H.; HOMANN, R.; KALAITZIS, D.: Entwicklung und Einführung einer risikobasierten Instandhaltungsstrategie bei den Stadtentwässerungsbetrieben Köln. In: Korrespondenz Abwasser (2008) 12, S. 1335–1340.

BRINKSCHULTE, L.; GEIMER, M.: Echtzeitfähige Abschätzung der Restlebensdauer von Komponenten. In: ATZoffhighway 10 (2017) 3, S. 54–61.

BROWN, S.: How to build a data-driven company. mitsloan online, 24.09.2020. https://mitsloan.mit.edu/ideas-made-to-matter/how-to-build-a-data-driven-company (Link zuletzt geprüft: 16.04.2022)

BRUGGINK, S.; KÖNIG, B.: Vorlesung Modellierung: Modellierungsmethoden der Informatik. Wintersemester 2011/2012. Universität Duisburg-Essen, Duisburg-Essen 2011. https://www.yumpu.com/de/document/read/10347164/modellierung-an-der-universitat-duisburg-essen (Link zuletzt geprüft: 16.04.2022)

BRUMBY, L.: Instandhaltung und Asset Management. In: Betriebliche Instandhaltung. Hrsg.: J. Reichel; G. Müller; J. Haeffs. Springer, Berlin [u. a.] 2018, S. 67–89.

BRUNDAGE, M. P.; SEXTON, T.; HODKIEWICZ, M.; DIMA, A.; LUKENS, S.: Technical language processing: Unlocking maintenance knowledge. In: Manufacturing Letters 27 (2021), S. 42–46.

BUSINESSGREEN (Hrsg.): How shared data could help slash offshore wind costs. BusinessGreen online, 31.01.2014. https://www.businessgreen.com/analysis/2326154/how-shared-data-could-help-slash-offshore-wind-costs (Link zuletzt geprüft: 16.04.2022)

BUSSE, A.; METTERNICH, J.; ABELE, E.: Evaluating the Benefits of Predictive Maintenance in Production: A Holistic Approach for Cost-Benefit-Analysis. In: Advances in Production Research. Hrsg.: R. Schmitt; G. Schuh. Springer, Cham [u. a.] 2019, S. 690–704.

CARDEN, E. P.; FANNING, P.: Vibration Based Condition Monitoring: A Review. In: Structural Health Monitoring: An International Journal 3 (2004) 4, S. 355–377.

CHILDS, J. A.; MOSLEH, A.: A modified FMEA tool for use in identifying and addressing common cause failure risks in industry. In: 1999 Annual Reliability and Maintainability Symposium. Hrsg.: IEEE. IEEE, Piscataway (NJ), Jan. 1999, S. 19–24.

CHOO, C. W.; BERGERON, P.; DETLOR, B.; HEATON, L.: Information culture and information use: An exploratory study of three organizations. In: Journal of the American Society for Information Science and Technology 59 (2008) 5, S. 792–804.

CHUN, J.; OH, J.-H.; KIM, C.-K.: Oil Spill Response Policies to Bridge the Perception Gap between the Government and the Public: A Social Big Data Analysis. In: Journal of Marine Science and Engineering 8 (2020) 5, S. 335–354.

CLAUS, P.: Führung aus der Perspektive von Position, Funktion und Rolle. HBU online, 10.02.2016. https://www.hbu.ch/de/Fuehrung_Position_Funktion_Rolle.b61.10428.html (Link zuletzt geprüft: 17.04.2022)

COCKSHOTT, J. E.: Probability Bow-Ties. In: Process Safety and Environmental Protection 83 (2005) 4, S. 307–316.

COETZEE, J. L.: A holistic approach to the maintenance "problem". In: Journal of Quality in Maintenance Engineering 5 (1999) 3, S. 276–281.

DAHME, C.: Systemanalyse menschlichen Handelns. Grundlagen und Ansätze zur Modellbildung. 2. Auflage. Springer, Wiesbaden [u. a.] 2015.

DE GROOTE, P.: Maintenance performance analysis: a practical approach. In: Journal of Quality in Maintenance Engineering 1 (1995) 2, S. 4–24.

DEINDL, M.: [Promotionsvortrag] Anwendungsorientiertes Informationsmanagement. Doktorprüfung am FIR an der RWTH Aachen, Aachen 16.09.2013. [über die Bibliothek des FIR e. V. an der RWTH Aachen verfügbar]

DENGEL, A.: 2.10.1: Der Ontologiebegriff in der Informatik. Teil von Kapitel 2.10: Ontologien; in Kapitel 2: Wissensrepräsentation. In: Semantische Technologien. Grundlagen – Konzepte – Anwendungen. Hrsg.: A. Dengel. Spektrum, Heidelberg 2012, S. 64–66.

DENKENA, B.; DITTRICH, M.-A.; KEUNECKE, L.; WILMSMEIER, S.: Continuous modelling of machine tool failure durations for improved production scheduling. In: Production Engineering 14 (2020) 2, S. 207–215.

DEPARTMENT OF DEFENCE (Hrsg.): MIL-HDBK-217F (Notice 2). Military Handbook: Reliability Prediction Of Electronic Equipment (28 Feb 1995), Washington DC 28.02.1995. http://everyspec.com/MIL-HDBK/MIL-HDBK-0200-0299/MIL-HDBK-217F_NOTICE-2_14590/ (Link zuletzt geprüft: 17.04.2022)

DIN 6779-13: Kennzeichnungssystematik für technische Produkte und technische Produktdokumentation. ICS 01.110. DIN Deutsches Institut für Normung e. V. Beuth, Berlin, Januar 2018.

DIN EN 13306: Instandhaltung – Begriffe der Instandhaltung. ICS 01.040.03. DIN Deutsches Institut für Normung e. V. Beuth, Berlin, Februar 2018.

DIN 24420: Ersatzteillisten. DIN Deutsches Institut für Normung e. V. Beuth, Berlin, September 1976.

DIN 31051: Grundlagen der Instandhaltung. ICS 01.040.03; 03.080.10. DIN Deutsches Institut für Normung e. V. Beuth, Berlin, Juni 2019.

DIN ISO 55000: Asset Management – Übersicht, Leitlinien und Begriffe. ICS 01.040.03. DIN Deutsches Institut für Normung e. V. Beuth, Berlin, Mai 2017.

DIN EN 60300-1: Zuverlässigkeitsmanagement. DIN Deutsches Institut für Normung e. V. ICS 03.120.01; 29.020. Beuth, Berlin, Januar 2015.

DIN EN 60300-3-2: Zuverlässigkeitsmanagement. DIN Deutsches Institut für Normung e. V. ICS 03.120.10; 29.020. Beuth, Berlin, August 2005.

DIN EN 60812: Fehlzustandsart- und -auswirkungsanalyse (FMEA). ICS 03.120.01; 21.020; 29.020. DIN Deutsches Institut für Normung e. V. Beuth, Berlin, August 2015.

DIN EN 81346-1: Industrielle Systeme, Anlagen und Ausrüstungen und Industrieprodukte – Strukturierungsprinzipien und Referenzkennzeichnung. ICS 01.110; 29.020. DIN Deutsches Institut für Normung e. V. Beuth, Berlin, Mai 2010.

DIN EN ISO 9001: Qualitätsmanagementsysteme – Anforderungen. ISO 9001:2015. DIN Deutsches Institut für Normung e. V. Beuth, Berlin, September 2015.

DIN EN ISO 9000: Qualitätsmanagementsysteme – Grundlagen und Begriffe. ISO 9000:2015. DIN Deutsches Institut für Normung e. V. Beuth, Berlin, November 2015.

DIN EN ISO 14224: Erdöl-, petrochemische und Erdgasindustrie – Sammlung und Austausch von Zuverlässigkeits- und Wartungsdaten für Ausrüstungen. ISO 14224:2016, korrigierte Fassung. 75.180.01. DIN Deutsches Institut für Normung e. V. Beuth, Berlin, April 2017.

DING, L.; JI, J.; KHAN, F.; LI, X.; WAN, S.: Quantitative fire risk assessment of cotton storage and a criticality analysis of risk control strategies. In: Fire and Materials 44 (2019) 2, S. 165–179.

DÖRING, N.; BORTZ, J.: Forschungsmethoden und Evaluation in den Sozial- und Humanwissenschaften. 5., vollst. überarb., aktualis. u. erw. Auflage. Springer, Berlin [u. a.] 2016.

DRATH, R.; MALAKUTI, S.; GRÜNER, S.; GROTHOFF, J.; WAGNER, C.; HOFFMEISTER, M.; ZIMMERMANN, P.: Die Rolle der Industrie 4.0 „Verwaltungsschale“ und des „digitalen Zwillings“ im Lebenszyklus einer Anlage – Navigationshilfe, Begriffsbestimmung und Abgrenzung. In: Automation 2017. Innovations in Automation, Robotics and Measurement Techniques. Hrsg.: R. Szewczyk; C. Zieliński; M. Kaliczyńska. Advances in Intelligent Systems and Computing; Bd. 550. Springer, Cham [u. a.] 2017, S. 93–94.

DUAN, Y.; EDWARDS, J. S.; DWIVEDI, Y. K.: Artificial intelligence for decision making in the era of Big Data – evolution, challenges and research agenda. In: International Journal of Information Management 48 (2019), S. 63–71.

DURUGBO, C.: Modelling user participation in organisations as networks. In: Expert Systems with Applications 39 (2012) 10, S. 9230–9245.

DURUGBO, C.; TIWARI, A.; ALCOCK, J. R.: Modelling information flow for organisations: A review of approaches and future challenges. In: International Journal of Information Management 33 (2013) 3, S. 597–610.

ELLER, C.; RIEDL, R.: Ziele von Informationssystemen. In: HMD – Praxis der Wirtschaftsinformatik 53 (2016) 2, S. 224–238.

ENGELMANN, F.; GROßMANN, C.: Was wissen wir über Information? In: Daten- und Informationsqualität. Auf dem Weg zur Information excellence. Hrsg.: K. Hildebrand. Vieweg + Teubner, Wiesbaden 2008, S. 3–24.

EPPLER, M. J.; MENGIS, J.: The Concept of Information Overload: A Review of Literature from Organization Science, Accounting, Marketing, MIS, and Related Disciplines. In: The Information Society 20 (2004) 5, S. 325–344.

ERNST, H.; SCHMIDT, J.; BENEKEN, G. H.: Grundkurs Informatik. Grundlagen und Konzepte für die erfolgreiche IT-Praxis – Eine umfassende, praxisorientierte Einführung. 6. Auflage. Springer Vieweg, Wiesbaden 2016.

ERUGUZ, A. S.; TAN, T.; VAN HOUTUM, G.-J.: A survey of maintenance and service logistics management. Classification and research agenda from a maritime sector perspective. In: Computers & Operations Research 85 (2017), S. 184–205.

EU (Hrsg.): NACE Rev. 2. Statistical classification of economic activities in the European Community. Theme, General and regional statistics. Methodologies and working papers. Office for Official Publications of the European Communities, Luxembourg 2008. https://ec.europa.eu/eurostat/documents/3859598/5902521/KS-RA-07-015-EN.PDF (Link zuletzt geprüft: 17.04.2022)

Europäisches Parlament; Euröpäischer Rat (Hrsg.): Registration, Evaluation, Authorisation and Restriction of Chemicals (REACH). EC 1907, 2006. https://eur-lex.europa.eu/legal-content/DE/TXT/PDF/?uri=CELEX:32006R1907&from=DE (Link zuletzt geprüdt: 17.04.2022)

FARAMONDI, L.; OLIVA, G.; SETOLA, R.: Multi-criteria node criticality assessment framework for critical infrastructure networks. In: International Journal of Critical Infrastructure Protection 28 (2020), S. 100338.

FELDT, J.; KONTNY, H.; WAGENITZ, A.: Breaking through the bottlenecks using artificial intelligence. In: Artificial Intelligence and Digital Transfprmation in Supply Chain Management. Hrsg.: W. Kersten; T. Blecker; C. M. Ringle. Proceedings of the Hamburg International Conference of Logistics (HICL); Bd. 27. Hamburg, September 2019. https://tore.tuhh.de/bitstream/11420/3718/1/Feldt_Kontny_Wagenitz-Breaking_Through_the_Bottlenecks_Using_Artificial_Intelligence_hicl_2019.pdf (Link zuletzt geprüft: 17.04.2022)

FERREIRA, C. R.; MARQUES, P.; MARTINS, A. L.; RITA, S.; GRILO, B.; ARAÚJO, R.; SAZEDJ, P.; PINTO, H. S.: Ontology Design Risk Analysis. In: On the move to meaningful Internet systems 2007: OTM 2007 workshops. OTM Confederated international workshops and posters, AWeSOMe, CAMS, OTM Academy Doctoral Consortium, MONET, OnToContent, ORM, PerSys, PPN, RDDS, SSWS, and SWWS 2007, Vilamoura, Portugal, November 25 – 30, 2007; proceedings, Part 1. Hrsg.: R. Meersman; Z. Tari; P. Herrero. Lecture Notes in Computer Science; Bd. 4805. Springer, Berlin [u. a.] 2007, S. 522–533.

FETTKE, P.: Ansätze der Informationsmodellierung und ihre betriebswirtschaftliche Bedeutung: Eine Untersuchung der Modellierungspraxis in Deutschland. In: Schmalenbachs Zeitschrift für betriebswirtschaftliche Forschung 61 (2009) 5, S. 550–580.

FETTKE, P.; LOOS, P.: Methoden zur Wiederverwendung von Referenzmodellen – Übersicht und Taxonomie. In: Referenzmodellierung 2002. Methoden-Modelle-Erfahrungen. Hrsg.: J. Becker; R. Knackstedt. WWUM, Münster 2002, S. 9–33.

FETTKE, P.; LOOS, P.: Entwicklung eines Bezugsrahmens zur Evaluierung von Referenzmodellen. Langfassung eines Beitrages. https://docplayer.org/58245127-Entwicklung-eines-bezugsrahmens-zur-evaluierung-von-referenzmodellen-langfassung-eines-beitrages.html (Link zuletzt geprüft: 17.04.2022)

FILHO, S. Á.; AHUMADA, C. B.; CAYRES, É.; LIMA, A. P.; MALPICA, C.; PERES, C.; DRIGO, E.: Management Tool for Reliability Analysis in Socio-Technical Systems – A Case Study. In: Advances in Human Error, Reliability, Resilience, and Performance. Hrsg.: R. L. Boring. Advances in Intelligent Systems and Computing; Bd. 589. Springer, Cham [u. a.] 2020, S. 13–25.

FLEISCHMANN, B.: Begriffliche Grundlagen der Logistik. In: Begriff der Logistik, logistische Systeme und Prozesse. Hrsg.: H. Tempelmeier. Springer, Berlin [u. a.] 2018, S. 1–17.

FLYVBJERG, B.: Case Study. In: The Sage handbook of qualitative research. Hrsg.: N. K. Denzin; Y. S. Lincoln, 4. Auflage. SAGE, Los Angeles (CA) 2011, S. 301–316.

FORSTHOFFER, M.: Forsthoffer's component condition monitoring. Butterworth-Heinemann, Oxford 2019.

FOUST, N.; STEENSTRUP, K.: Market Guide for Asset Performance Management Software. Gartner, 20.10.2020. http://rss.peakspan.io/gartner_reports/_Gartner20201117/Market_Guide_for_Ass_722794_ndx.pdf (Link zuletzt geprüft: 17.04.2022)

FRANCIOSI, C.; DI PASQUALE, V.; IANNONE, R.; MIRANDA, S.: Multi-stakeholder perspectives on indicators for sustainable maintenance performance in production contexts: an exploratory study. In: Journal of Quality in Maintenance Engineering 27 (2021) 2, S. 308–330.

FRANK, J.: Reifegradbasierte Gestaltung der Unternehmenskultur am Beispiel der Instandhaltung. Schriftenreihe Rationalisierung; Bd. 176. RHrsg.: G. Schuh. Apprimus, Aachen 2021. Zugl.: Aachen, Techn. Hochsch., Diss. 2020.

FRANK, U.; KLEIN, S.; KRCMAR, H.; TEUBNER, A.: Aktionsforschung in der WI – Einsatzpotentiale und Einsatzprobleme. In: Wirtschaftsinformatik und Wissenschaftstheorie. Arbeitsbericht des Instituts für Produktion und Industrielles Informationsmanagement; Nr. 4. Hrsg.: R. Schütte; J. Siedentopf; S. Zelewski. Universität Essen, Essen 1999, S. 71–90. [in Bibliothek des FIR e. V. an der RWTH Aachen verfügbar]

FREITAG, M.: Kommunikation im Projektmanagement. Aufgabenfelder und Funktionen der Projektkommunikation. Springer, Wiesbaden [u. a.] 2016. – Zugl.: Siegen, Univ., Diss., 2014.

GADA, M.: Object Detection for P&ID Images using various Deep Learning Techniques. In: 2021 International Conference of Computer Communication and Informatics (ICCCI-2021), January 27–29, 2021, Coimbatore, India. Hrsg.: IEEE. IEEE, Piscataway (NJ) 2021, 5 S.

GADENNE, V.: Bewährung. In: Karl Popper. Logik der Forschung. Hrsg.: H. Keuth, 4. Auflage. Klassiker auslegen; Bd. 12. Akademie Verlag, Berlin 2013, S. 125–144.

GALAR, D.: Context Driven Maintenance: an eMaintenance Approach. In: Management Systems in Production Engineering 15 (2014) 3, S. 112–120.

GARG, A.; DESHMUKH, S. G.: Maintenance management: literature review and directions. In: Journal of Quality in Maintenance Engineering 12 (2006) 3, S. 205–238.

GELDERMANN, J.; MERZ, M.; BERTSCH, V.; HIETE, M.; RENTZ, O.; SEIFERT, I.; THIEKEN, A. H.; BORST, D.; WERNER, U.: The reference installation approach for the estimation of industrial assets at risk. In: European Journal of Industrial Engineering 2 (2008) 1, S. 73.

GENG, D.; LIU, Q.: Semantic-based early warning system for equipment maintenance. In: 2020 International Conference on Communications, Information System and Computer Engineering (CISCE). Hrsg.: IEEE Conference. IEEE, 2020, S. 264–267.

GERICKE, K.; BENDER, B.; PAHL, G.; BEITZ, W.; FELDHUSEN, J.; GROTE, K.-H.: Funktionen und deren Strukturen. In: Pahl/Beitz Konstruktionslehre. Methoden und Anwendung erfolgreicher Produktentwicklung. Hrsg.: B. Bender; K. Gericke, 9. Auflage. Springer Vieweg, Berlin [u. a.] 2021, S. 233–254.

GEYER-HAYDEN, B.: Wissensmodellierung im Semantic Web. In: Social Semantic Web. Web 2.0 – was nun? Hrsg.: A. Blumauer; T. Pellegrini. Springer, Berlin [u. a.] 2009, S. 127–146.

GILCHRIST, W.: Modelling Failure Modes and Effects Analysis. In: International Journal of Quality & Reliability Management 10 (1993) 5, S. 16–23.

GLASER-GALLION, M.: Alles auf Anfang: Instandhaltung als Integrator im Produktionsnetzwerk. https://www.top-company-guide.de/alles-auf-anfang-instandhaltung-als-integrator-im-produktionsnetzwerk/ (Link zuletzt geprüft: 17.04.2022)

GLEIßNER, W.: Quantifizierung komplexer Risiken – Fallbeispiel Projektrisiken. In: Risiko-Manager (2014) 22, S. 7–10.

GOO, B.; LEE, J.; SEO, S.; CHANG, D.; CHUNG, H.: Design of reliability critical system using axiomatic design with FMECA. In: International Journal of Naval Architecture and Ocean Engineering 11 (2019) 1, S. 11–21.

GOPALAKRISHNAN, M.; SKOOGH, A.; SALONEN, A.; ASP, M.: Machine criticality assessment for productivity improvement. In: International Journal of Productivity and Performance Management 68 (2019) 5, S. 858–878.

GRAF, R.: Erweitertes Supply Chain Management zur Ersatzteilversorgung. Vulkan-Verl., Essen 2005. – Zugl.: Braunschweig, Techn. Univ., Diss., 2005.

GROTEN, M.; GALLEGO-GARCÍA, S.: A Systematic Improvement Model to Optimize Production Systems within Industry 4.0 Environments: A Simulation Case Study. In: Applied Sciences 11 (2021) 23, S. 11112.

GRUBER, T. R.: Toward principles for the design of ontologies used for knowledge sharing? In: International Journal of Human-Computer Studies 43 (1995) 5-6, S. 907–928.

GUGALIYA, A.; BORAL, S.; NAIKAN, V.: A hybrid decision making framework for modified failure mode effects and criticality analysis. In: International Journal of Quality & Reliability Management 36 (2019) 8, S. 1266–1283.

GUPTA, G.; MISHRA, R. P.: A SWOT analysis of reliability centered maintenance framework. In: Journal of Quality in Maintenance Engineering 22 (2016) 2, S. 130–145.

GUTENBERG, E.: Grundlagen der Betriebswirtschaftslehre; Bd. 2: Der Absatz. 8. Auflage. Springer, Berlin [u. a.] 1965.

GUTSCHE, K.; EIGENSTETTER, M.: Dienstleistungsproduktivität in der smarten Produktion. Mensch und Automation in der industriellen Instandhaltung. In: wt Werkstattstechnik online 109 (2019) 7/8, S. 514–521.

HABERFELLNER, R.; WECK, O. de; FRICKE, E.: Systems Engineering. Fundamentals and Applications. Orell Füssli, Zürich 2019.

HADELER, T.; WINTER, E. (Hrsg.): Gabler Wirtschafts-Lexikon. 15. Auflage. Gabler, Wiesbaden 2000.

HAJIPOUR, V.; AMOUZEGAR, H.; GHARAEI, A.; GHOLAMI ABARGHOEI, M. S.; GHAJARI, S.: An integrated process-based HSE management system: A case study. In: Safety Science 133 (2021), S. 104993.

HARLAND, T.: Gestaltung des Digitalen Schattens für Instandhaltungsdienstleistungen im Maschinen- und Anlagenbau. Schriftenreihe Rationalisierung; Bd. 160. RHrsg.: G. Schuh. Apprimus, Aachen 2019. – Zugl.: Aachen, Techn. Hochsch., Diss., 2018.

HARTIG, C.: Analytik, Vorkommen und Verhalten aromatischer Sulfonamide in der aquatischen Umwelt. Berlin, Techn. Univ., Diss., 2000. https://depositonce.tu-berlin.de/bitstream/11303/526/1/Dokument_36.pdf (Link zuletzt geprüft: 17.04.2022)

HARWARDT, M.: Digitalisierung in Deutschland – Der aktuelle Stand. In: Führen und Managen in der digitalen Transformation. Hrsg.: M. Harwardt; P. F.-J. Niermann; A. M. Schmutte; A. Steuernagel. Springer, Wiesbaden [u. a.] 2020, S. 17–34.

HERING, E.; MARTIN, R.; STOHRER, M.: Taschenbuch der Mathematik und Physik. 6. Auflage. Springer, Berlin [u. a.] 2017.

HERZWURM, G.; STELZER, D.: Wirtschaftsinformatik versus Information Systems – eine Gegenüberstellung. Ilmenauer Beiträge zur Wirtschaftsinformatik; Arbeitsbericht Nr. 2008-01. RHrsg.: U. Bankhofer; V. Nissen; D. Stelzer; S. Straßburger. Techn. Univ. Ilmenau, Inst. für Wirtschaftsinformatik, Ilmenau 2008. https://d-nb.info/101810853X/34 (Link zuletzt geprüft: 17.04.2022)

HIPKIN, I. B.; DE COCK, C.: TQM and BPR: lessons for maintenance management. In: Omega 28 (2000) 3, S. 277–292.

HOFFMANN, J. B.; HEIMES, P.; SENEL, S.: IoT Platforms for the Internet of Production. In: IEEE Internet of Things Journal 6 (2019) 3, S. 4098–4105.

HOFFMANN, M. W.; WILDERMUTH, S.; GITZEL, R.; BOYACI, A.; GEBHARDT, J.; KAUL, H.; AMIHAI, I.; FORG, B.; SURIYAH, M.; LEIBFRIED, T.; STICH, V.; HICKING, J.; BREMER, M.; KAMINSKI, L.; BEVERUNGEN, D.; ZUR HEIDEN, P.; TORNEDE, T.: Integration of Novel Sensors and Machine Learning for Predictive Maintenance in Medium Voltage Switchgear to Enable the Energy and Mobility Revolutions. In: Sensors (Basel, Switzerland) 20 (2020) 7, S. 1–24.

HÖLBFER, S.: Modell zur Auswahl von Instandhaltungsstrategien in anlageintensiven Industriebetrieben. Leoben, Univ., Diss., 2014. (Link zuletzt geprüft: 17.04.2022) [in Bibliothek des FIR e. V. an der RWTH Aachen verfügbar]

HOLST, L.: Referenzmodell für das Customer-Success-Management im Subskriptionsgeschäft des Maschinen- und Anlagenbaus. Schriftenreihe Rationalisierung; Bd. 181. RHrsg.: G. Schuh. Apprimus, Aachen 2022. – Zugl.: Aachen, Techn. Hochsch., Diss., 2021.

HOLTKEMPER, D.; SCHUH, G.: Blockchain as Middleware+. In: Advances in Production Management Systems. Production Management for the Factory of the Future. IFIP WG 5. 7 International Conference, APMS 2019, Austin, TX, USA, September 1–5, 2019, Proceedings, Part I. Hrsg.: F. Ameri. IFIP Advances in Information and Communication Technology; Bd. 566. Springer, Cham [u. a.] 2019, S. 443–450.

HORTON, F. W.: The Information Management Workbook. IRM made simple. Information Management Pr, Washington, D.C. 1985.

HORTON, F. W.: Why information management is an international issue. In: The Information Society 8 (1991) 2, S. 119–126.

HORVÁTH, P.; GLEICH, R.; SEITER, M.: Controlling. 14. Auflage. Vahlen, München 2019.

IGNIZIO, J. P.: The Waddington Effect, C4U-Compliance, and Subsequent Impact on Force Readiness. In: Phalanx 43 (2010) 3, S. 17–21.

IVANOV, D.; DOLGUI, A.; SOKOLOV, B.: The impact of digital technology and Industry 4.0 on the ripple effect and supply chain risk analytics. In: International Journal of Production Research 57 (2019) 3, S. 829–846.

JADERI, F.; IBRAHIM, Z. Z.; ZAHIRI, M. R.: Criticality analysis of petrochemical assets using risk based maintenance and the fuzzy inference system. In: Process Safety and Environmental Protection 121 (2019), S. 312–325.

JANCZURA, S.: Chipmangel: Wie die Krise wirklich entstanden ist und was jetzt hilft. Ingenieur.de, 13.12.2021. https://www.ingenieur.de/technik/fachbereiche/elektronik/chipmangel-wie-die-krise-wirklich-entstanden-ist-und-was-jetzt-hilft/ (Link zuletzt geprüft: 17.04.2022)

JANßEN, J.; SCHRÖER, T.: Datenqualitaetssteigerung als Enabler des Physical Internets. Steigerung von Datenqualität mittels Methoden der Datenfusion und der Entscheidungsfusion. In: Industrie 4.0 Management 36 (2020) 5, S. 11–14.

JARRAHI, M. H.: Artificial intelligence and the future of work: Human-AI symbiosis in organizational decision making. In: Business Horizons 61 (2018) 4, S. 577–586.

JONES, R. B.: Risk-based management. A reliability centered approach. Gulf Pub, Houston 1995.

JONSSON, P.; LESSHAMMAR, M.: Evaluation and improvement of manufacturing performance measurement systems - the role of OEE. In: International Journal of Operations & Production Management 19 (1999) 1, S. 55–78.

JUNG, R.: [Definition] Informationsangebot. Enzyklopädie der Wirtschaftsinformatik online, 26.02.2021. https://www.enzyklopaedie-der-wirtschaftsinformatik.de/wi-enzyklopaedie/wi-enzyklopaedie/lexikon/daten-wissen/Grundlagen-der-Informationsversorgung/Informationsangebot/index.html (Link zuletzt geprüft: 17.04.2022)

KAHNEMAN, D.; TVERSKY, A.: Prospect theory: An analysis of decision under risk. In: Econometrica 47 (1979) 2, S. 263–291.

KAPLAN, R. S.; NORTON, D. P.: The Balanced Scorecard – Measures That Drive Performance. In: Harvard Business Review (1992) 1–2, S. 71–79.

KAPLAN, R. S.; NORTON, D. P.: The strategy map: guide to aligning intangible assets. In: Strategy & Leadership 32 (2004) 5, S. 10–17.

KARL, F.: Bedarfsermittlung und Planung von Rekonfigurationen an Betriebsmitteln. Institut f: Forschungsberichte [des Instituts für Werkzeugmaschinen und Betriebswissenschaften an der Technischen Universität München]; Bd. 298. Utz, München 2015. – Zugl.: München, Techn. Univ., Diss., 2014.

KESSLER, M.; ARLINGHAUS, J. C.; ROSCA, E.; ZIMMERMANN, M.: Curse or Blessing? Exploring risk factors of digital technologies in industrial operations. In: International Journal of Production Economics 243 (2022) 3, S. 108323.

KLÖBER-KOCH, J.; BRAUNREUTHER, S.; REINHART, G.: Approach For Risk Identification And Assessment In A Manufacturing System. In: Procedia CIRP 72 (2018), S. 683–688.

KNIGHT, F. H.: Risk, Uncertainty and Profit. Houghton Mifflin, Boston (MA) 1921.

KOCH, S.; HÄRTIG, M.; HINKE, R.; JASPERS, E.; KALWEIT, T.; MAY, M.; REIMANN, B.: CAFM-Software und ihre IT-Umgebung. In: CAFM-Handbuch. Digitalisierung im Facility Management erfolgreich einsetzen. Hrsg.: M. May. 4. Auflage. Springer Vieweg, Wiesbaden [u. a.] 2018, S. 273–294.

KOCH, U.: Bewertung und Wirtschaftlichkeitsermittlung logistischer Systeme. Zur Bedeutung von Informationen in der Logistik. Deutscher Universitätsverlag, Wiesbaden 1996. – Zugl.: Braunschweig, Techn. Univ., Diss., 1995 u. d. T.: Bewertung logistischer Systeme.

KONSTANDINIDOU, M.; NIVOLIANITOU, Z.; KIRANOUDIS, C.; MARKATOS, N.: A fuzzy modeling application of CREAM methodology for human reliability analysis. In: Reliability Engineering & System Safety 91 (2006) 6, S. 706–716.

KOTZANIKOLAOU, P.; THEOHARIDOU, M.; GRITZALIS, D.: Assessing n-order dependencies between critical infrastructures. In: International Journal of Critical Infrastructures 9 (2013) 1/2, S. 93–110.

KRCMAR, H.: Informationsmanagement. 4., überarb. u. erw. Auflage. Springer, Dordrecht [u. a.] 2005.

KRCMAR, H.: Einführung in das Informationsmanagement. 2., überarb. Auflage. Springer Gabler, Berlin 2015. [=2015a]

KRCMAR, H.: Informationsmanagement. 6., überarb. Auflage. Springer, Berlin [u. a.] 2015. [=2015b]

KUBICEK, H.: Heuristische Bezugsrahmen und heuristisch angelegte Forschungsdesign als Elemente einer Konstruktionsstrategie empirischer Forschung. Arbeitspapier; Nr. 16. Inst. für Unternehmungsführung im Fachbereich Wirtschaftswiss. d. Freien Univ, Berlin 1976.

KUMAR, J.; BANSAL, S. A.; MEHTA, M.: Reliability Analysis – A Critical Review. In: Recent Trends in Industrial and Production Engineering. Select Proceedings of ICAST 2020. Hrsg.: A. K. Dubey; A. Sachdeva; M. Mehta. Springer, Singapore [u. a.] 2022, S. 205–217.

KÜPPER, H.-U.; FRIEDL, G.; HOFMANN, C.; HOFMANN, Y.; PEDELL, B.: Controlling. Konzeption, Aufgaben, Instrumente. 6., überarb. Auflage. Schäffer-Poeschel, Stuttgart 2013.

KURZ, M.: Koordination zwischen Instandhaltung und Produktion mittels Handelsmechanismus. Schriftenreihe Rationalisierung; Bd. 152. RHrsg.: G. Schuh. Apprimus, Aachen 2018. – Zugl.: Aachen, Techn. Hochsch., Diss., 2018.

LANGER, R.; LI, J.; BILLER, S.; CHANG, Q.; HUANG, N.; XIAO, G.: Simulation study of a bottleneck-based dispatching policy for a maintenance workforce. In: International Journal of Production Research 48 (2010) 6, S. 1745–1763.

LASSEN, S.: Gestaltung der Informationsflüsse der Auftragskoordination in Lieferketten mit hybriden Produktionsstrukturen. Schriftenreihe Rationalisierung und Humanisierung; Bd. 80. RHrsg.: G. Schuh. Shaker, Aachen 2006. – Zugl.: Aachen, Techn. Hochsch., Diss., 2006.

LEHNER, F.: Modelle und Modellierung in der Wirtschaftsinformatik. In: Selbstverständnis betriebswirtschaftlicher Forschung und Lehre. Tagung der Kommission Wissenschaftstheorie. Hrsg.: H. Wächter. Gabler, Wiesbaden 1995, S. 55–86.

LEHNER, F.; WILDNER, S.; SCHOLZ, M.: Wirtschaftsinformatik. Eine Einführung. 2. Auflage. Hanser, München [u. a.] 2008.

LEIDINGER, B.: Wertorientierte Instandhaltung. Kosten senken, Verfügbarkeit erhalten. Springer, Wiesbaden [u. a.] 2017.

LIBERT, S.; CHISU, R.; KEUTNER, K.: Eine Ontologie für das Internet der Dinge. In: Internet der Dinge in der Intralogistik. Hrsg.: W. Günthner; M. ten Hompel. Springer Vieweg, Berlin [u. a.] 2010, S. 79–93.

LIGGESMEYER, P.; TRAPP, M.: Safety: Herausforderungen und Lösungsansätze. In: Industrie 4.0 in Produktion, Automatisierung und Logistik. Anwendung, Technologien, Migration. Hrsg.: T. Bauernhansl; M. ten Hompel; B. Vogel-Heuser. Springer, Wiesbaden [u. a.] 2014, S. 433–450.

LIU, Y.; PROTE, J.-P.; MOLITOR, M.; SCHUH, G.: Framework for Designing Production Systems 4.0. In: Advances in Production Research. Hrsg.: R. Schmitt; G. Schuh. Springer, Cham [u. a.] 2019, S. 247–261.

LO, H.-W.; LIOU, J. J.; HUANG, C.-N.; CHUANG, Y.-C.: A novel failure mode and effect analysis model for machine tool risk analysis. In: Reliability Engineering & System Safety 183 (2019) 17, S. 173–183.

LÖDDING, H.: Aufgaben der Produktionsplanung. In: Verfahren der Fertigungssteuerung. Grundlagen, Beschreibung, Konfiguration. Hrsg.: H. Lödding. 3. Auflage. Springer Vieweg, Berlin [u. a.] 2016, S. 107–121.

LOPES, I.; SENRA, P.; VILARINHO, S.; SÁ, V.; TEIXEIRA, C.; LOPES, J.; ALVES, A.; OLIVEIRA, J. A.; FIGUEIREDO, M.: Requirements Specification of a Computerized Maintenance Management System – A Case Study. In: Procedia CIRP 52 (2016), S. 268–273.

LORENZ, B.: Wertorientierte Gestaltung der betrieblichen Instandhaltung. Schriftenreihe Rationalisierung; Bd. 109. RHrsg.: G. Schuh. Apprimus, Aachen 2011. Zugl.: Aachen, Techn. Hochsch., Diss., 2011.

LUKENS, S.; NAIK, M.; SAETIA, K.; HU, X.: Best Practices Framework for Improving Maintenance Data Quality to Enable Asset Performance Analytics. https://www.phmpapers.org/index.php/phmconf/article/view/836 (Link zuletzt geprüft: 17.04.2022)

MALIK, F.: Führen Leisten Leben. Wirksames Management für eine neue Welt. Campus, Frankfurt 2019.

MALONE, T. W.: Superminds. The surprising power of people and computers thinking together. Oneworld Publications, London 2018.

MÄNNEL, W.: Anlagenausfallkosten. In: Handbuch Instandhaltung; Bd. 1: Instandhaltungsmanagement. Hrsg.: H.-J. Warnecke. 2. Auflage. TÜV Media, Köln 1992, S. 731–740.

MARQUES, H.; GIACOTTO, A.: Prescriptive Maintenance: Building Alternative Plans for Smart Operations. In: Proceedings of the 10th Aerospace Technology Congress, October 8-9, 2019, Stockholm, Sweden. Hrsg.: FTF. Linköping Electronic Conference Proceedings. Linköping University Electronic Press, 2019, S. 231–236.

MASAK, D.: SOA? Serviceorientierung in Business und Software; mit 39 Tabellen. Springer, Berlin [u. a.] 2007.

MATYAS, K.: Instandhaltungslogistik. Qualität und Produktivität steigern. 5., aktualis. Auflage. Hanser, München [u. a.] 2013.

MÄURER, M.: Tribologische Untersuchungen an Radialgleitlagern aus Kunststoffen. Chemnitz, Techn. Univ., Diss., 2002. https://monarch.qucosa.de/api/qucosa%3A18052/attachment/ATT-0/ (Link zuletzt geprüft: 17.04.2022)

MAYER, H. O.: Interview und schriftliche Befragung. Grundlagen und Methoden empirischer Sozialforschung. 6., überarb. Auflage. Oldenbourg, München [u. a.] 2013.

MAYRING, P.: Einführung in die qualitative Sozialforschung. Eine Anleitung zu qualitativem Denken. 5., überarb. u. neu ausgest. Auflage. Beltz, Weinheim [u. a.] 2002.

MCKONE, K. E.; WEIS, E. N.: TPM: Planned and Autonomous Maintenance: Bridging the Gap between practice and research. In: Production and Operations Management 7 (1998) 4, S. 335–351.

MEDJAHER, K.; TOBON-MEJIA, D. A.; ZERHOUNI, N.: Remaining Useful Life Estimation of Critical Components With Application to Bearings. In: IEEE Transactions on Reliability 61 (2012) 2, S. 292–302.

MEIER, A.; KAUFMANN, M.: SQL- & NoSQL-Datenbanken. 8., überarb. u. erw. Auflage. Springer Vieweg, Berlin [u. a.] 2016.

MEIßNER, B.: Die technologische Fachliteratur der Antike. Struktur, Überlieferung und Wirkung technischen Wissens in der Antike; (ca. 400 v. Chr. - ca. 500 n. Chr.). Akad.-Verl., Berlin 1999.

MICHALEWICZ, Z.: Adaptive business intelligence. Springer, Berlin [u. a.] 2007.

MICHAU, G.; FINK, O.: Unsupervised transfer learning for anomaly detection: Application to complementary operating condition transfer. In: Knowledge-Based Systems 216 (2021), S. 106816.

MICHELBERGER, B.: Process-Oriented Information Logistics: Aligning Process Information with Business Processes. Ulm, Univ., Diss., 2015. https://oparu.uni-ulm.de/xmlui/bitstream/handle/123456789/3272/vts_9724_14751.pdf?sequence=1&isAllowed=y (Link zuletzt geprüft: 17.04.2022)

MILLER, A. P.: Want Less-Biased Decisions? Use Algorithms. Harvard Business Review online, 26.07.2018. https://hbr.org/2018/07/want-less-biased-decisions-use-algorithms?utm_medium=social&utm_campaign=hbr&utm_source=linkedin (Link zuletzt geprüft: 17.04.2022)

MILVICH, M.: Ein Semantisches Web für die Universitätsbibliothek Heidelberg. Karlsruhe, Fachhochsch., Masterthesis, 2005. http://archiv.ub.uni-heidelberg.de/volltextserver/6203/index.html (Link zuletzt geprüft: 17.04.2022)

MOORE, R.: Making common sense common practice. Models for manufacturing excellence. 3. Auflage. Elsevier/Butterworth-Heinemann, Amsterdam [u. a.] 2004.

MOORE, W. J.; STARR, A. G.: An intelligent maintenance system for continuous cost-based prioritisation of maintenance activities. In: Computers in Industry 57 (2006) 6, S. 595–606.

MOUBRAY, J.: Reliability-centred maintenance. Elsevier Butterworth-Heinemann, Amsterdam [u. a.] 1997.

MOUBRAY, J. M.: Maintenance Management. A New Paradigm. Chicago, Illinois, 2 – 4 Oktober 1995. http://citeseerx.ist.psu.edu/viewdoc/download?doi=10.1.1.172.2269&rep=rep1&type=pdf (Link zuletzt geprüft: 17.04.2022)

MÜLLER, M.: Fachkräftemangel nimmt trotz Lockdown zu – weitere Engpässe stehen bevor. KfW Research, 01.06.2021. https://www.kfw.de/PDF/Download-Center/Konzernthemen/Research/PDF-Dokumente-KfW-ifo-Fachkr%C3%A4ftebarometer/KfW-ifo-Fachkraeftebarometer_2021-06.pdf (Link zuletzt geprüft: 17.04.2022)

MÜLLER, T.: Finanzrisiken in der Assekuranz. Moderne Finanz- und Risikokonzepte in der Versicherungswirtschaft. Springer Gabler, Wiesbaden [u. a.] 2013.

MÜLLER-SEUBERT, I.: Monetarisierung von technischen Daten am Beispiel von technischen Beschäftigtendaten. In: Monetarisierung von technischen Daten. Innovationen aus Industrie und Forschung. Hrsg.: D. Trauth; T. Bergs; W. Prinz. Springer Vieweg, Berlin [u. a.] 2021, S. 39–54.

MURÈ, S.; DEMICHELA, M.: Fuzzy Application Procedure (FAP) for the risk assessment of occupational accidents. In: Journal of Loss Prevention in the Process Industries 22 (2009) 5, S. 593–599.

NACHRAINER, F.: Methoden empirischer Forschung in der Arbeitswissenschaft. In: Handbuch Arbeitswissenschaft. Hrsg.: H. Luczak; W. Volpert; T. Müller. Schäffer-Poeschel, Stuttgart 1997, S. 87–92.

NAEFE, P.: Einführung in das Methodische Konstruieren. Vieweg+Teubner, Wiesbaden 2009.

NAKAJIMA, S.: Introduction to TPM. Total productive maintenance. Productivity Press, Cambridge (MA) 1988.

NGUYEN, K.-A.; DO, P.; GRALL, A.: Condition-based maintenance for multi-component systems using importance measure and predictive information. In: International Journal of Systems Science: Operations & Logistics 1 (2014) 4, S. 228–245.

NIENKE, S.: Ontologie für Energieinformationssysteme produzierender Unternehmen. Schriftenreihe Rationalisierung; Bd. 156. Hrsg.: G. Schuh. Apprimus, Aachen 2018. – Zugl.: Aachen, Techn. Hochsch., Diss., 2018.

NIGUSSIE, D. A.; AVVARI, M.: Implementation of Computerized Maintenance and Management System in Wine Factory in Ethiopia: A Case Study. In: Operations Management. Emerging Trend in the Digital Era. Hrsg.: F. De Felice; A. Petrillo; G. Lambert-Torres; E. L. Bonaldi. IntechOpen, London 2020, S. 100–127.

NIVEN, P. R.; KAPLAN, R. S.: Balanced Scorecard – Schritt für Schritt: Einführung, Anpassung und Aktualisierung. Wiley, Weinheim 2003.

NORDEN, C.; HRIBERNIK, K.; GHRAIRI, Z.; THOBEN, K.-D.; FUGGINI, C.: New Approaches to Through-life Asset Management in the Maritime Industry. In: Procedia CIRP 11 (2013), S. 219–224.

NOWLAN, F. S.; HEAP, H.: Reliability-Centered Maintenance, San Francisco 1978. [in Bibliothek des FIR e. V. an der RWTH Aachen verfügbar]

O'SHEA, M.: Digitalisierung – unterstützt durch Informationslogistik. In: Wirtschaftsinformatik & Management 8 (2016) 5, S. 62–71.

OEHLER, K.-J.; APEL, H.: Gebrauchsminderungen. In: Instandhaltungs- und Servicemanagement. Hrsg.: H. Apel. Hanser, München [u. a.] 2018, S. 116–157.

OLEINIK, A.: What are neural networks not good at? On artificial creativity. In: Big Data & Society 6 (2019) 1, 13 S.

OPTEHOSTERT, F.: Kostenprognose von Instandhaltungsleistungen parallel zur Produktentwicklung. Schriftenreihe Rationalisierung; Bd. 166. RHrsg.: G. Schuh. Apprimus, Aachen 2020. Zugl.: Aachen, Techn. Hochsch., Diss., 2020.

OTTO, B.; HÜNER, K. M.; ÖSTERLE, H.: Unternehmensweite Stammdatenqualität. In: ERP Management (2009) 3, S. 18–21.

OZTURK, S.; FTHENAKIS, V.; FAULSTICH, S.: Failure Modes, Effects and Criticality Analysis for Wind Turbines Considering Climatic Regions and Comparing Geared and Direct Drive Wind Turbines. In: Energies 11 (2018) 2317, S. 1–18.

PALEM, G.: Condition-Based Maintenance using Sensor Arrays and Telematics. In: International journal of Mobile Network Communications & Telematics 3 (2013) 3, S. 19–28.

PARIDA, A.; STENSTRÖM, C.: Dynamic Asset Performance Management. In: Handbook of Advanced Performability Engineering. Hrsg.: K. B. Misra. Springer, Cham [u. a.] 2021, S. 403–428.

PAS 55-1: Asset management. Part 1: Specification for the optimized management of physical assets. ICS 03.100.01. British Standards Institution, London, September 2008.

PASSATH, T.; MERTENS, K.: Decision Making in Lean Smart Maintenance: Criticality Analysis as a Support Tool. In: IFAC-PapersOnLine 52 (2019) 10, S. 364–369.

PATZAK, G.: Systemtechnik – Planung komplexer innovativer Systeme. Grundlagen, Methoden, Techniken. Springer, Berlin [u. a.] 1982.

PESCHOLL, A.: Adaptive Entwicklung eines Referenzmodells für die Geschäftsprozessunterstützung im technischen Großhandel. Grin, München 2011. – Zugl.: Magdeburg, Univ., Diss., 2010.

PETZOLD, J.; WESTERKAMP, M.: Informationssysteme im wertorientierten Controlling. Grundlagen – Aufbau – Anforderungen – Integration – Anwendungen. Springer Gabler, Wiesbaden 2018.

PICKARD, K.; MULLER, P.; BERTSCHE, B.: Multiple failure mode and effects analysis – an approach to risk assessment of multiple failures with FMEA. In: Annual Reliability and Maintainability Symposium. 2005 proceedings : the International Symposium on Product Quality & Integrity : Alexandria, Virginia, USA, 2005 January 24–27. Hrsg.: IEEE. Institute of Electrical and Electronics Engineers, Piscataway (NJ) 2005, S. 457–462.

PICOT, A.: Experimentelle Organisationsforschung. Methodische und wissenschaftstheoretische Grundlagen. Gabler, Wiesbaden 1975.

PIETSCH, T.; MARTINY, L.; KLOTZ, M.: Strategisches Informationsmanagement. Bedeutung, Konzeption und Umsetzung. 4., vollst. neu bearb. u. erw. Auflage. Schmidt, Berlin 2004.

PINTELON, L.; PARODI-HERZ, A.: Maintenance: An Evolutionary Perspective. In: Complex System Maintenance Handbook. Hrsg.: K. A. H. Kobbacy; D. N. P. Murthy. Springer, London [u. a.] 2008, S. 21–48.

PISTORIUS, J.: Industrie 4.0 – Schlüsseltechnologien für die Produktion: Grundlagen – Potenziale – Anwendungen. Springer, Berlin [u. a.] 2020.

PORTER, M. E.: Competitive advantage. Creating and sustaining superior performance; with a new introduction. Free Press, New York 1998.

PROSKE, D.: Comparison of Frequencies and Probabilities of Failure in Engineering Sciences. In: Proceedings of the 29th European Safety and Reliability Conference (ESREL). Hrsg.: M. Beer; E. Zio. Research Publishing Services, Singapore, 22. – 26.09.2019, S. 2040–2044.

PURBA, J. H.; SONY TJAHYANI, D. T.; WIDODO, S.; TJAHJONO, H.: α-Cut method based importance measure for criticality analysis in fuzzy probability – Based fault tree analysis. In: Annals of Nuclear Energy 110 (2017), S. 234–243.

PUTZ, B.; DIETZ, M.; EMPL, P.; PERNUL, G.: EtherTwin: Blockchain-based Secure Digital Twin Information Management. In: Information Processing & Management 58 (2021) 1, 23 S.

PWC (HRSG.): [Pressemitteilung] Deutscher Maschinenbau: Kostendruck steigt in der Pandemie. PWC online, 11.05.2021. https://www.pwc.de/de/pressemitteilungen/2021/deutscher-maschinenbau-kostendruck-steigt-in-der-pandemie.html (Link zuletzt geprüft: 17.04.2022)

RAJPATHAK, D.; DE, S.: A data- and ontology-driven text mining-based construction of reliability model to analyze and predict component failures. In: Knowledge and Information Systems 46 (2016) 1, S. 87–113.

RATNAYAKE, R. C.: Application of a fuzzy inference system for functional failure risk rank estimation: RBM of rotating equipment and instrumentation. In: Journal of Loss Prevention in the Process Industries 29 (2014), S. 216–224.

RATNAYAKE, R. C.; ANTOSZ, K.: Development of a Risk Matrix and Extending the Risk-based Maintenance Analysis with Fuzzy Logic. In: Procedia Engineering 182 (2017), S. 602–610.

REBSTOCK, M.; LIPP, M.: Webservices zur Integration interaktiver elektronischer Verhandlungen in elektronische Marktplätze. In: Wirtschaftsinformatik 45 (2003) 3, S. 293–306.

REDEKER, G.; KEUNECKE, L.: Strategisches Verfügbarkeitsmanagement. In: ZWF – Zeitschrift für wirtschaftlichen Fabrikbetrieb 96 (2001) 5, S. 242–246.

REEVE, J.; BURLEY, D.: Failure Modes to Failure Codes. Reliabilityweb.com, Fort Myers (FL) 2017.

REICH, J.: Data. 07.06.2018. https://arxiv.org/pdf/1801.04992 (Link zuletzt geprüft: 17.04.2022)

REIDT, A.: Referenzarchitektur eines integrierten Informationssystems zur Unterstützung der Instandhaltung. München, Techn. Univ., Diss., 2019.

REIDT, A.; SCHUHBÄCK, S.; KRCMAR, H.: Comprehensive View on Architectural Requirements for Maintenance Information Systems. In: ENASE 2018. Proceedings of the 13th International Conference on Evaluation of Novel Approaches to Software Engineering : Funchal, Madeira, Portugal, March 23–24, 2018. Hrsg.: E. Damiani; G. Spanoudakis; L. Maciaszek. SCITEPRESS – Science and Technology Publications Lda, Setúbal, Portugal, 2018, S. 249–257.

RIDDER, H.-G.: The theory contribution of case study research designs. In: Business Research 10 (2017) 2, S. 281–305.

RODA, I.; GARETTI, M.: TCO Evaluation in Physical Asset Management: Benefits and Limitations for Industrial Adoption. In: Advances in Production Management Systems. Innovative and Knowledge-Based Production Management in a Global-Local World. Hrsg.: B. Grabot; B. Vallespir; S. Gomes; A. Bouras; D. Kiritsis. IFIP Advances in Information and Communication Technology; Bd. 440. Springer, Berlin [u. a.] 2014, S. 216–223.

RØDSETH, H.; SCHJØLBERG, P.; MARHAUG, A.: Deep digital maintenance. In: Advances in Manufacturing 5 (2017) 4, S. 299–310.

ROMEIKE, F.: Risikomanagement. Springer Gabler, Wiesbaden 2018.

ROSEMANN, M.; SCHÜTTE, R.: Referenzmodellierung. In: Referenzmodellierung. State-of-the-Art und Entwicklungsperspektiven. Hrsg.: J. Becker; M. Rosemann; R. Schütte. Physica-Verlag HD, Heidelberg 1999, S. 22–44.

ROY, R.; STARK, R.; TRACHT, K.; TAKATA, S.; MORI, M.: Continuous maintenance and the future – Foundations and technological challenges. In: CIRP Annals 65 (2016) 2, S. 667–688.

ROZAK, A.; JAQIN, C.; HASBULLAH, H.: Increasing Overall Equipment Effectiveness in Automotive Company Using DMAIC and FMEA Method. In: Journal Européen des Systèmes Automatisés 53 (2020) 1, S. 55–60.

RUMSFELD, D.: DoD News Briefing – Secretary Rumsfeld and Gen. Myers, Gorham (ME) 2002.

RUPP, C.: Systemanalyse kompakt. 3. Auflage. Springer Vieweg, Berlin [u. a.] 2013.

RUSCHEL, E.; SANTOS, E. A. P.; LOURES, E. D. F. R.: Industrial maintenance decision-making: A systematic literature review. In: Journal of Manufacturing Systems 45 (2017), S. 180–194.

RYLL, F.; FREUND, C.: Grundlagen der Instandhaltung. In: Instandhaltung technischer Systeme. Methoden und Werkzeuge zur Gewährleistung eines sicheren und wirtschaftlichen Anlagenbetriebs. Hrsg.: M. Schenk. Springer, Berlin [u. a.] 2010, S. 23–101.

RYLL, F.; GÖTZE, J.: Methoden und Werkzeuge zur Instandhaltung technischer Systeme. In: Instandhaltung technischer Systeme. Methoden und Werkzeuge zur Gewährleistung eines sicheren und wirtschaftlichen Anlagenbetriebs. Hrsg.: M. Schenk. Springer, Berlin [u. a.] 2010, S. 103–230.

SAE JA-1011: Evaluation Criteria for Reliability-Centered Maintenance (RCM) Processes. SAE Technical Standards Board Rules. SAE International, 2009.

SANTOS, L. F. F. M.; MELICIO, R.: Stress, Pressure and Fatigue on Aircraft Maintenance Personal. In: International Review of Aerospace Engineering (IREASE) 12 (2019) 1, S. 35.

SCHEER, A.-W.: ARIS — Vom Geschäftsprozess zum Anwendungssystem. 4., durchges. Auflage. Springer, Berlin [u. a.] 2012.

SCHEMM, J. W.: Zwischenbetriebliches Stammdatenmanagement. Lösungen für die Datensynchronisation zwischen Handel und Konsumgüterindustrie. Springer, Berlin [u. a.] 2009.

SCHICKER, E.: Datenbanken und SQL. Eine praxisorientierte Einführung mit Anwendungen in Oracle, SQL Server und MySQL. 5. Auflage. Springer Vieweg, Wiesbaden 2017.

SCHIEßL, P.; MAYER, T. F.: Lebensdauermanagement von Stahlbetonbauwerken. In: Beton- und Stahlbetonbau 104 (2009) 11, S. 747–753.

SCHMIDT, B.; WANG, L.; GALAR, D.: Semantic Framework for Predictive Maintenance in a Cloud Environment. In: Procedia CIRP 62 (2017), S. 583–588.

SCHMIDT, F.; APEL, H.: Instandhaltungs- und Serviceprozesse. In: Instandhaltungs- und Servicemanagement. Hrsg.: H. Apel. Hanser, München [u. a.] 2018, S. 43–68.

SCHMIED, S.; GROẞMANN, D.; MUELLER, R. K.; MATHIAS, S. G.; JUMAR, U.: Erstellung und Management von Informationsmodellen für bestehende Produktionssysteme. In: at – Automatisierungstechnik 68 (2020) 5, S. 325–336.

SCHMIEDBAUER, O.; MAIER, H. T.; BIEDERMANN, H.: Evolution of a Lean Smart Maintenance Maturity Model towards the new Age of Industry 4.0. In: Proceedings of the 1st Conference on Production Systems and Logistics (CPSL 2020). Institutionelles Repositorium der Leibniz Universität Hannover, Hannover 2020, S. 78–91.

SCHMITT, R. H.; ELLERICH, M.; SCHLEGEL, P.; NGO, Q. H.; EMONTS, D.; MONTAVON, B.; BUSCHMANN, D.; LAUTHER, R.: Datenbasiertes Qualitätsmanagement im Internet of Production. In: Handbuch Industrie 4.0: Recht, Technik, Gesellschaft. Hrsg.: W. Frenz. Springer, Berlin [u. a.] 2020, S. 489–513.

SCHOLZ, W.: Inbetriebsetzung, Wartung und Instandhaltung von Ölmaschinen. In: Schiffs-Ölmaschinen. Ein Handbuch zur Einführung in die Praxis des Schiffsölmaschinenbetriebes. Hrsg.: W. Scholz. Springer, Berlin [u. a.] 1924, S. 239–253.

SCHOMBURG, E.: Entwicklung eines betriebstypologischen Instrumentariums zur systematischen Ermittlung der Anforderungen an EDV-gestützte Produktionsplanungs- und -steuerungssysteme im Maschinenbau. Aachen, Techn. Hochsch., Diss., 1980.

SCHÖNSLEBEN, P.: Integrales Informationsmanagement. Informationssysteme für Geschäftsprozesse – Management, Modellierung, Lebenszyklus und Technologie. Springer, Berlin [u. a.] 2001.

SCHUH, G.; ANDERL, R.; DUMITRESCU, R.; KRÜGER, A.; HOMPEL, M. TEN (HRSG.): Industrie 4.0 Maturity Index. Die digitale Transformation von Unternehmen gestalten, 2020. https://www.acatech.de/publikation/industrie-4-0-maturity-index-update-2020/download-pdf?lang=de (Link zuletzt geprüft: 17.04.2022) [=2020a]

SCHUH, G.; ANDERL, R.; GAUSEMEIER, J.; HOMPEL, M. ten; WAHLSTER, W. (HRSG.): Industrie 4.0 Maturity Index. Die digitale Transformation von Unternehmen gestalten. Utz, München 2017. https://www.acatech.de/publikation/industrie-4-0-maturity-index-die-digitale-transformation-von-unternehmen-gestalten/download-pdf?lang=de (link zuletzt geprüft: 17.04.2022) [=2017a]

SCHUH, G.; BASSEM, F.; FRANZKOCH, B.; HARZENETTER, F.; LUCKERT, M.; PROTE, J.; RESCHKE, J.; SCHMITZ, S.; STICH, V.; TÜCKS, G.; WEIẞKOPF, J.: Change Request im Produktionsbetrieb. In: AWK – Aachener Werkzeugmaschinen-Kolloquium 2017. Internet of Production für agile Unternehmen. Hrsg.: C. Brecher; F. Klocke; R. Schmitt; G. Schuh. Apprimus, Aachen 2017, S. 109–131. [=2017b]

SCHUH, G.; GUDERGAN, G.: Einführung und Grundlagen des Managements industrieller Dienstleistungen. In: Management industrieller Dienstleistungen. Reihe Handbuch Produktion und Management; Bd. 8. Hrsg.: G. Schuh; G. Gudergan; A. Kampker. Springer, Berlin [u. a.] 2016, S. 1–19.

SCHUH, G.; HOFFMANN, J.; BLEIDER, M.; ZELLER, V.: Assessment of IS Integration Efforts to Implement the Internet of Production Reference Architecture. In: Collaborative networks of cognitive systems. 19th IFIP WG 5.5 Working Conference on Virtual Enterprises, PRO-VE 2018, Cardiff, UK, September 17–19, 2018: Proceedings. Hrsg.: L. M. Camarinha-Matos; H. Afsarmanesh; Y. Rezgui. IFIP Advances in Information and Communication Technology; Bd. 534. Springer, Cham [u. a.] 2018, S. 325–333.

SCHUH, G.; KAMPKER, A.; STICH, V.; KUHLMANN, K.: Prozessmanagement. In: Strategie und Management produzierender Unternehmen. Reihe Handbuch Produktion und Management; Bd. 1. Hrsg.: G. Schuh; A. Kampker. Springer, Berlin [u. a.] 2011, S. 327–382.

SCHUH, G.; RIESENER, M.; PROTE, J.-P.; DÖLLE, C.; MOLITOR, M.; SCHLOESSER, S.; LIU, Y.; TITTEL, J.: Industrie 4.0: Agile Entwicklung und Produktion im Internet of Production. In: Handbuch Industrie 4.0: Recht, Technik, Gesellschaft. Hrsg.: W. Frenz. Springer, Berlin [u. a.] 2020, S. 467–488. [=2020b]

SCHUH, G.; SALMEN, M.; JUSSEN, P.; RIESENER, M.; ZELLER, V.; HENSEN, T.; BEGOVIC, A.; BIRKMEIER, M.; HOCKEN, C.; JORDAN, F.; KANTELBERG, J.; KELZENBERG, C.; KOLZ, D.; MAASEM, C.; SIEGERS, J.; STARK, M.; TÖNNES, C.: Geschäftsmodell-Innovation. Hanser, München [u. a.] 2017. [=2017c]

SCHULTE-ZURHAUSEN, M.: Organisation. 5., überarb. u. aktualis. Auflage. Vahlen, München 2010.

SCHÜTTE, R.: Grundsätze ordnungsmäßiger Referenzmodellierung. Konstruktion konfigurations- und anpassungsorientierter Modelle. Neue betriebswirtschaftliche Forschung; Bd. 233. Gabler, Wiesbaden 1998. – Zugl.: Münster (Westfalen), Univ., Diss., 1997.

SHARMA, R. K.; KUMAR, D.; KUMAR, P.: Systematic failure mode effect analysis (FMEA) using fuzzy linguistic modelling. In: International Journal of Quality & Reliability Management 22 (2005) 9, S. 986–1004.

SHI, W.; ZHU, Y.; ZHANG, J.; TAO, X.; SHENG, G.; LIAN, Y.; WANG, G.; CHEN, Y.: Improving Power Grid Monitoring Data Quality: An Efficient Machine Learning Framework for Missing Data Prediction. In: 2015 IEEE 17th International Conference on High Performance Computing and Communications, 2015 IEEE 7th International Symposium on Cyberspace Safety and Security, and 2015 IEEE 12th International Conference on Embedded Software and Systems. Hrsg.: IEEE. IEEE, 2015, S. 417–422.

SIFONTE, J. R.; REYES-PICKNELL, J. V.: Reliability Centered Maintenance – Reengineered. Practical Optimization of the RCM Process with RCM-R®. CRC Press, Portland (OR) 2017.

SINGH, J.; SINGH, S.; SINGH, A.: Distribution transformer failure modes, effects and criticality analysis (FMECA). In: Engineering Failure Analysis (2019) 99, S. 180–191.

SMITH, A. M.; HINCHCLIFFE, G. R.: RCM – Gateway to World Class Maintenance. Elsevier, Amsterdam [u. a.] 2003.

SMITH, D. J.: Reliability, maintainability, and risk. Practical methods for engineers. Butterworth-Heinemann, Kidlington [u. a.] 2017.

SMITH, R.; MOBLEY, R. K.: Rules of thumb for maintenance and reliability engineers. Elsevier Butterworth-Heinemann, Amsterdam 2008.

SÖDERHOLM, P.; HOLMGREN, M.; KLEFSJÖ, B.: A process view of maintenance and its stakeholders. In: Journal of Quality in Maintenance Engineering 13 (2007) 1, S. 19–32.

SOLFRID, H.; STEIN, H.; LIN, X.; ANN, L. M.: Failure rates of safety critical equipment based on inventory attributes. In: Safety and Reliability – Safe Societies in a Changing World. Hrsg.: Taylor & Francis. CRC Press, London 2018, S. 2419–2426.

SOMMER, K.; HEINZ, R.; SCHÖFER, J.: Verschleiß metallischer Werkstoffe. Erscheinungsformen sicher beurteilen. Vieweg+Teubner (GWV), Wiesbaden 2010.

SPITZER, H.; MARWITZ, S.: Strategisches Asset-Management im Rahmen der Digitalisierung – Positionierung, Nutzen, Praxisbeispiel. In: Realisierung Utility 4.0; Bd. 1: Praxis der digitalen Energiewirtschaft von den Grundlagen bis zur Verteilung im Smart Grid. Hrsg.: O. D. Doleski. Springer Vieweg, Wiesbaden [u. a.] 2020, S. 693–709.

STACHOWIAK, H.: Allgemeine Modelltheorie. Springer, Wien [u. a.] 1973.

STACHOWIAK, H.: Erkenntnisstufen zum Systematischen Neopragmatismus und zur Allgemeinen Modelltheorie. In: Modelle, Konstruktion der Wirklichkeit. Hrsg.: H. Stachowiak. Fink, München 1983, S. 87–146.

STATISTISCHES BUNDESAMT (HRSG.): Volkswirtschaftliche Gesamtrechnungen. Inlandsproduktberechnung. Detaillierte Jahresergebnisse 2020. Erschienen am 30.11.2021. Fachserie 18, Reihe 1.4. https://www.destatis.de/DE/Themen/Wirtschaft/Volkswirtschaftliche-Gesamtrechnungen-Inlandsprodukt/Publikationen/Downloads-Inlandsprodukt/inlandsprodukt-end-gueltig-pdf-2180140.pdf?__blob=publicationFile (Link zuletzt geprüft: 17.04.2022)

STEINBERGER, G.; ROTHMUND, M.; AUERNHAMMER, H.: Integration manueller Dateneingaben in Systeme zur Automatischen Prozessdatenerfassung. In: Informatik 2005 – Informatik live! Beiträge der 35. Jahrestagung der Gesellschaft für Informatik e.V. (GI), 19. bis 22. September 2005 in Bonn. Hrsg.: A. B. Cremers. GI-Edition Proceedings; Bd. 67. Ges. für Informatik, Bonn 2005, S. 370–374.

STELZER, D.; HEINRICH, L. J.: Informationsmanagement. Grundlagen, Aufgaben, Methoden. 10., vollst. überarb. Auflage. Oldenbourg, München [u. a.] 2011.

STENSTRÖM, C.; AL-JUMAILI, M.; PARIDA, A.: Natural language processing of maintenance records data. In: International Journal of COMADEM 18 (2015) 2, S. 33–37.

STRUNZ, M.: Instandhaltung. Grundlagen – Strategien – Werkstätten. Springer Vieweg, Heidelberg [u. a.] 2012.

STUCKENSCHMIDT, H.: Ontologien. Konzepte, Technologien und Anwendungen. 2. Auflage. Springer, Berlin [u. a.] 2011.

STUDER, R.; BENJAMINS, V.; FENSEL, D.: Knowledge engineering: Principles and methods. In: Data & Knowledge Engineering 25 (1998) 1-2, S. 161–197.

STUDER, R.; SURE-VETTER, Y.: [Definition] Ontologien. Enzyklopaedie der Wirtschaftsinformatik online, 27.02.2019. http://www.enzyklopaedie-der-wirtschaftsinformatik.de/lexikon/daten-wissen/Wissensmanagement/Wissensmodellierung/Wissensreprasentation/Semantisches-Netz/Ontologien/index.html (Link zuletzt geprüft: 17.04.2022)

STÜRNER, M.: Zur Ersatzfähigkeit von Reparaturkosten bei wirtschaftlichem Totalschaden. In: JURA – Juristische Ausbildung 38 (2016) 1, S. 108.

SULLIVAN, G. P.; PUGH, R.; MELENDER, A. P.; HUNT, W. D.: Operations & Maintenance: Best Practices. A Guide to Achieving Operational Efficiency. Release 3.0. Pacific Northwest National Laboratory for the Federal Energy Management Program, U.S. Department of Energy, Richland (WA), August 2010. https://www.energy.gov/sites/prod/files/2013/10/f3/omguide_complete.pdf (Link zuletzt geprüft: 17.04.2022)

SZYPERSKI; NORBERT; ESCHENRÖDER, G.: Information-Resource-Management: Eine Notwendigkeit für die Unternehmensführung. In: Management betrieblicher Informationsverarbeitung. Wirtschaftsinformatik-Symposium d. IBM Deutschland GmbH, 20. – 22. September 1982 in Bad Neuenahr. Science Research Associates (Stuttgart): Fachberichte und Referate; Bd. 14. Hrsg.: R. Kay. Oldenbourg, München [u. a.] 1983, S. 11–37.

TAKATA, S.; KIRNURA, F.; VAN HOUTEN, F.; WESTKAMPER, E.; SHPITALNI, M.; CEGLAREK, D.; LEE, J.: Maintenance: Changing Role in Life Cycle Management. In: CIRP Annals 53 (2004) 2, S. 643–655.

TAZI, N.; CHÂTELET, E.; BOUZIDI, Y.: Using a Hybrid Cost-FMEA Analysis for Wind Turbine Reliability Analysis. In: Energies 10 (2017) 3, S. 1–20.

TCHAKOUA, P.; WAMKEUE, R.; OUHROUCHE, M.; SLAOUI-HASNAOUI, F.; TAMEGHE, T.; EKEMB, G.: Wind Turbine Condition Monitoring: State-of-the-Art Review, New Trends, and Future Challenges. In: Energies 7 (2014) 4, S. 2595–2630.

TCHIEHE, D. N.; GAUTHIER, F.: Classification of risk acceptability and risk tolerability factors in occupational health and safety. In: Safety Science 92 (2017), S. 138–147.

THOM, F. C. M.; ZOGHBI, J. R. B.; FREITAS, M. S. D. R.; SISQUINI, G. R.: Dynamic risk calculation model applied to gas compressor. In: REM - International Engineering Journal 73 (2020) 1, S. 33–41.

THOMSON, R. L.; HOWDEN, A. B.; NEILL, T. H.; LINDSAY, S. T.: Taking the Forties Field to 2010. In: Offshore Europe. Hrsg.: SPE. Society of Petroleum Engineers, 1993, S. 383–394.

TRIER, M.; BOBRIK, A.; NEUMANN, N.; WYSSUSSEK, B.: Systemtheorie und Modell. In: Systemanalyse im Unternehmen. Prozessorientierte Methoden der Wirtschaftsinformatik. Hrsg.: H. Krallmann; A. Bobrik; O. Levina. De Gruyter, München 2013, S. 41–72.

TSAROUHAS, P.: Reliability, availability and maintainability analysis of a bag production industry based on the six sigma DMAIC approach. In: International Journal of Lean Six Sigma 12 (2021) 2, S. 237–263.

TUPA, J.; SIMOTA, J.; STEINER, F.: Aspects of Risk Management Implementation for Industry 4.0. In: Procedia Manufacturing 11 (2017), S. 1223–1230.

UIT HET BROEK, M. A. J.; TEUNTER, R. H.; JONGE, B. de; VELDMAN, J.; VAN FOREEST, N. D.: Condition-Based Production Planning: Adjusting Production Rates to Balance Output and Failure Risk. In: Manufacturing & Service Operations Management 22 (2020) 4, S. 792–811.

ULRICH, H.: Die Unternehmung als produktives soziales System. Grundlagen der allgemeinen Unternehmungslehre. Haupt, Bern [u. a,] 1968.

ULRICH, H.: Die Betriebswirtschaftslehre als anwendungsorientierte Sozialwissenschaft. In: Die Führung des Betriebes. Curt Sandig zu seinem 80. Geburtstag gewidmet. Hrsg.: M. Geist; R. Köhler. Poeschel, Stuttgart 1981, S. 1–25.

ULRICH, H.: Management. Hrsg.: T. Dyllick; G. J. B. Probst. Haupt, Bern [u. a] 1984.

ULRICH, P.; HILL, W.: Wissenschaftstheoretische Grundlagen der Betriebswirtschaftslehre (Teil I). In: WiSt – Wirtschaftswissenschaftliches Studium (1976) 7, S. 304–309. [=1976a]

ULRICH, P.; HILL, W.: Wissenschaftstheoretische Grundlagen der Betriebswirtschaftslehre (Teil II). In: WiSt – Wirtschaftswissenschaftliches Studium 5 (1976) 8, S. 345–350. [=1976b]

UNSWORTH, K.; ADRIASOLA, E.; JOHNSTON-BILLINGS, A.; DMITRIEVA, A.; HODKIEWICZ, M.: Goal hierarchy: Improving asset data quality by improving motivation. In: Reliability Engineering & System Safety 96 (2011), S. 1474–1481.

UPKEEP TECHNOLOGIES INC. (HRSG.): State of Maintenance 2021 Report. https://info.onupkeep.com/the-state-of-maintenance-2021?utm_campaign=preventive+maintenance+guide+upsell&utm_medium=email&utm_source=inbound+email (Link zuletzt geprüft: 18.04.2022)

VEENSTRA, A. W.; ZUIDWIJK, R.; GEERLING, B.: Maintenance logistics in the Dutch Dredging Industry. In: IEEE International Conference on Service Operations and Logistics, and Informatics, 2006. SOLI '06 ; [21 – 23] June 2006, [Shanghai, China. Hrsg.: IEEE. IEEE, Piscataway (NJ) 2006, S. 436–441.

VELMURUGAN, R. S.; DHINGRA, T.: Maintenance strategy selection and its impact in maintenance function. In: International Journal of Operations & Production Management 35 (2015) 12, S. 1622–1661.

VDI 2206: Entwicklung mechatronischer und cyber-physischer Systeme. ICS 03.100.40, 31.220.01, 39.020. Verein Deutscher Ingenieure e. V. Düsseldorf, November 2021.

VDI 2423: Verfügbarkeit von Maschinen und Anlagen. ICS 03.100.50. Verein Deutscher Ingenieure e. V. Beuth, Berlin, August 2011.

VDI 2770: Betrieb verfahrenstechnischer Anlagen – Mindestanforderungen an digitale Herstellerinformationen für die Prozessindustrie. ICS 01.110, 25.040.40, 35.240.30. Verein Deutscher Ingenieure e. V. Düsseldorf, April 2020.

VDI 2893: Auswahl und Bildung von Kennzahlen für die Instandhaltung. ICS 03.080.10. Verein Deutscher Ingenieure e. V., Düsseldorf, November 2019.

VDI 2895: Organisation der Instandhaltung. ICS 03.080.10. Verein Deutscher Ingenieure e. V. Düsseldorf, Dezember 2012.

VINTR, Z.; VINTR, M.: Tools for components reliability prediction. In: Safety and Reliability – Theory and Applications. Hrsg.: M. Čepin; R. Briš. CRC Press, CRC Press Taylor & Francis, Boca Raton (FL) 2017, S. 2187–2194.

VOM BROCKE, J.: Referenzmodellierung. Gestaltung und Verteilung von Konstruktionsprozessen. Advances in information systems and management science; Bd. 4. 2., unveränd. Auflage. Logos, Berlin 2015. – Zugl.: Münster (Westfalen), Univ., Diss., 2002.

WADDINGTON, C. H.: O.R. in World War 2. Operational research against the U-boat. Elek, London 1973.

WAGNER, H. M.; GIGLIO, R. J.; GLASER, R. G.: Preventive Maintenance Scheduling by Mathematical Programming. In: Management Science 10 (1964) 2, S. 316–334.

WAKIRU, J. M.; PINTELON, L.; MUCHIRI, P.; CHEMWENO, P.: A comparative analysis of maintenance strategies and data application in asset performance management for both developed and developing countries. In: International Journal of Quality & Reliability Management ahead-of-print (2021) ahead-of-print, S. 212–235.

WAN, S.; LI, D.; GAO, J.; LI, J.: A knowledge based machine tool maintenance planning system using case-based reasoning techniques. In: Robotics and Computer-Integrated Manufacturing 58 (2019) 1, S. 80–96.

WAND, Y.; WEBER, R.: Research Commentary: Information Systems and Conceptual Modeling – A Research Agenda. In: Information Systems Research 13 (2002) 4, S. 363–376.

WANG, R. Y.; STRONG, D. M.: Beyond Accuracy: What Data Quality Means to Data Consumers. In: Journal of Management Information Systems 12 (1996) 4, S. 5–33.

WANG, W.; LIU, X.; CHEN, X.; QIN, Y.: Risk assessment based on hybrid FMEA framework by considering decision maker's psychological behavior character. In: Computers & Industrial Engineering 136 (2019), S. 516–527.

WANNENWETSCH, H.: Integrierte Materialwirtschaft, Logistik und Beschaffung. 5., neu bearb. Auflage. Springer Vieweg, Berlin 2014.

WEBER, K. H.: Inbetriebnahme verfahrenstechnischer Anlagen. Praxishandbuch mit Checklisten und Beispielen. Springer, Berlin [u. a.] 2019.

WEINGÄRTNER, J.: EDV-gestützte Instandhaltung. Gestaltung und Auslegung von rechnergestützten Systemen. Springer, Berlin [u. a.] 1988.

WELLENSIEK, M.; SCHUH, G.; HACKER, P. A.; SAXLER, J.: Technologiefrüherkennung. In: Technologiemanagement. Reihe Handbuch Produktion und Management; Bd. 2. Hrsg.: G. Schuh; S. Klappert. Springer, Berlin [u. a.] 2011, S. 89–170.

WERNERS, B.: Grundlagen des Operations Research. Mit Aufgaben und Lösungen; mit 14 Tabellen. Springer, Berlin [u. a.] 2006.

WIENDAHL, H.-P.; WIENDAHL, H.-H.: Betriebsorganisation für Ingenieure. 9., überarb. Auflage. Hanser, München [u. a.] 2019.

WIENKER, M.; HENDERSON, K.; VOLKERTS, J.: The Computerized Maintenance Management System an Essential Tool for World Class Maintenance. In: Procedia Engineering 138 (2016), S. 413–420.

WILDE, T.; HESS, T.: Forschungsmethoden der Wirtschaftsinformatik. In: Witzschaftsinformatik 49 (2007) 4, S. 280–287.

WINTER, R.; SCHMALTZ, M.; DINTER, B.; BUCHER, T.: Das St. Galler Konzept der Informationslogistik. In: Integrierte Informationslogistik. Hrsg.: B. Dinter; R. Winter. Springer, Berlin [u. a.] 2008, S. 1–14.

WINZER, P.: Generic Systems Engineering. Ein methodischer Ansatz zur Komplexitätsbewältigung. 2. Auflage. Springer Vieweg, Berlin [u. a.] 2016.

WIREMAN, T.: Benchmarking best practices in maintenance, reliability and asset management. Updated for ISO 55000. Industrial Press, South Norwalk, Connecticut 2015.

WIRZ, R. E.; COLLINS, A. L.; THUPPUL, A.; WRIGHT, P. L.; UCHIZONO, N. M.; HUH, H.; DAVIS, M. J.; ZIEMER, J. K.; DEMMONS, N. R.: Electrospray Thruster Performance and Lifetime Investigation for the LISA Mission. In: 2019 AIAA/IEEE Electric Aircraft Technologies Symposium (EATS). Hrsg.: AIAA/IEEE. IEEE, Piscataway (NJ) 2019, 27 S.

WOLLNIK, M.: Ein Referenzmodell des Informationsmanagements. In: Information Management (1988) 3, S. 34–43.

WOO, S.: Reliability Design of Mechanical Systems. A Guide for Mechanical and Civil Engineers. Springer, Singapore [u. a.] 2020.

XU, F.; LIU, X.; CHEN, W.; ZHOU, C.; CAO, B.: Ontology-Based Method for Fault Diagnosis of Loaders. In: Sensors (Basel, Switzerland) 18 (2018) 3, 22 S.

YANG, W.; TAVNER, P. J.; CRABTREE, C. J.; WILKINSON, M.: Cost-Effective Condition Monitoring for Wind Turbines. In: IEEE Transactions on Industrial Electronics 57 (2010) 1, S. 263–271.

YIN, R. K.: Case study research and applications. Design and methods. SAGE, Los Angeles [u. a.] 2018.

ZADEH, L. A.: Fuzzy sets. In: Information and Control 8 (1965) 3, S. 338–353.

ZARNEKOW, R.: Informationsmanagement: Konzepte und Strategien für die Praxis. Dpunkt-Verlag, Heidelberg 2004.

ZELEWSKI, S.: Grundlagen. In: Betriebswirtschaftslehre; Bd. 1. Hrsg.: H. Corsten; M. Reiß, 4., vollst. überarb. u. wes. erw. Auflage. Oldenbourg, München [u. a.] 2008, S. 1–97.

ZHAI, S.; REINHART, G.: Predictive Maintenance als Wegbereiter für die instandhaltungsgerechte Produktionssteuerung. In: ZWF – Zeitschrift für wirtschaftlichen Fabrikbetrieb 113 (2018) 5, S. 298–301.

ZHENG, L.; TERPENNY, J.: A hybrid ontology approach for integration of obsolescence information. In: Computers & Industrial Engineering 65 (2013) 3, S. 485–499.

ZHOU, B.; YU, J.; SHAO, J.; TRENTESAUX, D.: Bottleneck-based opportunistic maintenance model for series production systems. In: Journal of Quality in Maintenance Engineering 21 (2015) 1, S. 70–88.

ZHOU, Q.; YAN, P.; LIU, H.; XIN, Y.: A hybrid fault diagnosis method for mechanical components based on ontology and signal analysis. In: Journal of Intelligent Manufacturing 30 (2019) 4, S. 1693–1715.

ZIMMERMANN, M.: [Vortragsfolien] Vorlesung Schadensanalyse: Reibung und Verschleiß. 58 Folien. https://tu-dresden.de/ing/maschinenwesen/ifww/wpc/ressourcen/dateien/verschleiss?lang=de (Link zuletzt geprüft: 18.04.2022)

In der Reihe **Schriftenreihe Rationalisierung** zuletzt erschienen:

Schacht, Maximilian:
Digitaler Schatten der Kundeninteraktionen produzierender Unternehmen
ISBN 978-3-98555-132-3
Erscheinungsdatum: 09.01.2023

Bach, Thies:
Gestaltungsmodell zur lernunterstützenden Erweiterung von Produktionsplanungs- und -steuerungssystemen
ISBN 978-3-98555-127-9
Erscheinungsdatum: 14.12.2022

Scholz, Svenja:
Bewertungsmetrik leistungsbestimmender Faktoren von Supply-Chains in Industriebetrieben
ISBN: 978-3-98555-049-4
Erscheinungsdatum: 11.04.2022

Holst, Lennard:
Referenzmodell für das Customer-Success-Management im Subskriptionsgeschäft des Maschinen- und Anlagenbaus
ISBN: 978-3-98555-033-3
Erscheinungsdatum: 21.02.2022

Voswinckel, Carl Themo:
Blockchainbasierte Maschinen- und Anlagenanbindungen für datenbasierte Dienstleistungen
ISBN: 978-3-86359-990-4
Erscheinungsdatum: 12.08.2021

Defèr, Florian:
Datenbasierte zuverlässigkeitsorientierte Instandhaltung von Produktionsanlagen
ISBN 978-3-98555- 137-8
Erscheinungsdatum: 09.01.2023

Götzen, Rafael Frank:
Ordnungsrahmen für die softwarebasierte Automatisierung administrativer Prozesse
ISBN: 978-3-98555-103-3
Erscheinungsdatum: 25.08.2022

Fischer, Markus:
Implementierung von Manufacturing Execution Systems basierend auf Industrie-4.0-Reifegradmodellen
ISBN: 978-3-98555-048-7
Erscheinungsdatum: 22.03.2022

Külschbach, Andreas:
Systematische Bewertung von Änderungsanfragen in der Produktion
ISBN: 978-3-98555-024-1
Erscheinungsdatum: 20.12.2021

Schröter, Moritz:
Konfiguration der Reihenfolgeplanung für die Variantenfließfertigung
ISBN: 978-3-86359-940-9
Erscheinungsdatum: 19.02.2021

Edition Wissenschaft
Apprimus

Frey, Dominik:
Simulationsbasierte Bewertung der Häufigkeit von Planungsläufen in der Produktionsplanung und -steuerung
ISBN: 978-3-86359-937-9
Erscheinungsdatum: 11.02.2021

Frank, Jana:
Reifegradbasierte Gestaltung der Unternehmenskultur am Beispiel der Instandhaltung
ISBN: 978-3-86359-928-7
Erscheinungsdatum: 28.01.2021

Hicking, Jan:
Spezifikation von intelligenten Produkten im Maschinenbau
ISBN: 978-3-86359-904-1
Erscheinungsdatum: 20.10.2020

Wieninger, Simon:
Vertrauen in Unternehmensnetzwerken durch Blockchain-Technologie
ISBN: 978-3-86359-880-8
Erscheinungsdatum: 24.08.2020

Birkmeier, Martin:
Messung und Darstellung der Qualität von betrieblichen Informationsflüssen
ISBN: 978-3-86359-866-2
Erscheinungsdatum: 01.07.2020

Krechting, Denis:
Methodennavigator für Business-Analytics produzierender Unternehmen
ISBN: 978-3-86359-860-0
Erscheinungsdatum: 02.06.2020

Feige, Boris Alexander:
Präferenzstrukturen von neuen Fahrzeug- und Mobilitätsangeboten für latente Bedürfnisse privater Nutzer
ISBN: 978-3-86359-857-0
Erscheinungsdatum: 02.06.2020

Holtkemper, David:
Blockchain-Applikation für das Supply-Chain-Management
ISBN: 978-3-86359-854-9
Erscheinungsdatum: 18.05.2020

Husmann, Marco:
Erfolgsfaktoren bei der Markteinführung von datenbasierten Dienstleistungen im Maschinen- und Anlagenbau
ISBN: 978-3-86359-839-6
Erscheinungsdatum: 27.04.2020

Wetzchewald, Philipp:
Gestaltungsmodell zur Steigerung der Regelbarkeit von Produktionsplanungs- und -steuerungssystemen
ISBN: 978-3-86359-849-5
Erscheinungsdatum: 15.04.2020

Kolz, Dominik:
Komponenten industrieller, datenbasierter Dienstleistungen
ISBN: 978-3-86359-830-3
Erscheinungsdatum: 25.03.2020

Optehostert, Felix:
Kostenprognose von Instandhaltungsleistungen parallel zur Produktentwicklung
ISBN: 978-3-86359-824-2
Erscheinungsdatum: 19.03.2020

Edition Wissenschaft
Apprimus

FSC
www.fsc.org
MIX
Papier | Fördert gute Waldnutzung
FSC® C083411

Zeitfracht Medien GmbH
Ferdinand-Jühlke-Straße 7
99095 Erfurt, Deutschland
produktsicherheit@kolibri360.de